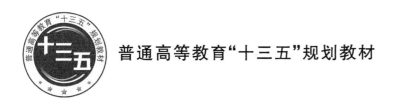

普通高等教育"十三五"规划教材

电子测量技术及仪器

赵 华 吕 清 刘亚川 张书景 编著

北京邮电大学出版社
www.buptpress.com

内 容 简 介

本书从测量学在科学研究中的重要作用入手,详细介绍了测量误差理论与数据处理、示波测试和测量技术、时间频率测量、电压测量技术、测量用的信号发生器、非线性失真的测量、调制系数的测量、频率特性的测量、频谱分析仪、数据域测试仪、现代电子测量技术。

本书可作为电子信息类专业本科生的教材,也可作为本科生做毕业设计、SRT 项目和研究生撰写论文时的参考书,还可作为电子信息领域专业人士的参考用书。

图书在版编目 (CIP) 数据

电子测量技术及仪器 / 赵华等编著 . -- 北京:北京邮电大学出版社,2018.8 (2020.8 重印)
ISBN 978-7-5635-5561-1

Ⅰ. ①电… Ⅱ. ①赵… Ⅲ. ①电子测量技术 Ⅳ. ①TM93

中国版本图书馆 CIP 数据核字 (2018) 第 176801 号

书　　　名:电子测量技术及仪器
著作责任者:赵　华　吕　清　刘亚川　张书景　编著
责 任 编 辑:刘　颖
出 版 发 行:北京邮电大学出版社
社　　　址:北京市海淀区西土城路 10 号(邮编:100876)
发 行 部:电话:010-62282185　传真:010-62283578
E-mail:publish@bupt.edu.cn
经　　　销:各地新华书店
印　　　刷:北京九州迅驰传媒文化有限公司
开　　　本:787 mm×1 092 mm　1/16
印　　　张:20.25
字　　　数:501 千字
版　　　次:2018 年 8 月第 1 版　2020 年 8 月第 2 次印刷

ISBN 978-7-5635-5561-1　　　　　　　　　　　　　　　　　定　价:48.00 元

前　言

　　测量是人类认识和改造世界的重要手段之一。在人们认识客观事物的过程中，需要进行定性、定量的分析，这就需要测量。测量是人们认知世界的重要环节。

　　测量是通过实验的方法对客观事物取得定量数据的过程，通过大量的测量数据，人们可以逐步准确地认识各种客观事物，建立起各种定理和定律。所以，杰出的科学家门捷列夫认为"没有测量，就没有科学"。精确的测量是科学研究的基础。

　　电子信息科学是现代科学技术的象征，它的三大支柱是：信息的获取技术（测量技术）、信息的传输技术（通信技术）和信息的处理技术（计算机技术），三者之中信息的获取技术是基础，而测量技术是获取信息的重要手段。测量学是电子信息类专业科学研究的基石。

　　在现代工业生产领域里，用到测量上的工时和费用占总工时和费用成本的比例越来越大。例如，在大规模集成电路的生产成本中，测量成本已超过50%。因此，提高测量水平，降低测量成本，减小测量误差，提高测量效率，对国民经济各个领域的发展都是至关重要的。

　　为主动应对新一轮科技与产业变革，支撑、服务"创新驱动发展""中国制造2025"等一系列国家战略，2017年2月以来，教育部积极推进"新工科"建设。面对高等工程教育国际化的机遇和挑战，培养适应时代发展需求的，研究型、创新型、懂理论、有技能的综合工程人才具有重要的时代意义。

　　基于此，本书编写组遵循学科和课程的特点，认真甄选知识点和技能训练，注重理实结合，融入思维过程系统化教学方法，培养创新思维，结合实用的先进测量仪器展开讲解，并配有大量的习题用于专项强化训练，从多维角度引导学生探究问题、寻求真知。

　　本书按照"新工科"要求编写，内容深入浅出、条理清晰，兼顾理论的深度和实践能力的培养，着重培养学生的创新能力。本书所述仪器均为目前较为实用的先进仪器。书中每一章都给出了小结，可以提纲挈领开展复习。课后配有丰富的习题帮助学生掌握所学的知识和技能，同时本书配有 PPT 等丰富的教学资源。

全书共分 12 章。第 1 章从测量的重要性入手逐步引入本课程的特点和任务；第 2 章讲授测量学的基础（测量误差理论与数据处理）；第 3～5 章分别阐述示波测试和测量技术、时间频率测量和电压测量技术；第 6 章讲授测量用的信号发生器的原理，重点阐述 DDS 合成信号发生器和频率合成信号发生器的工作原理和特性；第 7 章讲授非线性失真的测量原理与失真度测量仪的使用；第 8 章讲授调制系数的测量；第 9 章讲授频率特性的测量和网络分析仪的工作原理；第 10 和第 11 章讲授频谱分析仪和数据域测试仪的工作原理及使用方法；第 12 章讲授现代电子测量技术的发展前沿、智能仪器及虚拟仪器的相关知识。

在本书的编写过程中，纪仟仟、郎世庆、刘静、杨宇飞、杜子怡、范少倩等人做了大量的资料整理、排版和校对工作，在此一并表示感谢。

由于编者水平有限，书中错误疏漏在所难免，欢迎广大读者批评指正。

作 者

2018 年 7 月

目　　录

第1章 绪　　论

1.1　测量及其重要性

测量是人类认识和改造世界的一种重要的手段。在人们对客观事物的认识过程中,需要进行定性、定量的分析,这就需要进行测量。

测量是通过实验的方法对客观事物取得定量数据的过程,通过大量的测量数据,人们可以逐步准确地认识各种客观事物,建立起各种定理和定律。所以,杰出的科学家门捷列夫说"没有测量,就没有科学"。

电子信息科学是现代科学技术的象征,它的三大支柱是:信息的获取技术(测量技术)、信息的传输技术(通信技术)、信息的处理技术(计算机技术),在这三者之中信息的获取技术是基础,而电子测量是获取信息的重要手段。

在现代工业生产领域里,用到测量上的工时和费用占总成本的比例越来越大。例如,在大规模集成电路的生产成本中,测量成本已超过 50%。因此,提高测量水平,降低测量成本,减小测量误差,提高测量效率,对国民经济各个领域的发展都是至关重要的。

实现测量技术,尤其是电子测量的手段和方法的现代化,是实现科学技术和生产现代化的重要条件和明显标志。因此,测量技术是一门很重要的科学技术。

1.2　电子测量的任务及特点

1.2.1　电子测量的任务

电子测量主要是应用电子科学的原理、技术、方法和设备对各种电量、电信号、元器件、电路及电子设备的功能特性和技术参数进行测量,或通过各种传感器将非电量转换成电量来测量。电子测量不仅用于电子领域,而且用于物理学、化学、光学、机械学、材料学、生物学和医学等科学领域。由此看来,各个领域都离不开电子测量技术及相应的电子测量仪器。

电子测量是以电子技术理论为依据,以电子测量仪器和设备为手段,对电量和非电量进行测量。电子测量可分为以下几个方面。

1. 电能量的测量

电能量的测量指的是对电流、电压、功率、电场强度等参量的测量。

2. 电信号所受干扰的测量

电信号所受干扰的测量指的是对信号的波形、时间/频率、相位、脉冲参数、调频度、调频指数、信号的频谱、信噪比及数字信号的逻辑状态等参量的测量。

3. 电路参数和元器件的测量

电路参数和元器件的测量指的是对电阻、电容、电感、阻抗、品质因数及电子器件（如晶体管）和无源器件（如耦合器）等参数的测量。

4. 电子设备性能的测量

电子设备性能的测量指的是对增益、衰减量、灵敏度、输出功率、放大倍数、噪声系数、频率特性、驻波比、三阶互调等参数的测量。

上述各种测量参数中，频率（时间）、功率（电压）和阻抗是测量的三大基本参数，其他为派生参数。例如，测量放大器的增益，实际上是测量放大器的输入和输出的电压（或功率）；对脉冲信号波形参数的测量，可归结于对电压和时间的测量，可以测量出脉冲的上升时间、下降时间等参数。

1.2.2 电子测量的特点

1. 测量频率范围宽

根据测量对象，电子测量的测量频率范围很宽，低至 10^{-6} Hz 以下，高至 10^{12} Hz 以上。通常，应该根据被测对象的频率高低与范围，来选定相应频率范围的测量仪器和测量方法。

随着现代科学技术的发展，有了新型的宽频段的测量仪器。例如，现代的通用计数器，采用新的测量技术，如多周期同步技术、内插技术等，频率测量范围可以达到 $10^{-6} \sim 10^{11}$ Hz。

2. 测量量程宽

量程是指仪表标称范围的上、下两极限之差的值。电子测量的一个突出特点是被测对象的量值大小相差很大。例如，在地面接收到来自外太空宇宙飞船发来的信号功率，可低到 10^{-14} W 数量级；而远程雷达发射的脉冲功率，可高达 10^{8} W 以上，两者之比为 $1:10^{22}$。

3. 测量精确度高

测量的精确程度，除取决于测量方法的正确与否和测量技术的精度的高低外，还与所选用的测量仪器的精度有关。"千里之堤，溃于蚁穴"已经屡见不鲜，在现代科技和生产过程中，测量的标准越来越严格，电子测量仪器的测量精度越来越高。

除上述三个特点外，现代的电子测量仪器还具有测量方便灵活、测量速度快、可进行遥控遥测、可实现测试智能化和测量自动化等特点。

1.3　常用电子测量仪器和电子测量方法的分类

1.3.1　常用电子测量仪器的分类

1. 按功能分类

电子测量仪器按功能可分为：通用测量仪器和专用测量仪器。

（1）通用测量仪器

所谓通用测量仪器是指具有通用性的测量仪器。通用测量仪器具有较宽的使用范围，使用灵活性很强。常用的通用测量仪器有：电压表、示波器、信号发生器、通用计数器、频谱分析仪等。常用的通用电子测量仪器分类如表 1-1 所示。

表 1-1 常用的通用电子测量仪器分类

序号	类别	常用的电子测量仪器
1	电平测量仪器	电流表、电压表、毫伏表、微伏表、数字式电压表、矢量电压表、功率计、标准电压表
2	电路参数测量仪器	RLC 测试仪、电桥、电容测试仪、电感测试仪、Q 表、欧姆表、绝缘电阻测量仪等； 电子管参数测试仪、晶体管参数测试仪、集成电路测试仪
3	时间频率测量仪器	谐振式波长计、外差式波长计、通用计数器、频标比对器
4	阻抗测量仪器	阻抗桥、线路分析仪、网络分析仪
5	波形测量仪器	通用示波器、多踪示波器、取样示波器、记忆示波器、调制度测试仪、频偏仪等
6	频谱分析仪	谐波分析仪、失真度分析仪、频谱分析仪等
7	场强测量仪器	场强仪
8	电路特性测试仪器（集中参数阻抗）	RLC 量具、电桥、电容测试仪、电感测试仪、Q 表、三用表、数字多用表
9	数据域测试仪器	逻辑分析仪、规程测试仪、误码测试仪等
10	信号发生器	DDS 函数信号发生器、频率合成信号发生器、脉冲信号发生器、任意波信号发生器、功率信号发生器、扫频信号发生器、噪声信号发生器等
11	电信测量仪器	电平振荡器、电平表等

（2）专用测量仪器

专用测量仪器是为了特定的测量目的专门设计和制造的测量仪器，它只适用于特定的测量对象和测试条件，如电视机生产中的专用电视插行信号发生器、彩条信号发生器、电视信号分析仪等。

通用测量仪器的特点是适用面广和灵活，并向功能多、应用面广、灵活性好等方向发展。而专用测量仪器的特点是结构简单、使用方便。

2. 按频段分类

电子测量仪器的测量频段不同，使用场合也不同。通常电子测量仪器按频段可分为：超低频、低频、高频、甚高频和超高频及微波等测量仪器。各种频段类型的电子测量仪器还可按它的测量功能加以区分。

3. 按精度和使用环境分类

电子测量仪器的精度等级常与使用环境相关，其使用环境可分为Ⅰ级、Ⅱ级、Ⅲ级。

（1）Ⅰ级：应在良好环境中使用，操作要细心，只允许受到轻微的振动。

（2）Ⅱ级：可在一般环境中使用，允许受到一般的振动和冲击。

（3）Ⅲ级：可在恶劣环境中使用，允许在频繁的搬动和运输中受较大的振动和冲击。

4. 按工作原理分类

电子测量仪器按工作原理可分为:模拟式电子测量仪器和数字式电子测量仪器两大类。

(1)模拟式电子测量仪器:是指具有连续特性的模拟量与同类模拟量相比较的测量仪器,如模拟电压表、电流表和信号发生器等。这类电子测量仪器,均是早期的电子测量仪器。

(2)数字式电子测量仪器:是指通过模/数转换器,把具有连续性的被测量(模拟量)变换成数字量,再显示其测量结果的测量仪器,如数字式电压表、数字式频率计等。目前,大部分的电子测量仪器均是数字式测量仪器。

1.3.2 电子测量方法的分类

1. 直接测量

使用已知标准定度的电子测量仪器,被测对象直接参与测量,对被测量值直接进行测定,从而测得其数据的方法,称为直接测量。直接测量的电子测量仪器是直接指示其结果的。例如,用电压表测量电压,可从电压表的指示直接读数。直接测量方式简单迅速,尤其是数字式测量仪器,直接显示测量数据。直接测量方法多应用于工程建设现场测量。

2. 间接测量

使用已知标准定度的电子测量仪器,但不直接对被测量值进行测量,而对一个或几个与被测量值有确切函数关系的物理量进行直接测量,然后,通过函数关系计算或推测出被测量值,这种测量方法,称为间接测量法。例如,在电路工作时,用仪表先测出 R 的两端电压 U,然后,通过欧姆定律 $I=U/R$,求出电流 I 值。一般来说,间接测量法的精确度要比直接测量法的精确度低。

3. 组合测量

直接测量法和间接测量法兼用的测量方法,称为组合测量法。这种组合测量方法是:当某项测量结果需要用多个未知参数表达时,可通过改变测量条件进行多次测量,根据函数关系列出方程组后求解,从而得到未知量的值。这种测量方法比较复杂,测量时间长,但精度较高,一般适用于科学实验。

1.4 电子测量仪器的使用和电子测量的要求

1.4.1 电子测量仪器的功能

电子测量仪器通常都具备物理量转换、信号处理与传输补偿以及显示测量结果等功能。

1. 物理量转换功能

对于电压、电流等电学量的测量,是通过测量各种电效应来达到目的的。例如,电压表由矩形线圈、蹄形磁铁、弹簧组成。当电流通过矩形线圈时,线圈与磁铁相互作用,使线圈偏转,而线圈上梆着弹簧,弹簧的力不让线圈偏转,当这两个力平衡时,指针指在一个刻度上,这个刻度就是所测电压值。

对于非电量测量,通过各种相应的传感器将非电物理量(如压力位移)转换为与之相对应的电压或电流,再通过对电压或电流的测量得到被测物理量的大小。

2. 信号处理与传输补偿功能

在电子测量仪器里,通常要对进入测量电路的信号进行处理,对弱信号要放大,对强信号要衰减,有的要加滤波等防干扰措施,有的需要将模拟信号转换为数字信号,有的要用微处理器对信号进行处理等。

在遥测、遥控等系统中,现场测量结果经变送器处理后,需经较长的传输距离才能送至测试终端和控制台。在传输过程中,不管采用有线还是无线传输方式,都会造成信号的失真或引入外界干扰等。因此,现代电子测量及其测量仪器里都采取相应的技术措施,保证电信号传输质量。

3. 显示测量结果功能

显示功能是电子测量仪器中必备的功能。因为测量结果必须以某种方式显示出来,所以任何电子测量仪器都必须具有数据和特性曲线显示功能。早期的电子测量仪表(仪器),通常是模拟式(指针式)仪表(仪器),在仪表(仪器)刻度盘上的位置显示测量结果;而现代的测量仪器,均是数字式仪器、仪表,通常采用数码管、液晶显示屏等显示测量结果。

1.4.2 电子测量仪器按测量功能的分类

1. 按照被测量的特性类型分类的电子测量仪器

(1)时域测量仪器

这类仪器用于测试电信号在时域的各种特性。

- 观测和测试信号的时基波形、脉冲占空比、上升沿、下降沿、上冲:示波器。
- 测量电信号的电压、电流及功率:电压表、电流表、功率计等。
- 测量电信号的频率、周期、相位及时间间隔:通用计数器、频率计、相位计、时间计数器等。
- 测量失真度及调制度:失真度测量仪、调制度仪等。

(2)频域测量仪器

这类测量仪器用于测量信号的频谱、功率谱密度、相位噪声谱密度等特性,典型测量仪器有:频谱分析仪、网络分析仪、信号分析仪等。

(3)调制域测试仪器

调制域描述了信号的频率、周期、时间间隔及相位随时间变化的变化关系。美国惠普公司于1987年首先推出了调制域分析仪,可测量压控振荡器(VCO)的暂态过程和频率漂移、调频和调相的线性及失真、数据和时钟信号的相位抖动、脉宽调制信号、扫描范围、周期及线性、旋转机械的启动及运动状况、锁相环路的捕捉及跟踪范围等,同时还可无间隔地测量稳态信号的频率、周期及相位等参数。

2. 数据域测试仪器

这类测量仪器所测试的不是电信号的特性,而是各种数据,主要是二进制数据流。它们所关心的不是信号波形、幅度及相位等信息,而是信号在特定时刻的状态"0"和"1"。因此,用数据域测试仪器测试数字系统的数据时,除输入被测数据流外,还应输入选通信号,以正确地选通输入数据流。

数据域测试的另一个特点是多通道输入。典型的测量仪器是逻辑分析仪。

3. 随机域测量仪器

这类仪器主要对各种噪声、干扰信号等随机量进行测量。

1.4.3 电子测量仪器的主要技术指标

1. 精度

精度是指测量仪器的读数或测量结果与被测量真值相一致的程度。从精度的含义来分析,精度高,则测量误差小;精度低,则测量误差大。因此,精度可以用来评定测量仪器的性能,是评定测量结果的最主要和最基本的指标。

2. 稳定度

稳定度也称稳定误差,是指在规定的时间区间内,在其他外界条件不变的情况下,仪器示值变化的大小。造成这种示值变化的原因主要是仪器内部各元器件的特性不同,参数不稳定和老化等。稳定度的表示方法有:

· 用示值绝对变化量与时间一起表示。例如,某数字式电压表的稳定度为$(0.008\%U_m+0.003\%U_x)/8\ h$,其含义是:在 8 小时内,测量同一电压,在外界条件维持不变的情况下,电压表的示值可能发生 $0.008\%U_m+0.003\%U_x$ 的上下波动,其中 U_m 为该量程满度值,U_x 为示值。

· 用示值的相对变化率与时间一起表示。

3. 影响量(或影响误差)

由于电压、频率、温度、湿度、气压、震动等外界条件变化而造成的仪器示值的变化量,称为影响量。一般用示值偏差的影响量一起表示。例如,晶体振荡器在环境温度从 10 ℃变化到 35 ℃时,频率漂移小于或等于 $1×10^{-9}$ 等。

4. 灵敏度

· 灵敏度表示测量仪器对被测量变化的敏感程度,一般定义为测量仪器指示值增量 Δy 与被测量增量 Δx 之比。

· 灵敏度的另一种表达方式叫作分辨率,定义为测量仪器所能区分的被测量的最小变化量。

5. 线性度

线性度表示仪器的输出量(示值)随输入量(被测量)的变化规律。若仪表的输出为 y,输入为 x,二者关系用 $y=f(x)$ 表示,$f(x)$ 为 xy 平面上过原点的直线,则称为线性特性。测量仪器的线性度也可以用线性误差来表示。

6. 动态特性

电子测量仪器的动态特性表示仪器的输出响应随输入变化的能力。例如,模拟电压表指示器采用动圈式表头,由于表头的指针惯性/空气阻尼等因素,使得仪表的指针不能瞬间稳定在固定值上;而数字式电压表,则具有响应较快的动态特性。

1.5 电子测量仪器的发展及应用

1.5.1 电子测量仪器的发展概况

电子测量和自然科学的最新发展联系紧密。所以,电子测量技术的最高水平往往是科学技术最新成果的一种反映。

随着科学技术的发展,在数字化和计算机技术的基础上,电子测量仪器和测量系统正向着智能化、网络化、虚拟化、标准化、系列化、模块化、人性化、小型化等方向发展。电子测量仪器的高性能、多功能、开放性、通用性、互换性及快速响应,将有利于电子测量仪器扩展成自动测量系统,并能升级换代。

电子测量技术及仪器的发展,围绕着实现高精度、多功能的自动测试这个核心技术,大体经历了四个阶段(即模拟测量仪器、数字测量仪器、智能测量仪器和虚拟测量仪器)的发展过程。

自从虚拟测量仪器提出以来,以软件代替硬件,以图形代替代码,以组态代替编程,以虚拟测量仪器代替真实测量仪器,促进了自动测量系统应用技术的迅速发展。

以虚拟测量仪器和智能(程控)测量仪器为核心的自动测量技术在各个领域得到了广泛的应用,现代电子测量技术正向着自动化、智能化、网络化和标准化方向发展。

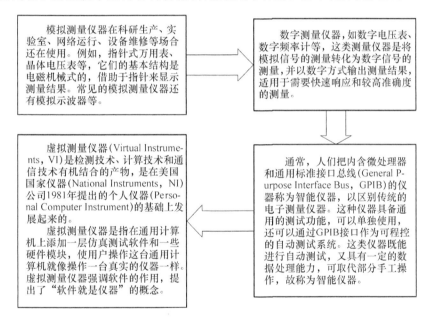

图 1-1 电子测量仪器的发展

1.5.2 电子测量技术及仪器的应用

电子测量技术广泛应用于自然科学的几乎所有领域,大到天文观测、宇宙航天,小到物质结构、基本粒子;从复杂深奥的生命、细胞、遗传问题到日常的工农业生产、医学、商业各部门,都越来越多地采用了电子测量技术及仪器。可以说电子测量技术的发展是伴随着自然科学和电子技术的发展而发展的,彼此互相促进、互相推动。

从广义来说,电子测量技术及仪器的应用范围如下:

• 电子测量技术及仪器为自然科学特别是电子学的研究、实验、分析和检验等提供了测试条件。反之自然科学的发展又向电子测量技术提出了新的标准和更高的要求。随着近代电子学、计算科学、物理学和材料学的发展又为电子测量技术提供了新理论、新技术、新工艺、新材料、新器件。

• 现代电子测量技术与研制、生产及运营管理等国民经济各环节联系紧密。可以这样说,电子测量技术广泛应用于高、新、深技术领域。

如上所述,电子测量应用于国民经济的各个领域,除电子、信息和通信等行业得到广泛的应用外,在航空航天、电力、机械、矿业、建筑、生物等部门都采用电子测量的方法和仪器。除直接测量电信号外,还应用传感器等变换技术对速度、温度、振动、位移、压力、几何量和流量等多种物理量进行测量。

由于电子测量的广泛应用和它与自然科学的密切联系,电子测量技术的进展往往是科学技术最新成果的一种反映。目前,电子测量及仪器在工作原理、技术性能、测试功能、组成结构等方面都取得了很大的成就。

在数字化的基础上,现代的电子测量仪器正向着智能化、网络化、虚拟化、标准化、系列化、模块化、高性能、快速和小型化等方向发展,越来越要求测试系统具有开放性、通用性、互换性。

由此可知,先进的科学实验手段,是科学技术现代化的重要标志之一,电子测量水平的高低反映了科学实验手段的先进程度。

1.6　电子测量技术及仪器课程任务

1.6.1　课程的特点

电子测量课程的教学目标是让学生掌握必要的电子测量的基础理论和实践知识,提升学生的能力和综合素质,使其能解决今后工作中所遇到的一些技术问题。该课程的特点如下:

• 以电子测量的基础知识、基本测量原理和方法为基础,注重联系实际、提高能力,正确使用、操作各种电子测量仪器。

• 以典型的电子测量仪器组成、原理、性能和使用操作为主线,全面掌握电子测量技术,并能与现代科学技术发展相适应。

• 具有很强的实践性,加强了电子测量的实验环节,理论联系实际,提高学生的综合应用能力。

1.6.2　课程的主要内容

“电子测量技术及仪器”课程内容,是以电子测量技术基础理论和测量方法为基础,详细介绍常用电子测量仪器的原理和使用操作方法。本课程对应的教材包含以下内容。

1. 绪论

该章主要阐述电子测量的重要性,电子测量的内容、特点与方法,电子测量仪器的功能、分类和主要技术指标,电子测量仪器的发展及应用。

2. 测量误差理论及数据处理

误差理论及数据处理是电子测量技术的基础。该章主要论述误差的概念与表示方法;随机误差、系统误差和粗大误差的特性和处理方法;误差的合成与分配;测量不确定度的概念和评定方法;测量数据处理方法及在测量中的应用。

3. 示波测试和测量技术

示波测试是时域测量技术中应用显示波形来观察信号随时间变化的函数关系。该章主要介绍示波器的功能、分类和波形显示原理;通用示波器(模拟示波器)的组成、工作原理、特性及应用;数字示波器的组成、原理、特性与功能。

在测量技术中将介绍时间频率测量、电压测量、非线性失真、调制系数、频率特性、数据域的测量和现代电子测量技术所使用的仪器,以及测量使用的信号发生器。

4. 时间频率测量

时间频率测量技术在电子测量中测量精度最高。该章介绍时频关系与时频测量的三要素;通用计数器的测频、测周期、测时间间隔的测量原理、计数器的测量误差分析和测量新技术;频率稳定度特性的基本概念、表征,频率稳定度的时域测量方法。同时,该章介绍时频标准和时频测量仪器。

5. 电压测量技术

电压测量技术及电压表,通常是以低频和高频电压测量为基础。该章主要介绍电压测量的重要性;对电压测量的要求和分类;模拟式电压表(峰值电压表、平均值电压表、有效值电压表)的组成、原理和特性;数字式电压表的组成、原理、工作特性和分类及数字多用表的组成原理与特性。

6. 测量用的信号发生器

测量用的信号发生器,作为测量系统中的信号源,故称为信号源。该章主要介绍信号发生器的功能、种类和主要的技术指标;通用低频、高频信号发生器的组成、工作原理和特性;脉冲信号发生器、DDS 合成信号发生器、任意波信号发生器的组成、原理和应用;锁相技术和合成信号发生器的原理及应用。同时,该章还介绍信号发生器产品及使用。

7. 非线性失真的测量

该章主要介绍非线性失真的定义、测量原理以及失真度测试仪的使用方法。

8. 调制系数的测量

该章主要介绍信号传输常用的模拟调制方式,如 AF 幅度调制(调制深度)、FM 频率调制(调制频偏)。

9. 频率特性的测量

频率特性的测量是频域测量,频率特性测量仪器通常有扫频仪、网络分析仪。该章主要介绍扫频仪(频率特性测试仪)的原理、应用及产品;网络分析仪的工作原理及应用。

10. 频谱分析仪

频谱分析仪是一种常用的频域测量仪器。该章主要介绍频谱分析仪的用途、组成、工作原理、分类和应用,并且介绍频谱分析仪的产品,对其频谱仪的正确操作使用。

11. 数据域测试仪

数据域测量仪是一种逻辑分析仪,主要介绍数据域的基本概念和数据域测试仪器;逻辑分析仪的组成、工作原理及应用。

12. 现代电子测量技术

该章概述介绍现代电子测量技术,包括自动测试系统、智能仪器和虚拟仪器等现代测量技术。

1.6.3 学习本课程的要求

"电子测量技术与仪器"课程是一门电子测量的基础理论和电子测量仪器的原理与应用的课程,具有较强的理论性和实践性,其目的是使学生掌握现代电子测量技术在科学实验或生产实践中的应用,能合理地拟定测试方案和选配测量仪器、正确地处理测量数据,以得到准确的测试数据。所以本课程提出如下要求:

(1)学习中要掌握电子测量的基础知识和操作技能,全面地提高业务水平和素质:不仅要学习电子测量的基础知识,还要掌握电子测量技术所体现的思路和方法,提高自己的工作能力。例如,分析和应用的能力、观测操作和测量结果的处理能力,尤其是能跟踪新技术和发展的能力,更重要的是提高自身的素质。

(2)在学习电量测量技术与仪器时,必须注意理论联系实际,加强实践能力:电子测量技术与仪器是和实践联系非常紧密的科学,本课程不仅是培养学生掌握电子测量原理、方法,更要着重掌握常用的测量仪器的组成、原理和操作使用,提高观测、实验、操作和处理实验结果的能力。

(3)电子测量技术是一门需要终生学习的学科,电子测量技术与仪器从模拟式测量仪器发展到数字化测量仪器,从单功能测量发展到多功能测量,从手动测量发展到自动测量,测量仪器的测量精度越来越高。知识不断地更新,技术不断地发展,仪器不断地创新,我们必须刻苦钻研。

我们应掌握电子测量技术学科的规律性和内在联系,培养新的科学思维方式,将电子测量灵活地应用到科学实验和工程测量中去。

第 2 章　测量误差理论与数据处理

2.1　测量误差的基本概念

2.1.1　概述

通过电子测量所获得的测量结果包括测量数据和图形,它们不可避免地会受到测量手段(常指所使用的测量仪器等设备)、测量方法、测量环境等因素的影响,从而引入一定的测量误差。测量误差的大小直接影响测量结果的精确度和使用价值。所以,必须对测量结果进行科学处理和误差分析,确定其被测数据的置信程度,使得测量结果进一步接近被测对象的实际情况。

测量误差通常可分类如下:

- 按误差的表示方法分为绝对误差、相对误差和容许误差;
- 按误差的来源分为仪器误差、使用误差、人身误差、影响误差和方法及理论误差;
- 按误差的性质分为系统误差、随机误差和粗大误差。

2.1.2　测量误差的一般表示方法

测量误差是指使用测量仪器进行测量时,所获得的数据与被测量对象的真实值之差。

真实值指某一量本身的真实大小。它是一个客观确定的数值,但无法真正获取,只能逼近。

误差来源于测量仪器、辅助设备、测量方法、外界干扰、操作技能等。

测量误差通常可分为绝对误差、相对误差和引用误差。

1. 绝对误差

绝对误差又称绝对真误差,表示为

$$\Delta X = X - X_0 \tag{2-1}$$

式中,ΔX 为绝对误差,X 为测量结果的给出值,X_0 为被测量的真值。

其中,给出值在测量中通常就是被测量的测量结果,例如:

- 测量仪器的示值;
- 量具或元器件的标称值(又称名义值);
- 近似计算的近似值。

绝对误差具有以下的特性:

- 与给出值具有相同的量纲;
- 大小和符号分别表示给出值偏离真值的程度和方向。

2. 相对误差

绝对误差存在不能确切地反映测量的准确程度的问题。为此,提出相对误差的概念,在实际应用里,相对误差通常包括相对真误差、分贝误差和引用误差。

1)相对真误差(相对误差)

相对误差又称相对真误差,它是绝对误差与真值的比值,用百分数表示。

通常用 γ 表示相对误差:

$$\gamma = (\Delta X / X_0) \times 100\% \tag{2-2}$$

与绝对误差相比,相对误差是一个只有大小和符号而没有量纲的量。

2)分贝误差

分贝误差是用相对误差的对数来表示的误差概念。在电子学和声学的有关测量中,常用分贝(dB)来表示相对误差,称为分贝误差。

当测量一个有源或无源网络(如放大器、衰减器等)时,它的信号传输函数(输入量与输出量之比)为 A_0,则对信号电压而言,可将此传输函数表示为

$$A_0(dB) = 20\lg A_0 \tag{2-3}$$

对于信号功率,则可表示为

$$P_0(dB) = 10\lg P_0 \tag{2-4}$$

当测量中存在测量误差时,测得的传输函数为 $A(dB)$:

$$A(dB) = A_0(dB) + \gamma(dB)$$

则有
$$\gamma(dB) = A(dB) - A_0(dB) \tag{2-5}$$

式中,$\gamma(dB)$ 为分贝误差。由 $A = A_0 + \Delta A$ 可得

$$\begin{aligned} A(dB) &= 20\lg(A_0 + \Delta A) \\ &= 20\lg A_0 + 20\lg(1 + \Delta A / A_0) \\ &= A_0(dB) + 20\lg(1 + \gamma) \end{aligned} \tag{2-6}$$

3)引用误差

引用误差指的是测量仪器示值的绝对误差与仪器的特定值之比,用于衡量测量仪器的准确度。特定值一般称为引用值,通常是测量仪器的量程或标称范围的上限。

引用误差也是一种相对误差,一般用于连续刻度的多挡仪表,特别是电工仪表。

例 2-1 有一测量范围为 0～150 V 的电压表,若其示值为 100 V,而被测电压实际值为 99.4 V,则此电压表在 100 V 示值处的引用误差为

$$[(100 - 99.4)/150] \times 100\% = 0.4\%$$

2.1.3 测量误差的分类

按测量误差的性质和特点,可将其分为以下四类。

1. 系统误差

1)系统误差及其基本概念

在重复性条件下,对同一被测量进行无限多次测量所得结果的平均值与被测量的真值之差称为系统误差。重复性条件主要包括相同的测量程序、仪器设备,相同的测量人员,相同的地点,短时间内连续重复测量等。

在重复条件下对某一被测几何量进行的多次测量称为等精度测量。在重复条件下测同

一个量时,系统误差的大小和符号在客观上保持恒定,多次测量取平均值并不能改变系统误差;当测量条件改变时,系统误差则按某种确定规律变化(累进式、周期性或其他复杂规律)。

2)修正值

修正值是与系统误差数值一致、符号相反的值。修正值与给出值(或者说测量中的测量结果)具有相同量纲。将修正值与未修正的测量结果相加,可补偿系统误差,使测量结果更接近于真值。

修正值常在校准测量仪器时给出,在某些较准确的测量仪器中,常以表格、曲线或公式的形式给出受检仪器的修正值。在自动测试仪器中,修正值还可以先编成程序或数据表存储在测量仪器里,测量时仪器可对测量结果自动进行修正,再显示已修正测量结果。

例 2-2 用某电子电压表测电压。在满刻度为 1 mV 时,读得标称值为 0.64 mV。

查阅这电压表在定期检定时的记录,推算在 0.64 mV 时的修正值为 −0.03 mV,则其实际值可计算如下:0.64 mV−0.003 mV=0.61 mV。

2. 随机误差

在重复条件下,某次测量结果与对同一被测量进行无限多次测量所得结果平均值之差,称为这次测量的随机误差。

测量中的随机误差来源很多。影响量的随机时空变化,如热骚动、噪声干扰、电磁场的微变、大地的微震、空气扰动或测量人员感觉器官的各种无规律的微小变化等,都可能引起随机误差。随机误差的显著特点是,某一次测量中,随机误差无规律可循,无法用实验方法消除。此外,随机误差还具有单峰性、有界性、对称性、抵偿性。

在相同的条件下测量同一量时,随机误差的大小和符号的变化规律不可预知,但在足够多次测量中,随机误差总体服从统计规律,可利用概率、统计的方法对其进行分析。由于实际测量中只能进行有限次测量,因而测量结果的随机误差只是一个估计值。

3. 粗大误差

明显超出规定条件下预期的误差,称为粗大误差,粗大误差使测量结果明显地偏离真值。粗大误差通常由读数错误、测量方法错误或测量仪器有缺陷等原因造成。粗大误差明显歪曲了测量结果,相关测量值应剔除不用。

4. 容许误差

容许误差是测量仪器在使用条件下可能的误差范围。在电子测量仪器的产品标准或说明书中会指出。下面介绍两种容许误差。

1)固有误差(基本误差)

固有误差是在基准工作条件下测得的仪器误差。基准工作条件通常是一组比较严格的条件。例如,一般规定温度为(20±2) ℃,交流电压频率为50×(1±1%) Hz 等。

测量仪器的固有误差大致反映仪器本身的准确程度,同时在基准条件下也便于对仪器进行检验与检定。

2)工作误差

工作误差是指在仪器标准或说明书所给额定工作条件内某一点上的误差。额定工作条件包括仪器本身的全部使用范围和全部外部工作条件,假设所有条件最不利,可得到一个最大误差值。仪器的工作误差常给出这一极限值,在确定的概率下,工作误差处于该误差极限之内。

2.1.4　测量精度及其与误差的关系

测量精度是测量技术中常用的术语之一。测量精度是指测量结果与真值接近的程度，越接近真值，意味着测量精度越高。

测量精度与误差密不可分，测量结果越接近真值，测量误差越小，因此往往用测量误差的大小来评价测量精度。

对应于不同种类的误差，精度具体可有三种指标，下面分别予以介绍。

1. 精密度

精密度表示测量结果中的随机误差大小，即在重复条件下，对同一被测量进行多次测量时，各测量结果的一致程度。精密度常用随机不确定度或标准偏差表示。

2. 正确度

正确度是表示测量结果的系统误差大小程度的指标。在测量结果中，系统误差越小，测量的正确度越高，但是，正确度高不一定精密度也高。

系统误差包含两部分内容：一是已知的恒定系统误差；二是未定的或变化的系统误差。恒定系统误差常用 ε 表示；而未定的或变化的系统误差，常用系统误差限±e 表示。

因此，测量正确度可表示为

$$E = \varepsilon \pm e \tag{2-7}$$

3. 准确度（精确度）

测量准确度是指测量结果中系统误差与随机误差的综合，表示测量结果与真值的一致程度。准确度高意味着系统误差、随机误差都小。

从误差观点来看，准确度反映了测量结果中各类误差的综合情况。

下面介绍不确定度的基本概念。

不确定度中包含两种成分：系统不确定度和随机不确定度。

1）系统不确定度

系统不确定度是指变化的系统误差或未定的系统误差所造成的被测值不确定的程度，式(2-7)中的±e，即为系统不确定度，也可以称为"系统误差限"。

2）随机不确定度

随机不确定度是指因随机误差所造成的被测量值不确定的程度，用±δ_M 表示。

两种不确定度的合成量，用±u 表示，称为总不确定度，简称不确定度。总不确定度用以表示因测量误差的存在而使被测值不确定的程度。

如果用 ε 表示恒定系统误差，用±u 表示由系统误差限±e 和随机不确定度±δ_M 合成的总不确定度的误差（亦称为总不确定度），则准确度可表示为

$$A = \varepsilon \pm u \tag{2-8}$$

若恒定系统误差 ε 经修正后已消除，则准确度可以只用总不确定度±u 表示。

为了更直观地表达精密度、正确度和准确度的概念，可用打靶命中图来说明，如图 2-1 所示。

图 2-1 表明，子弹落在靶心周围有三种情况：

图 2-1(a)所示的系统误差小而随机误差大，则正确度高而精密度低；

图 2-1(b)所示的系统误差大而随机误差小，则正确度低而精密度高；

图 2-1(c)所示的系统误差与随机误差都小,则正确度与精密度都高,即精确度高。

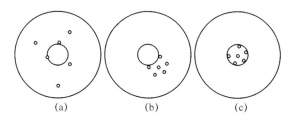

图 2-1 精密度、正确度和准确度的关系

2.2 随机误差及统计处理

2.2.1 随机误差的统计特性

随机误差是在重复条件下多次测量同一量时,误差的绝对值和符号均发生变化,而且这种变化没有确定的规律,也不能事先确定误差。随机误差具有以下的统计特性:

1)随机误差使测量数据产生分散,偏离它的数学期望值。

2)对于某一次测量而言,随机误差使测量数据偏离数学期望的值,且大小和方向是没有规律的。

3)对于足够多次测量而言,随机误差的分布服从一定的统计规律。

对于被测参数进行等精度测量,可得到正态分布曲线,研究服从正态分布的随机误差,具有四大特性:

1)对称性。绝对值相等的正误差与负误差出现的次数相等。

2)单峰性。绝对值小的误差比绝对值大的误差出现的次数多。

3)有界性。绝对值很大的误差出现的机会很少。

4)抵偿性。当测量次数趋于无穷大时,随机误差的平均值将趋于零。

上述分析表明,在单次测量的情况下,随机误差的大小和符号都是不确定的,没有规律性,但是在进行多次测量后,随机误差服从概率统计规律,可进行统计分析处理。对随机误差的分析,目的是研究测量数据中随机误差的分布规律,从而辅助实际测量,提高测量精度。

2.2.2 测量数据的正态分布与中心极限定理在误差分析中的应用

1. 概率论基本概念

数学期望:设 $X_1, X_2, \cdots, X_i, \cdots$ 为离散型随机变量 X 的可能取值,相应概率为 $P_1, P_2, \cdots, P_i, \cdots$,其级数和为

$$X_1 P_1 + X_2 P_2 + \cdots + X_i P_i + \cdots = \sum_{i=1}^{\infty} X_i P_i \tag{2-9}$$

若 $\sum_{i=1}^{\infty} X_i P_i$ 绝对收敛,则称其和数的 $\dfrac{1}{n}$ 为数学期望,记为 $E(X)$。

$$E(X) = \frac{1}{n} \sum_{i=1}^{\infty} X_i P_i, \quad \sum_i P_i = 1 \tag{2-10}$$

在统计学中,无穷多次的重复条件下的重复测量单次结果的平均值即为期望值。而在一系列测量中 n 个测量值的代数和除以 n,得到的值称为算术平均值,即

$$\bar{X} = \frac{X_1 + X_2 + \cdots + X_n}{n} = \frac{1}{n} \sum_{i=1}^{n} X_i \tag{2-11}$$

算术平均值与被测量的真值最接近,若测量次数无限增加,算术平均值 $\bar{X}$ 必然趋于期望值,也就是趋于实际值。

2. 方差

方差是用来描述随机变量可能值对期望的分散程度,也就是测量数据的离散程度的特性值。测量中的随机误差可用方差 $\sigma^2(X)$ 来定量表征,即

$$\sigma^2(X) = \frac{1}{n} \sum_{i=1}^{n} (X_i - \bar{X})^2 \tag{2-12}$$

式中,$(X_i - \bar{X})$ 是某项测量值与均值之差,称为剩余误差或残差,记为 V_i。

将剩余误差平方后求和平均,扩大了离散性,故用方差来表征随机误差的离散程度。

3. 标准差

方差的量纲是随机误差量纲的平方,使用不方便,为了与随机误差的量纲一致,常将其开方,用标准差后均方差 σ 表示,记为

$$\sigma = \sqrt{\frac{1}{n} \sum_{i=1}^{n} (X_i - \bar{X})^2} = \sqrt{\frac{1}{n} \sum_{i=1}^{n} V_i^2} \tag{2-13}$$

4. 正态分布

概率论中的中心极限定理说明:假设被研究的随机变量可以表示为大量独立的随机变量的和,其中每一个随机变量对于总和只起微小的作用,则可认为这个随机变量服从正态分布,又称高斯(Gauss)分布。

在测量中,随机误差通常是多种因素造成的许多微小误差的总和。因此,测量中的随机误差的分布及在随机误差影响下测量数据的分布大多接近于服从正态分布。

正态分布的概率密度函数为

$$P(X) = \frac{1}{\sqrt{2\pi}\sigma} e^{\left[\frac{-(X-\mu)^2}{2\sigma^2}\right]} \tag{2-14}$$

式中,μ 为数学期望,也就是算术平均值 $\bar{X}$,σ 为标准差。

正态分布的曲线,如图 2-2 所示,其中图 2-2(a)是随机误差影响下,测量数据 X 的正态分布;图 2-2(b)是随机误差 δ 的正态分布,并给出了三条不同的标准差的正态分布曲线。

正态分布在对称区间的积分表,如表 2-1 所示,表中数据按下列公式计算,其中,

$$\left. \begin{array}{l} Z = \dfrac{\delta}{\sigma(X)} = \dfrac{X - E(X)}{\sigma(X)} = \dfrac{X - \bar{X}}{\sigma} \\[3mm] k = \dfrac{a}{\sigma} \end{array} \right\} \tag{2-15}$$

式中,k 为置信因子,a 为所设的区间宽度的一半。

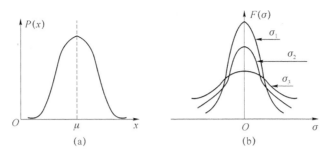

图 2-2 正态分布的曲线图

$$P(|Z| < k) = \int_{-k}^{k} \frac{1}{\sqrt{2\pi}} e^{\frac{z^2}{2}} dZ = P[E(X) - k\sigma(X) \leqslant X \leqslant E(X) + k\sigma(X)]$$

$$(2\text{-}16)$$

在实际应用中,正态分布经常采用下面三个值。

$k=1$ 时,$P(|X| < \sigma) \approx 0.682\,7$

$k=2$ 时,$P(|X| < 2\sigma) \approx 0.954\,5$

$k=3$ 时,$P(|X| < 3\sigma) \approx 0.997\,3$

即当 $k=1$ 时,在标准差 $(-\sigma, \sigma)$ 区间内,随机误差出现的概率为 68.27%;当 $k=2$ 时,在 $(-2\sigma, 2\sigma)$ 区间内,随机误差出现的概率为 95.45%;当 $k=3$ 时,在 3 倍标准差 $(-3\sigma, 3\sigma)$ 区间内,随机误差出现的概率为 99.73%。其余分布值可从表 2-1 中查得。

表 2-1 正态分布在对称区间的积分表

k	$P(\|Z\| < k)$	k	$P(\|Z\| < k)$	k	$P(\|Z\| < k)$
0	0	0.80	576 289	1.60	890 401
0.05	39 878	0.85	604 675	1.65	901 057
0.10	79 656	0.90	631 880	1.70	910 869
0.15	119 235	0.95	657 888	1.75	919 882
0.20	158 519	1.00	682 689	1.80	928 139
0.25	197 413	1.05	706 282	1.85	935 686
0.30	235 823	1.10	728 668	1.90	942 569
0.35	273 661	1.15	749 856	1.95	948 824
0.40	310 843	1.20	769 861	2.00	954 500
0.45	347 290	1.25	788 700	2.05	959 636
0.50	382 925	1.30	806 399	2.10	964 271
0.55	417 681	1.35	822 984	2.15	968 445
0.60	451 494	1.40	838 487	2.20	972 193
0.65	484 303	1.45	852 941	2.25	975 551
0.70	516 073	1.50	866 386	2.30	978 552
0.75	546 745	1.55	878 858	2.35	981 227

k	$P(\mid Z\mid < k)$	k	$P(\mid Z\mid < k)$	k	$P(\mid Z\mid < k)$
2.40	983 605	2.80	994 890	5.00	(6)9 426 697
2.45	985 714	2.85	995 628	5.50	(6)9 962 021
2.50	987 581	2.90	996 268	6.00	(8)9 802 683
2.55	989 228	2.95	996 882	6.50	(8)9 984 462
2.60	990 678	3.00	(2)973 002	7.00	(10)997 440
2.65	991 951	3.50	(2)995 347	7.50	(10)999 936
2.70	993 066	4.00	(4)9 366 575	8.00	(10)099 999
2.75	994 040	4.50	(4)9 932 047		

由此可知,当确定正态分布的算术平均值 $\bar{X}$ 和标准差 σ 后,该正态分布的曲线形状基本确定。图 2-2(b)给出三条不同标准差的正态分布曲线,$\sigma_1 < \sigma_2 < \sigma_3$。由曲线表明,标准差小,则曲线尖锐,说明测量误差小的测量数据占优势,也就是测量精度高。

2.2.3　有限次测量数据的算术平均值和标准偏差

实际测量均是有限次测量,为此有必要分析有限次测量数据估计测量值的数学期望和标准偏差。

1. 有限次测量的算术平均值

对同一量值进行一系列等精度独立测量,全部测量值的算术平均值与被测量的真值最接近。

设被测量的真值为 μ,其等精度测量值为 $X_1, X_2, \cdots, X_n$,则其算术平均值为

$$\bar{X} = \frac{1}{n}(X_1 + X_2 + \cdots + X_n) = \frac{1}{n}\sum_{i=1}^{n} X_i \tag{2-17}$$

可以证明,$\bar{X}$ 的数学期望就是 μ,即

$$E(\bar{X}) = E\left(\frac{1}{n}\sum_{i=1}^{n} X_i\right) = \frac{1}{n}E\left(\sum_{i=1}^{n} X_i\right) = \frac{1}{n}\sum_{i=1}^{n} E(X_i) = \frac{1}{n} \cdot n\mu = \mu \tag{2-18}$$

由于 $\bar{X}$ 的数学期望为 μ,故算术平均值就是真值 μ 的无偏估计值,在实际测量中,通常以算术平均值代替真值。

2. 有限次测量数据的标准差和平均值的标准差

1)有限次测量数据的标准差

在有限次测量时,可得到有限次测量数据的标准差为

$$S(n) = \sqrt{\frac{1}{n-1}\sum_{i=1}^{n}(X_i - \bar{X})^2} \tag{2-19}$$

式(2-19)称为贝塞尔公式。其中,n 为测量次数。

2)平均值的标准差

在有限次等精度测量中,若在相同条件下对同一量值分 m 组进行测量,每组重复 n 次,则每组数列都会有一个平均值。由于存在随机误差,这些平均值并不相同,说明有限次测量的算

术平均值还存在着误差。为此,在精密测量时,应采用算术平均值的标准差 $\sigma(\bar{X})$ 来评价。

由概率论中的定理,即几个相互独立的随机变量之和的方差等于各个随机变量方差之和进行推导,得平均值的标准差为

$$S(\bar{X}) = \frac{S(X)}{\sqrt{n}} \tag{2-20}$$

3. 有限次测量的算术平均值的标准值的计算步骤及实例计算

1)计算步骤

a)列出测量值的数据,如表 2-2 所示。

表 2-2 数据表

	1	2	3	4	5	6	7	8
X_i/kHz								
V_i								

b)计算算术平均值,即

$$\bar{X} = \frac{1}{n}(X_1 + X_2 + \cdots + X_n) = \frac{1}{n}\sum_{i=1}^{n} X_i$$

c)计算残差:

$$V_i = X_i - \bar{X}$$

d)计算标准差的估计值(实验标准差):

$$S(X) = \sqrt{\frac{1}{n-1}\sum_{i=1}^{n} V_i^2} = \sqrt{\frac{1}{n-1}\sum_{i=1}^{n} (X_i - \bar{X})^2}$$

e)计算算术平均标准差的估计值:

$$S(\bar{X}) = \frac{S(X)}{\sqrt{n}}$$

2)计算实例

对某信号源的输出频率进行测试,共测 8 次,得到测量值 X_i 的序列,将测得的数据列入表 2-2 中,得到表 2-3。

表 2-3 填入测试数据后的数据表

	1	2	3	4	5	6	7	8
X_i/kHz	1 000.82	1 000.79	1 000.85	1 000.34	1 000.78	1 000.91	1 000.76	1 000.82
V_i	0.06	0.03	0.09	−0.42	0.02	0.15	0.00	0.06

求测量值的平均值及标准偏差。

解:

a)首先,计算平均值:

$$\bar{X} = \frac{1}{n}\sum_{i=1}^{n} X_i$$

$$= \frac{1}{8}(1\,000.82\ \text{kHz} + 1\,000.79\ \text{kHz} + 1\,000.85\ \text{kHz} + 1\,000.34\ \text{kHz} +$$

$$1\,000.78\,\text{kHz}+1\,000.91\,\text{kHz}+1\,000.79\,\text{kHz}+1\,000.82\,\text{kHz})$$
$$=1\,000.76\,\text{kHz}$$

b)用公式 $V_i = (X_i - \bar{X})$ 计算各测量残差,将计算的数据列入表 2-2 中。

c)计算标准差估值:

$$S(X) = \sqrt{\frac{1}{n-1}\sum_{i=1}^{n}V_i^2} = \sqrt{\frac{0.215\,5}{7}}\,\text{kHz} = 0.18\,\text{kHz}$$

d)计算算术平均值标准差的估计值:

$$S(\bar{X}) = \frac{S(X)}{\sqrt{n}} = \frac{1.767\,\text{kHz}}{\sqrt{8}} = 0.62\,\text{kHz}$$

2.2.4 测量结果的置信度

1. 置信度与置信区间

置信度(置信概率)是用来描述测量结果处于某一范围内可靠程度的量,一般用百分数来表示。所选择的范围称为置信区间,一般用标准差的整数倍表示,如 $\pm k\sigma(x)$。

置信区间和置信概率是紧密联系的,置信区间刻画测量结果的精确性,而置信概率表明这个结果的可靠性。置信区间越宽,则置信概率越大,反之越小。

2. 正态分布下的置信度

对于一组服从正态分布规律的随机误差,确定了一个误差范围 $(-\delta_M, \delta_M)$,就会相应得到一个概率值 P。当测量次数 n 足够多时,概率为

$$P \approx \frac{n_i}{n} \tag{2-21}$$

式中,P 为随机误差(或测值)落在区间 $(-\delta_M, \delta_M)$ 内的概率;n_i 为落在区间 $(-\delta_M, \delta_M)$ 的随机误差(或测值)个数;n 为总的测量次数。

当所确定的误差区间不同时,相应的概率也不相同,如图 2-3 所示。当区间为 $(-\infty, +\infty)$ 时,对应的概率为 1。

3. 误差区间的表示式

在测量领域里,物理量种类繁多,研究随机误差概率的分布与误差的关系时,用实际大小表示误差十分不便。为此用误差区间来表示测量值的置信度。任何一个物理量的重复测量,都会相应得到一个标准差,这样便可以方便地用标准差的倍数来表示误差的大小。在研究随机误差的概率与误差区间的关系时,误差区间可用下式表示:

$$\delta_M = K_P \sigma \tag{2-22}$$

式中,K_P 为系数。

有了式(2-22)后,可将不同物理量的随机误差分布规律中概率与误差区间的关系转变为用概率与系数的关系来表示,可以从共性方面对随机误差进行研究,不涉及具体误差的大小。

4. 误差区间与相应概率的关系

对于一组等精度测量数据,不同的误差范围 $(-K_P\sigma, +K_P\sigma)$ 对应于不同的概率,如图 2-4 所示。如果把 σ 看作是恒定量,从共性方面研究随机误差,则不同误差区间所对应的随机误差概率便为 K_P 的函数,即

$$P = f(K_P) \tag{2-23}$$

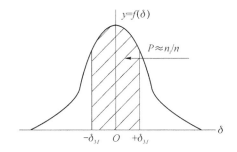 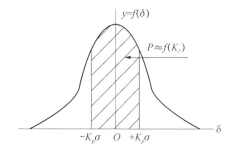

图 2-3 误差区间及对应概率曲线图　　图 2-4 用 $K_P \sigma$ 表示的误差区间同概率的关系

不难推断，K_P 值越大，$K_P \sigma$ 值越大，对应的概率值亦越大，不同的 K_P 值与其对应的概率值列于表 2-4 中。表中的 n_S 是指只有一次测量值的随机误差落在规定的误差区间之外的总测量次数。从表 2-4 可以看出，当规定的误差范围为 $(-3\sigma,+3\sigma)$ 时，相应的概率为 $P=0.997\,3$，即进行 $n_i=370$ 次测量，只有 1 次的误差超出 $\pm 3\sigma$ 的范围。

表 2-4　K_P 同对应的概率 P

K_P	区间 $\delta_M = K_P \sigma$	P	n_S
1	σ	0.682 7	3
1.96	1.96σ	0.95	20
2	2σ	0.954 5	22
2.58	2.58σ	0.99	100
3	3σ	0.997 3	370
4	4σ	0.999 9	15 625
∞	∞	1	∞

5. t 分布下的置信度及实例计算

1）t 分布下的置信度

在实际测量中，测量次数是有限的，可根据贝塞尔公式求出标准差的估计值。当测量次数较少（如 $n<20$）时，测量值不服从正态分布，而服从 t 分布。当 $n>20$ 以后，t 分布与正态分布就很接近了。t 分布一般用来解决有限次等精度测量的置信度问题。

表 2-5 给出了 t 分布的函数表，根据 t 分布的概率密度函数 P，就可以用积分的方法确定区间的置信概率。t 分布的概率密度函数为

$$P(t) = \frac{1}{\sqrt{2\pi}} \int_0^t e^{-\frac{t}{2}} \, dt \tag{2-24}$$

表 2-5　t 分布的函数表

n	K_t								
	$P=0.5$	$P=0.6$	$P=0.7$	$P=0.8$	$P=0.9$	$P=0.95$	$P=0.98$	$P=0.99$	$P=0.999$
1	1.000	1.376	1.963	3.078	6.314	12.706	31.821	63.657	636.619
2	0.816	1.061	1.386	1.886	2.920	4.303	6.965	9.925	31.598

n	K_t								
	$P=0.5$	$P=0.6$	$P=0.7$	$P=0.8$	$P=0.9$	$P=0.95$	$P=0.98$	$P=0.99$	$P=0.999$
3	0.765	0.978	1.250	1.638	2.353	4.182	4.541	5.841	12.924
4	0.741	0.941	1.190	1.553	2.132	2.776	3.747	4.604	8.610
5	0.727	0.920	1.156	1.476	2.015	2.571	3.365	4.032	6.859
6	0.718	0.906	1.134	1.440	1.943	2.447	3.145	3.707	5.959
7	0.711	0.896	1.119	1.415	1.895	2.365	2.998	3.499	5.405
8	0.706	0.889	1.108	1.397	1.860	2.306	2.896	3.355	5.041
9	0.703	0.883	1.100	1.383	1.833	2.262	2.821	3.250	4.781
10	0.700	0.879	1.093	1.372	1.812	2.338	2.764	3.169	4.587
11	0.697	0.876	1.088	1.363	1.796	2.201	2.718	3.106	4.437
15	0.691	0.866	1.074	1.341	1.753	2.131	2.602	2.947	4.073
20	0.687	0.830	1.064	1.325	1.725	2.086	2.528	2.845	3.850
25	0.684	0.856	1.058	1.316	1.708	2.060	2.485	2.787	3.725
30	0.683	0.854	1.055	1.310	1.697	2.042	2.457	2.750	3.646
40	0.681	0.851	1.050	1.303	1.684	2.021	2.423	2.704	3.551
60	0.679	0.848	1.046	1.296	1.671	2.000	2.390	2.660	3.460
100	0.677	0.845	1.041	1.289	1.658	1.980	2.358	2.617	3.373
∞	0.674	0.842	1.036	1.282	1.645	1.960	2.326	2.576	3.291

2)计算实例

对某电感进行 12 次等精度测量,测得的数值如表 2-6 所示。

表 2-6　电感测量的数值

n	测量结果/mH	n	测量结果/mH
1	20.46	7	20.50
2	20.52	8	20.49
3	20.50	9	20.47
4	20.52	10	20.49
5	20.48	11	20.51
6	20.47	12	20.51

若要求在 $P=95\%$ 的置信概率下,则该电感测量值应在多大置信区间内?

解: 可按下面步骤进行计算:

a)求出 $\bar{L}$ 及 $S(\bar{L})$

电感的算术平均值:

$$\bar{L} = \frac{1}{12}\sum_{i=1}^{12} L_i = 20.493 \text{ mH}$$

电感的标准差估值：

$$s(L) = \sqrt{\frac{1}{12-1}\sum_{i=1}^{12}(L_i = \bar{L})^2} = 0.020 \text{ mH}$$

算术平均值标准差估值：

$$s(\bar{L}) = \frac{0.020 \text{ mH}}{\sqrt{12}} = 0.006 \text{ mH}$$

b)查表 2-5，由 $n-1=11$，$P=0.95$，得 $t=2.20$。

c)估计电感 L 的置信区间 $\{\bar{L}-K_t(\bar{L}),\bar{L}+K_t(\bar{L})\}$，其中，

$$K_t(\bar{L}) = 2.20 \times 0.006 \text{ mH} = 0.013 \text{ mH}$$

则在 $P=95\%$ 的置信概率下，电感 L 的置信区间为 $[20.48 \text{ mH}, 20.51 \text{ mH}]$。

6. 非正态分布及其置信度

1)非正态分布

a)均匀分布

均匀分布又称等概率分布或矩形分布，如图 2-5 所示。均匀分布的特点是在误差范围内，误差出现的概率各处相同。

均匀分布在电子测量中常出现在以下几种情况：

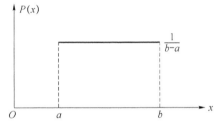

图 2-5 均匀分布图

- 仪器调零不准；
- 测量仪器中的度盘回差所导致的测量误差；
- 数字式电子测量仪器的量化误差，如计数器测量频率时产生的 ±1 误差；
- 舍弃测量数据的低位数字等。

均匀分布的概率密度为

$$P(x) = \begin{cases} \dfrac{1}{b-a}, & a \leqslant x \leqslant b \\ 0, & x < a, x \geqslant b \end{cases} \tag{2-25}$$

可以证明，图 2-5 所示均匀分布的数学期望为

$$E(x) = \frac{a+b}{2} \tag{2-26}$$

标准差为

$$\sigma = \frac{b-a}{\sqrt{2}} \tag{2-27}$$

b)三角形分布

当两个误差限相同，且服从均匀分布的随机误差求和时，其和的分布规律服从三角形分布，又称辛普森（Simpson）分布，如图 2-6 所示。

在实际测量中，若整个测量过程必须进行两次才能完成，而每次测量的随机误差服从相同的均匀分布，则总的测量误差为三角形分布误差。

三角分布的概率密度函数为

$$P(x) = \begin{cases} \dfrac{e+x}{e^2}, & -e \leqslant x \leqslant 0 \\[2mm] \dfrac{e-x}{e^2}, & 0 \leqslant x \leqslant e \end{cases} \qquad (2\text{-}28)$$

c)反正弦分布

反正弦分布,实际上是一种随机误差函数的分布规律,其特点是该随机误差与某一角度成正弦关系。例如测量仪器度盘偏心引起的角度测量误差,又如电子测量中谐振的振幅误差等,均为反正弦分布,如图 2-7 所示。

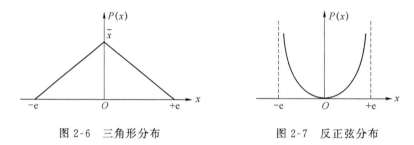

图 2-6 三角形分布　　　　　图 2-7 反正弦分布

反正弦分布的概率密度函数为

$$P(x) = \frac{1}{\pi \sqrt{e^2 - x^2}} (\mid x \mid < e) \qquad (2\text{-}29)$$

2)非正态分布的置信度

按照标准差的基本定义,可以求得各种分布的标准差 σ,再求得置信因子 K,即

$$K = \frac{a}{\sigma} \qquad (2\text{-}30)$$

表 2-7 列出几种常用分布的置信因子值。

表 2-7 几种常用分布的置信因子值

分布	置信因子 K	分布	置信因子 K
正态分布	$2\sim3$	均匀分布	$\sqrt{3}$
三角形分布	$\sqrt{6}$	反正弦分布	$\sqrt{2}$

2.2.5　极限误差的概念

为了使测量的结果尽量准确和可靠,显然不能把最大误差范围(区间)确定为 $(-\infty, +\infty)$,这样,测量精度就没有实际意义了。若将这个范围确定为 $(-\sigma, +\sigma)$,测量精度虽然较高,但表 2-4 表明,此时将有 32% 的测量数据的随机误差落在该区间之外,这样确定的误差最大范围可靠度较小。若选 $(-3\sigma, +3\sigma)$ 作为最大误差范围,则全部测量数据的随机误差落在这个区间的占 99.73%,落在这个区间之外的仅有 0.27%。这就是说,进行 370 次测量才有一次测量的随机误差落在这个范围之外;测量一次时,随机误差落在这个范围之内的概率为 99.73%,落在该范围之外的可能性仅有 0.27%,如图 2-8 所示。

由此可知,选 $(-3\sigma, +3\sigma)$ 为最大误差范围时,可以认为全部测量值的随机误差都落在这个范围内。因此,用±3σ来确定一组测量值的随机误差的限度是合适的。

若用 Δ 表示测量极限误差,则

$$\Delta = \pm 3\sigma \qquad (2\text{-}31)$$

当选 ±3σ 作为极限误差时,相应的置信概率
为 99.73%。在某些对误差估计要求不高的场合,
极限误差可选为 $\pm 2\sigma(P = 95\%)$ 或 $\pm\sigma(P =$
68.27%)。

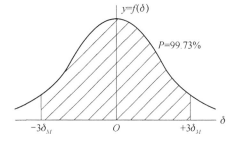

图 2-8 极限误差与概率

2.2.6 用统计学方法剔除异常数据

1. 剔除异常数据(粗大误差)的方法

误差绝对值较大的测量数据称为可疑数据。可疑数据对测量值的平均值及标准偏差估计
值都有较大的影响,而标准偏差估计值受可疑数据的影响更大。遇到可疑数据,首先要通过多
次测量以及对测量条件的分析,检查是否有某些偶然原因(如强电磁干扰或电源突变等)严重
影响了测量结果,要判断这是随机误差造成的正常分散结果,还是测量仪器、测量方法、测量条
件不正常或测量人员的错误造成的数据异常。

用统计学的方法处理可疑数据的基本方法,是给定一个置信概率,找出相应的置信区
间,凡是在置信区间以外的测试数据,就定为异常数据,并予以剔除。常见的检验方法是莱
特准则。这是一种在正态分布情况下判别异常值的方法。假设一系列等精度测量结果中,
第 i 项测量值 X_i 所对应的残差 V_i 的绝对值,满足:

$$|V_i| > 3S(X_i) \qquad (2\text{-}32)$$

即在测量次数足够多,测量数据为正态分布的情况下,采用取 3 倍标准偏差估计值作为判别
异常数据的界限。式(2-32)即为莱特准则。但是,莱特准则只适用于测量数据服从正态分
布,并且测量次数较大(>10)的情况,当 $n<10$ 时,容易产生误判。

除了用莱特准则判别异常数据(粗大误差),也常用肖维纳准则和格拉布斯准则来判别
粗大误差。

异常数据每次只能剔除一个,在剔除了某个异常数据后,还需根据剩下的数据重新计算
平均值和实验标准差,然后根据计算结果再次判断有无需要剔除的数据,这个过程一直要进
行到没有需要剔除的数据时为止,目前,这些工作大都由计算机来完成。

2. 实例计算

测量直流电压获得 15 个数据如表 2-8 所示。利用莱特准则判断测量值中是否有粗大误差。

表 2-8 测量直流电压获得 15 个数据

n	测得值 X_i/V	残差 V_i/V	n	测得值 X_i/V	残差 V_i/V
1	20.42	+0.016	9	20.40	−0.004
2	20.43	+0.026	10	20.43	+0.026
3	20.40	−0.004	11	20.42	+0.016
4	20.43	+0.026	12	20.41	+0.006
5	20.42	+0.016	13	20.39	−0.014
6	20.43	+0.026	14	20.39	−0.014
7	20.39	−0.014	15	20.40	−0.004
8	20.30	−0.104			

解:

1)通过计算求直流电压算术平均值 $\bar{X}$:

$$\bar{X} = 20.404 \text{ V}$$

2)根据残差 V_i 求 $S(X)$:

$$S(X) = 0.033 \text{ V}$$

3)求 $3S(X)$:

$$3S(X) = 0.033 \text{ V} \times 3 = 0.099 \text{ V}$$

4)根据上述计算结果进行判断:第八个数据 20.30 V 的残差 $V_i = 0.104$ V,大于 $3S(X)$,因此,此测量数据含有粗大误差,应剔除。

5)剔除第八个数据后,利用公式再重新计算出测量数据的算术平均值 $\bar{X}'$:

$$\bar{X}' = 20.411 \text{ V}$$

6)根据计算剔除第八个数据后的其余测量数据之残差 V_i' 求 $S(X)'$:

$$S(X)' = 0.016 \text{ V}$$

7)计算 $3S(X)'$:

$$3S(X)' = 0.016 \text{ V} \times 3 = 0.048 \text{ V}$$

8)根据计算结果进行判断:从表 2-8 可以看出,剔除第八个数据后其余的测量数据的残差之绝对值都小于 $3S(X)'$。此时各测量数据中均不含粗大误差,判别完毕。

2.2.7　测量结果的表示及其计算实例

1. 测量结果的表示方法

通常,电子测量和计量部门在处理随机误差时,用下式表示测量结果:

$$X = \bar{X} \pm K_t S \tag{2-33}$$

式中,X 为测量结果,$\bar{X}$ 为在 n 次等精度测量时获得的数据的算术平均值,K_t 为 t 分布因子(其数值应根据置信概率 P_C 和 n 而定),S 为在 n 次等精度测量中求得的算术平均值的标准差。

分别求出 $\bar{X}$、K_t 和 S,就可以方便地得到处理随机误差后希望获得的测量结果 X。其计算步骤如下。

1)算术平均值 $\bar{X}$ 简便计算

算术平均值是把所有测量结果加以求和,再取平均值。因为随机误差是不规则的,如果把等精度测量时测量次数 n 增加到足够多(理论上为无穷多次),算术平均值最接近真值。实际上测量次数是有限的。

设有一组等精度数据,用 $X_1, X_2, \cdots, X_i, \cdots, X_n$ 表示。先任选其中一个数字(通常是选最简单的尽可能中间的那个数),作为临时的参考值 X',求出参考的剩余误差 V_i',即

$$V_1' = X_1 - X'; \quad V_2' = X_2 - X';$$
$$V_i' = X_i - X'; \quad V_n' = X_n - X'。$$

a)求和,得

$$\sum_{i=1}^{n} V_i' = \sum_{i=1}^{n} X_i - nX' \tag{2-34}$$

b)等号两边同除 n，得

$$\frac{\sum\limits_{i=1}^{n} V'_i}{n} = \frac{\sum\limits_{i=1}^{n} X_i}{n} - X' = \bar{X} - X' \tag{2-35}$$

故

$$\bar{X} = X' + \frac{\sum\limits_{i=1}^{n} V'_i}{n}$$

通过式(2-35)计算的算术平均值 $\bar{X}$ 是不准的。

实际上，算术平均值可采用下式计算：

$$\bar{X} = \frac{1}{n} \sum_{i=1}^{n} X_i$$

2)K_t 的取得方法

K_t 称为 t 分布因子，它只与置信概率 P_C 和等精度测量次数 n 有关，而与标准偏差 σ 无关。而且 $n > 20$ 后，K_t 的变化不明显。

在工程技术测量中，绝大多数随机误差服从正态分布，置信概率 P_C 取 0.95 或 0.99 已能满足要求了。从表 2-5 中查出 K_t 的值更为方便。例如，取 $n = 10$，$P_C = 0.99$，求得（或查得）$K_t = 3.25 \approx 3.2$。

3)算术平均值的标准偏差 S 的简便计算

算术平均值的标准偏差 S 可由下式求得

$$S = \frac{\sigma}{\sqrt{n}} \tag{2-36}$$

式中，σ 为服从正态分布规律的标准偏差，可从下面两个公式中任选一式计算，即

$$\sigma = \sqrt{\frac{1}{n-1}\Big[\sum (V'_i)^2\Big] - \frac{(\sum V'_i)^2}{n}} \tag{2-37}$$

或

$$\sigma = \sqrt{\frac{1}{n-1}\sum_{i=1}^{n} V_i^2} \tag{2-38}$$

式中，$V'_i = X_i - X'$，$V_i = X_i - \bar{X}$。

综上所述，先从测量数据通过式(2-37)或式(2-38)求出 σ，代入式(2-36)算出算术平均值的标准偏差 S。另外，从表 2-5 中查出 K_t，再求得算术平均值 $\bar{X}$。最后一起代入式(2-32)，就得到测量结果 X。

2. 实例计算

设测量某信号源的振荡频率 f(MHz)，共测 10 次($n = 10$)，其数据如表 2-9 所示，分别算出 V'_i、$(V'_i)^2$，同样也列入表中，求测量值。

表 2-9　振荡器频率测量误差值

i	f(MHz)	V'_i/MHz	$(V'_i)^2/$(MHz)^2
1	78.102 8	−0.000 2	4×10^{-8}
2	78.102 6	−0.000 4	16×10^{-8}

i	f(MHz)	V_i'/MHz	$(V_i')^2$/(MHz)^2
3	78.103 2	$+0.000\ 2$	4×10^{-8}
4	78.103 0	0	0
5	78.102 7	$-0.000\ 3$	9×10^{-8}
6	78.102 5	$-0.000\ 5$	25×10^{-8}
7	78.103 1	$+0.000\ 1$	1×10^{-8}
8	78.103 4	$+0.000\ 4$	16×10^{-8}
9	78.102 9	$-0.000\ 1$	1×10^{-8}
10	78.103 3	$+0.000\ 3$	9×10^{-8}
$\sum$	78.103 0	$-0.000\ 5$	85×10^{-8}

根据式(2-38)求出标准偏差 σ：

$$\sigma \approx \sqrt{\frac{1}{9}(85-2.5) \times 10^{-8}}\ \text{MHz} \approx 0.000\ 3\ \text{MHz}$$

再从式(2-36)求出算术平均值的标准偏差 S：

$$S = \frac{0.000\ 3\ \text{MHz}}{\sqrt{10}} \gg 0.000\ 1\ \text{MHz}$$

取置信概率 $P_C = 0.99, K_t = 3.2$。然后，求出 $\bar{X}, \bar{X}$ 即频率的算术平均值，用 $\bar{f}$ 表示：

$$\bar{f} = 78.103\ 0\ \text{MHz} + \frac{(-0.000\ 5)\ \text{MHz}}{10} = 78.102\ 95\ \text{MHz}$$

最后可得测量结果 X，即 f：

$$f = 78.102\ 95\ \text{MHz} \pm 3.2 \times 0.000\ 1\ \text{MHz}$$
$$= (78.102\ 95 \pm 0.000\ 32)\ \text{MHz} \approx (78.103\ 0 \pm 0.000\ 3)\ \text{MHz}$$

由于置信概率和 n 不同时，结果也不同。因此，测量结果的最后表示式应为

$$f = (78.103\ 0 \pm 0.000\ 3)\ \text{MHz} \quad (P_C = 0.99, n = 10)$$

2.3 系统误差及其处理

2.3.1 产生系统误差的原因

系统误差是由固定不变的或按确定规律变化的因素造成的。这些因素是可控的，一般有：

1)测量装置因素。仪器机构设计原理上的缺陷，如指针式仪表零点未调整正确；仪器零件制造和安装误差，如标尺的刻度偏差、刻度盘和指针的安装偏心、仪器各导轨的误差；仪器附件制造偏差等。

2)环境因素。测量时的实际温度对标准温度的偏差，测量过程中温度、湿度等按一定规律变化的误差。

3)测量方法因素。采用近似的测量方法或近似的计算公式等引起的误差。

4)测量人员因素。对于指针式仪表,由于测量人员个人习惯不同,造成系统误差。例如,在刻度上读数时,可能偏向某一方向;在动态测量时,记录某一信号可能有滞后的倾向。

2.3.2　系统误差处理的一般方法

系统误差的规律大多不容易掌握,因此对它的实际处理往往要比处理随机误差更困难。所以,对待系统误差,很难用通用的方法来处理,通常针对具体测量条件采用具体的处理方法。处理思路如下:

1)设法检查系统误差是否存在。

2)分析可能造成系统误差的原因,并在测量之前尽力排除。

3)在测量过程中采取某些技术措施,来尽力消除或减弱系统误差的影响。

4)设法估计出仍残存的系统误差的数值和范围。对于掌握了误差的方向和数值的系统误差可用修正值(包括修正公式和修正曲线)来进行修正。对于还不能确切掌握方向和数值的系统误差也要尽可能估计出大体范围,以便掌握它对测量结果的影响。

2.3.3　系统误差的检查

1. 恒定系统误差的检查

恒定系统误差是在测量条件不变时保持不变的系统误差。要克服系统误差对测量结果的影响,就必须检查测量结果中是否含系统误差。在使用时,可采用以下三种方法进行检查。

1)理论分析法

凡由于测量方法或测量原理而引入的恒定误差,只要对测量方法和测量原理进行定量分析,就可以找出系统误差的大小。最好使用理论分析和计算的方法来修正。例如,用谐振法测量小容量的电容时,因频率高使引线电感不能忽略产生的一定的恒定系统误差,则可用理论分析与计算加以修正。

2)校准对比法

在测量过程中,电子测量仪器自始至终接在测量线路里,故它是系统误差的主要来源。检查测量仪器所产生的恒定系统误差可按下面的方法进行:

a)在测量前应按规定作定期的计量检定。

b)用校正后的修正值(数值、曲线、公式或表格等)来检查和消除恒定系统误差。

c)用标准测量仪器或仪器的自校准装置来检查和消除恒定系统误差。还可用多台同类型仪器相互对比测量,观测对比测量结果的差异,以便提供一致性的参考数据。

3)改变测量条件法

若恒定系统误差在某一确定的条件下产生,改变这一确定条件,就出现另一个确定系统误差。分组测出数据,比较差异。这种方法不但可以判断恒定系统误差存在与否,还可加以修正。

2. 变值系统误差的检查

变值系统误差是按某一确切函数关系变化的恒定系统误差,只要改变测量条件或分析数据变化规律,就可以判断测量结果中是否存在变值系统误差。原则上来讲,凡含有变值系统误差的测量结果,应予废弃不用。

1)累进性系统误差的检查

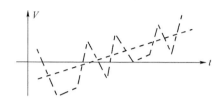

图 2-9 累进性系统误差的趋势

累进性系统误差的特点是,被测量的数值随时间或其他因素而不断增加或减小。例如,电池端电压的下降引起的电流下降。因此,必须进行多次等精度测量,观察数据的变化规律。通常,累进性系统误差比随机误差要大得多,所以可以清楚地看出它上升(或下降)的趋势,如图 2-9 所示。

图 2-9 表明,对于累进性系统误差,可作近似的中心线,直观地看出并估计出累进性系统误差的大小。

在累进性系统误差的情况下,残差基本上向一个固定方向变化。通常用马利科夫判别法来判别是否存在累进性系统误差。其具体如下:

a)将 n 项剩余误差 V_i 按顺序排列。

b)分成奇、偶两部分求和,再求其差值 D。

当 n 为偶数时,

$$D = \sum_{i=1}^{n/2} V_i - \sum_{i=n/2+1}^{n} V_i \tag{2-39}$$

当 n 为奇数时,

$$D = \sum_{i=1}^{(n+1)/2} V_i - \sum_{i=(n+1)/2}^{n} V_i \tag{2-40}$$

c)若 $D \approx 0$,则说明测量数据不存在累进性系统误差;若 D 明显不为 0,则存在累进性系统误差。

2)周期性系统误差的检查

周期性系统误差的典型例子是当指针式仪表度盘安装偏心时产生的误差。如果在测量误差中周期性系统误差占主要成分,只要仔细观察测量数据的变化规律,是不难检查出来的。正因为随机误差常与系统误差同时混杂在一起,当周期性系差与随机误差相比并不显著时,就很难被检查出来。

通常用阿贝-赫梅特(Abbe-Helmert)判别方法来检查周期性系统误差的存在,具体步骤如下:

a)将测量数据 i 项残差 V_i 按测量顺序排列。

b)将 V_i 两两相乘,然后求其和的绝对值,

$$|V_1 V_2 + V_2 V_3 + \cdots + V_{n-1} V_n| = \left| \sum_{i=1}^{n-1} V_i V_{i+1} \right| \tag{2-41}$$

c)用贝塞尔(Bessel)公式求方差,

$$S^2(X) = \frac{1}{n-1} \sum_{i=1}^{n} V_i^2 \tag{2-42}$$

d)将和式与方差相比较,若满足

$$\left| \sum_{j=1}^{n-1} V_i V_{i+1} \right| > \sqrt{n-1} S^2(X) \tag{2-43}$$

则认为存在周期性系统误差。

存在变值系统误差的数据原则上应舍弃不用。但是,若残差的最大值明显小于测量允许的范围或仪器规定的系统误差范围,则测量数据可以考虑使用,但在继续测量时要密切注意变值系统误差的变化情况。

2.3.4 消除或减少系统误差的典型测量技术

1. 零示法

零示法主要是为了消除指示仪表不准而造成的误差。在测量中使被测量对指示仪表的作用与某已知的标准量对它作用相互平衡,以使指示仪表示零,这时被测量等于已知的标准量,这种方法称为零示法。该方法如图 2-10 所示。将被测量与标准已知量进行比较,使其效应相互抵消。当效应完全抵消时,测量仪器或装置达到平衡,指示器的读数最小或指零。

图 2-10 中 E 是标准电池,R_1 与 R_2 构成标准可调分压器。测量时调节分压比,使 $U = \dfrac{ER_2}{R_1 + R_2}$ 恰好等于被测电压 U_X,这时检流计 G 中没有电流流过,即检流计指示零。用这样的方法就可以测得被测电压的数值,即

$$U_X = U = E\,\frac{R_2}{R_1 + R_2} \qquad (2\text{-}44)$$

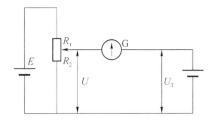

图 2-10 零示法示意图

在测量过程中,只需判断检流计中有无电流,而不需用检流计来读出数据。因此,只要标准电池及标准分压器准确,检流计转动灵敏,测量就会准确。

在电子测量中广泛使用的平衡电桥也是应用了零示法来进行测量的。在电桥中作为指示仪表的检流计应该是很灵敏的,作为已知量的各臂元件值应该准确。

2. 替代法

替代法是采用置换原理进行的,又称置换法。它是指在一定的测量条件下,选择一个适当大小的标准已知量去替代测量电路中原来接入的被测物理量,替代后应保证示值不变。于是,被测量就等于该标准已知量。替代后,由于原测量电路和仪器的工作状态保持不变,故仪器误差和恒定系统误差将不对测量结果产生影响。

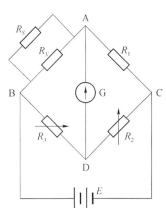

图 2-11 替代法示意图

现以图 2-11 所示的精密电阻电桥为例来了解替代法的工作原理。用该精密电阻电桥来测量被测电阻 R_X,用接线柱接入。电桥调平衡后,得

$$R_X = \frac{R_1 \times R_3}{R_2} \qquad (2\text{-}45)$$

在该电桥中,R_1 是固定电阻,R_2、R_3 是带有刻度的可调电阻,G 是平衡指示器。

调节 R_2 与 R_3 使 G 指零,被测电阻 R_X 可从式(2-45)求得。

如果用该电桥测量一批同类型同规格的电阻 R_X,则会由于 R_2、R_3 和 G 的测读而带来系统误差。若用标准电阻箱

R_S 来替代 R_X，同样可使 G 指示为零，则只要 G 有足够的灵敏度并每次准确示零。那么，只要单测一只或多只 R_X，就可克服由 R_2、R_3 测读带来的恒定系统误差。

3. 交换法

当估计由于某些因素可能使测量结果产生单一方向的系统误差时，可以进行两次测量。利用交换被测量在测量系统中的位置或测量方向等方法，设法使两次测量中的误差源对测量的作用相反。对照两次测量值，可以检查出系统误差是否存在；对两次测量值取平均值，将大大削弱系统误差的影响。例如，用旋转度盘读数时，分别将度盘向右旋转和向左旋转进行两次读数，用对读数取平均值的方法就可在一定程度上消除由传动系统的回差造成的误差；用电桥测电阻时，将被测电阻放在两个不同的桥臂上进行测量，也有利于削弱系统误差的影响。

4. 微差法

前述零示法的基本原理，要求被测量与标准量对指示仪表的作用完全相同，以使指示仪表示零，这就要求标准量与被测量完全相等。但在实际测量中标准量不一定是连续可变的，这时只要标准量与被测量的差别较小，那么它们的作用相互抵消的结果也会使指示仪表的误差对测量的影响大大减弱。

设被测量为 X，和它相近的标准量为 B，被测量与标准量之微差为 A，A 的数值可由仪表读出，即

$$X = B + A \tag{2-46}$$

$$\frac{\Delta x}{x} = \frac{\Delta B}{x} + \frac{\Delta A}{x} = \frac{\Delta B}{A+B} + \frac{A}{x}\frac{\Delta A}{A} \tag{2-47}$$

由 X 与 B 的微差 A 远小于 B，所以 $A + B \approx B$，可得测量误差为

$$\frac{\Delta X}{X} = \frac{\Delta B}{B} + \frac{A}{X}\frac{\Delta A}{A} \tag{2-48}$$

式（2-48）表明，在采用微差法进行测量时，测量误差由两部分组成：第一部分 $\frac{\Delta B}{B}$ 是标准量的相对误差，它一般是很小的；第二部分是指示仪表的相对误差 $\frac{\Delta A}{A}$ 与系数 $\frac{A}{X}$ 的积，其中系数 $\frac{A}{X}$ 是微差与被测量的比值，叫相对微差。由于相对微差远小于1，因此指示仪表误差对测量的影响被大大地削弱了。

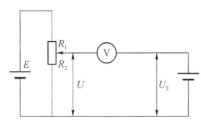

图 2-12　用微差法求未知电压

例 2-3　图 2-12 是一个用微差法测量未知电压 U_X 的电路，图中标准电压 U 维持不变，电压表 V 用来测量被测电压 U_X 与标准电压 U 之微差。设标准电压的相对误差不大于 5/10 000，电压表的相对误差不大于 1/100，相对微差为 1/50，问测量的相对误差为多少？

解：由式（2-45）可见，测量的相对误差为

$$\frac{\Delta X}{X} = \frac{\Delta B}{B} + \frac{A}{X}\frac{\Delta A}{A} \leqslant |\pm 0.05\%| + \frac{1}{50} \times |\pm 1\%| = 0.05\% = 0.02\% = 0.07\%$$

由上例可见，采用微差法测量，用一个相对误差为 1% 的电压表，能够做到测量的总

相对误差为 0.07%，其中指示仪表只引起 0.02% 的误差。仪表误差的影响被削弱了。此时，用微差法求未知电压，只要标准量的相对误差 $\dfrac{\Delta B}{B}$ 较小，测量的相对误差也能做到很小。

微差法虽然不能像零示法那样全部消除指示仪表误差带来的影响，但它不需要标准量连续可调，而且可在指示仪表上直接读出被测量的数值，这就使微差法得到了广泛的应用。在现代智能仪器中，可以利用微处理器的计算控制功能，削弱或消除仪器的系统误差。利用微处理器削弱系统误差的方法很多，如直流零位校准、自动校准、相对测量等。

2.4　测量误差的合成和分配

2.4.1　测量误差的合成

1. 误差传递公式及计算实例

1）误差传递公式

误差的合成就是以分项误差求总误差。设某误差 Y 由分项 X_1、X_2 合成，即 $Y = f(X_1 : X_2)$。若在真值 $Y_0 = f(X_{10} : X_{20})$ 附近各阶偏导数存在，则可把 y 展开为泰勒级数：

$$
\begin{aligned}
y &= f(X_1, X_2) \\
&= f(X_{10}, X_{20}) + \left[\frac{\partial f}{\partial x}(X_1 - X_{10}) + \frac{\partial f}{\partial x_2}(X_2 - X_{20}) \right] + \\
&\quad \frac{1}{2!} \left[\frac{\partial^2 f}{\partial X_1{}^2}(X_1 - X_{10})^2 + 2\frac{\partial^2 f}{\partial X_1 \partial X_2}(X_1 - X_{10}) \times \right. \\
&\quad \left. (X_2 - X_{20}) + \frac{\partial^2 f}{\partial X_2{}^2}(X_2 - X_{20})^2 \right] + \cdots
\end{aligned}
$$

若用 $\Delta X_1 = (X_1 - X_{10})$，$\Delta X_2 = (X_2 - X_{20})$ 分别表示 X_1，X_2 分项的误差，由于 $\Delta X_1 \ll X_1$，$\Delta X_2 \ll X_2$，则泰勒级数的中高阶小量可以忽略不计，此时总的合成误差为

$$
\Delta Y = Y - Y_0 = Y - f(X_{10}, X_{20}) = \frac{\partial f}{\partial X_1}\Delta X_1 + \frac{\partial f}{\partial X_2}\Delta X_2
$$

一般地，总的合成误差 ΔY 由 m 个分项合成，则

$$
\Delta Y = \frac{\partial f}{\partial X_1}\Delta X_1 + \frac{\partial f}{\partial X_2}\Delta X_2 + \cdots + \frac{\partial f}{\partial X_m}\Delta X_m
$$

即

$$
\Delta Y = \sum_{j=1}^{m} \frac{\partial f}{\partial X_j}\Delta X_j \tag{2-49}
$$

2）实例计算

例 2-4　用间接测量法测电阻消耗的功率。若电压和电流测量的相对误差分别为 $\dfrac{\Delta U}{U}$ 和 $\dfrac{\Delta I}{I}$，试计算功率的相对误差。

解：根据公式 $P = IU$，可得测量功率的误差表示式，即

$$
\Delta P = \frac{\partial P}{\partial U}\Delta U + \frac{\partial P}{\partial I}\Delta I = I\Delta U + U\Delta I
$$

算得功率的相对误差为

$$\gamma_P = \frac{\Delta P}{P} = \frac{I \Delta U}{UI} + \frac{U \Delta I}{UI} = \gamma_U + \gamma_I$$

2. 误差合成方法

1）系统误差的合成

由误差传递公式(2-49)得

$$\Delta Y = \frac{\partial f}{\partial X_1} \Delta X_1 + \frac{\partial f}{\partial X_2} \Delta X_2 + \cdots + \frac{\partial f}{\partial X_m} \Delta X_m$$

式中，ΔX_m 是由系统误差 ε 和随机误差 δ 构成的，即

$$\Delta Y = \frac{\partial f}{\partial X_1}(\varepsilon_1 + \delta_1) + \frac{\partial f}{\partial X_2}(\varepsilon_2 + \delta_2) + \cdots + \frac{\partial f}{\partial X_m}(\varepsilon_m + \delta_m) \qquad (2-50)$$

忽略随机误差，则合成系统误差可由各分项系统误差表示为

$$\varepsilon_Y = \sum_{j=1}^{m} \frac{\partial f}{\partial X_j} \varepsilon_j \qquad (2-51)$$

易见，系统误差是按代数和形式合成的。

2）随机误差的合成

由误差传递公式(2-50)得

$$\Delta Y = \varepsilon_Y + \delta_Y = \sum_{j=1}^{m} \frac{\partial f}{\partial X_j}(\varepsilon_j + \delta_j)$$

忽略系统误差，则可求得合成随机误差为

$$\delta_Y = \sum_{j=1}^{m} \frac{\partial f}{\partial X_j} \delta_j$$

将上两式平方可得

$$\delta_Y^2 = \sum_{j=1}^{m} \left(\frac{\partial f}{\partial X_j} \right)^2 \delta_j^2 + \sum_{\substack{j \neq k \\ j=1-m \\ k=1-m}} \frac{\partial f}{\partial X_j} \frac{\partial f}{\partial X_k} \delta_{ji} \delta_{ki}$$

针对 n 次测量，对上式由 $i=1 \rightarrow n$ 求和，则

$$\sum_{i=1}^{n} \delta_{Yi}^2 = \sum_{i=1}^{n} \sum_{j=1}^{m} \left(\frac{\partial f}{\partial X_j} \right)^2 \delta_{ji}^2 + \sum_{i=1}^{n} \sum_{\substack{j \neq k \\ j=1-m \\ k=1-m}} \frac{\partial f}{\partial X_j} \frac{\partial f}{\partial X_k} \delta_{ji} \delta_{ki}$$

若 $X_1, X_2, \cdots, X_m$ 相互独立，则 δ_{ji} 与 δ_{ki} 也互不相关。δ_{ji} 与 δ_{ki} 的大小和符号以及积 $\delta_{ji} \delta_{ki}$ 都是随机变化的。当 $n \rightarrow \infty$ 时，各乘积互相抵消，使上式第二项趋近于零。此时将上式两端同除以 n，则得

$$\frac{1}{n} \sum_{i=1}^{n} \delta_{ji}^2 = \sum_{j=1}^{m} \left(\frac{\partial f}{\partial X_j} \right)^2 \left(\frac{1}{n} \sum_{i=1}^{n} \delta_{ji}^2 \right)$$

$$\sigma^2(Y) = \sum_{j=1}^{m} \left(\frac{\partial f}{\partial X_j} \right)^2 \sigma^2(X_j) \qquad (2-52)$$

上式为已知各项方差 $\sigma^2(X_j)$，求总的合成方差 $\sigma^2(Y)$ 的公式。应当指出，式(2-49)仅适用于对 m 项相互独立的分项测量结果进行合成。

随机误差是按几何形式合成的，几何合成又称均方根合成法。

2.4.2 测量误差的分配

1. 等精度分配

等精度分配是指分配给各项的误差彼此相同,即

$$\varepsilon_1 = \varepsilon_2 = \cdots = \varepsilon_m$$

则由式(2-51)和式(2-52)可以得到分配给各项的误差为

$$\varepsilon_j = \frac{\varepsilon_Y}{\sum_{j=1}^{m} \frac{\partial f}{\partial X_j}}, \quad j = 1, \cdots, m \tag{2-53}$$

$$\sigma(X_j) = \frac{\sigma(Y)}{\sqrt{\sum_{j=1}^{m} \left(\frac{\partial f}{\partial X_j}\right)^2}}, \quad j = 1, \cdots, m \tag{2-54}$$

等精度分配通常用于各分项相同(量纲相同),大小相近的情况。

例 2-5 有一电源变压器,各参数值如图 2-13 所示,已知原边线圈与两个副边线圈的匝数比,用最大量程为 500 V 的交流电压表测量副边线圈总电压,要求相对误差小于 ±2%,问应该选哪个级别的电压表?

解:由于副边线圈 1 和副边线圈 2 的电压均为 440 V,副边线圈总电压 U 约为 880 V,而电压表最大量程只有 500 V,因此,应分别测量副边线圈的电压 U_1 及 U_2,然后相加得到副边线圈总电压,即 $U = U_1 + U_2$。

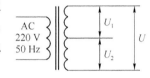

图 2-13 电源变压器的
误差的分配实例

测量允许的最大总误差为

$$\Delta U = U \times (\pm 2\%) = \pm 17.6 \text{ V}$$

可以认为,测量误差主要是由电压表误差造成的,而且由于两次测量的电压值基本相同,可根据式(2-53)等准确度分配原则分配误差,则

$$\Delta_i = \Delta U_1 = \Delta U_2 = \frac{\Delta U}{2} = \frac{\pm 17.6}{2} = \pm 8.8 \text{ V}$$

用引用相对误差为 γ_n 的电压表测量电压时,若电表的满刻度值为 $U_{\max}$,则可能产生的最大绝对误差为 $\Delta U_{\max} = \gamma_n U_{\max}$,这个数值应不大于每个副边线圈分配到的测量误差,即要求:

$$\gamma_n \leqslant \frac{\Delta U_i}{U_{\max}} = \frac{8.8}{500} = 1.66\%$$

可见,选用 1.5 级的电压表能满足测量要求。

2. 等作用分配

等作用分配指分配给各分项的误差对测量误差总的合成的作用或者说对总的合成的影响是相同的,尽管数值上不一定相等。即

$$\frac{\partial f}{\partial X_1} \varepsilon_1 = \frac{\partial f}{\partial X_2} \varepsilon_2 = \cdots = \frac{\partial f}{\partial X_m} \varepsilon_m$$

$$\left(\frac{\partial f}{\partial X_1}\right)^2 \sigma^2(X_1) = \left(\frac{\partial f}{\partial X_2}\right)^2 \sigma^2(X_2) = \cdots = \left(\frac{\partial f}{\partial X}\right)^2 \sigma^2(X_m)$$

由式(2-53)和式(2-54)可求出应分配给各分项的误差为

$$\varepsilon_j = \frac{\varepsilon_Y}{m \dfrac{\partial f}{\partial X_j}} \tag{2-55}$$

$$\sigma(X_j) = \frac{\sigma(Y)}{\sqrt{m}\left|\dfrac{\partial f}{\partial X_j}\right|} \tag{2-56}$$

例 2-6 通过测电阻上的电压、电流值间接测电阻上消耗的功率。已测出电流为 100 mA，电压为 3 V，算出功率为 300 mW。若要求功率测量的系统误差不大于 5%，随机误差的标准差不大于 5 mW，问电压和电流的测量误差多大时才能保证上述功率误差的要求？

解： 按题意功率测量允许的系统误差和随机误差来进行计算和分析。

1）功率测量允许的系统误差为

$$\varepsilon_P < 300\ \text{mW} \times 5\% = 15\ \text{mW}$$

按等分配原则，分配给电流测量的系统误差可由式（2-55）求得

$$\varepsilon_I \leqslant \frac{\varepsilon_P}{2\dfrac{\partial(IU)}{\partial I}} = \frac{15\ \text{mW}}{2 \times 3\ \text{V}} = 2.5\ \text{mA}$$

分配给电压测量的系统误差，由式（2-55）得

$$\varepsilon_U \leqslant \frac{\varepsilon_P}{2\dfrac{\partial(IU)}{\partial U}} = \frac{15\ \text{mV}}{2 \times 100\ \text{mA}} = 75\ \text{mV}$$

由上面的计算结果得出，电流测量误差和电压测量误差对功率测量造成的影响的最大允许数值相等，均为 7.5 mW，体现了等作用分配原则。

2）由式（2-56）得功率测量允许的随机误差：

$$\sigma(I) \leqslant \frac{\sigma(P)}{\sqrt{2}\left|\dfrac{\partial P}{\partial I}\right|} = \frac{5\ \text{mW}}{\sqrt{2} \times 3\ \text{V}} = 1.18\ \text{mA} \approx 1.2\ \text{mA}$$

$$\sigma(U) \leqslant \frac{\sigma(P)}{\sqrt{2}\left|\dfrac{\partial f}{\partial U}\right|} = \frac{5\ \text{mW}}{\sqrt{2} \times 100\ \text{mA}} = 35.4\ \text{mV} \approx 35\ \text{mV}$$

由上述的计算结果得出，电流和电压的随机误差对功率随机误差的影响 $\left(\dfrac{\partial P}{\partial I}\right)^2 \sigma^2(I)$ 与 $\left(\dfrac{\partial P}{\partial U}\right)^2 \sigma^2(U)$ 也相同，即随机误差也是按等作用原则分配的。

2.4.3 最佳测量方案的选择

实际测量时，我们希望测量方案测量的准确度高，即误差的总合成越小越好。从误差的角度分析，最佳测量方案应达到如下要求：

$$\varepsilon_Y = \sum_{j=1}^{m} \frac{\partial f}{\partial X_j} \varepsilon_j = \varepsilon_{Y\min} \tag{2-57}$$

$$\sigma^2(Y) = \sum_{j=1}^{m} \left(\frac{\partial f}{\partial X_j}\right)^2 \sigma^2(X_j) = \sigma^2(Y)_{\min} \tag{2-58}$$

若能使上述各式中每一项都达到最小，总误差就最小。我们常从函数形式和测量点的选择依据考虑减小误差。

1. 函数形式的选择

当有多种间接测量方案时,应选用各方案中合成误差最小的函数形式。

例 2-7 测量电阻 R 消耗的功率时,可间接测量电阻上的电压 U 和流过电阻的电流 I,然后采用不同的方案来计算功率。设电阻、电压、电流测量的相对误差分别为 $\gamma_R = \pm 1\%$, $\gamma_U = \pm 2\%$, $\gamma_I = \pm 2.5\%$,问采用哪种测量方案较好?

解: 间接测量电阻消耗的功率可采用 3 种方案,各方案功率的相对误差如下。

方案一: $P = UI$

$$\gamma_P = \gamma_I + \gamma_U = \pm(2.5\% + 2\%) = \pm 4.5\%$$

方案二: $P = \dfrac{U^2}{R}$

$$\gamma_P = 2\gamma_U + \gamma_R = \pm(2 \times 2\% + 1\%) = \pm 5\%$$

方案三: $P = I^2 R$

$$\gamma_P = 2\gamma_I + \gamma_R = \pm(2 \times 2.5\% + 1\%) = \pm 6\%$$

经过分析,在给定的各分项误差条件下,选择方案一来计算功率比较合适。

2. 测量点的选择

用指针式三用表测量电压、电流时,应正确选择量程,并使测量点选在满量程附近,此时测量结果的相对误差小。

例 2-8 用指针式三用表测电阻,其原理电路如图 2-14 所示。问指针在什么位置测量误差最小?

解: 由图 2-14 可知,回路中的电流为

$$I = \frac{E}{R_x + R_i}$$

则

$$R_x = \frac{E}{I} - R_i$$

由误差合成公式,可求得绝对误差为

$$\Delta R_x = \frac{\partial R_x}{\partial I} \Delta I = -\frac{E}{I^2}$$

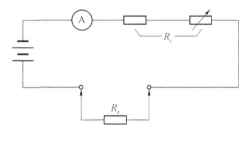

图 2-14 电阻测量原理电路

则相对误差表达式为

$$\gamma_R = \frac{\Delta R_x}{R_x} = \frac{E}{I^2 R_i - IE} \Delta I$$

设 $\dfrac{\partial}{\partial I}\left(\dfrac{\Delta R_x}{R_x}\right) = 0$,可求得 $I = \dfrac{E}{2R_i} = \dfrac{1}{2} I_{max}$。

由此得出结论:指针式三用表的指针处于中央位置时,测量电阻的相对误差最小。

2.5 测量数据处理及表示

2.5.1 概述

处理测量数据,应该根据预定要求和所得结果的误差情况先做出正确判断,再采取合理的处理方法,有步骤地进行处理。

测量结果可用数字和图形表示。若用数字方式表示测量结果,有时是一个数据,有时是一组或几组数据,应根据情况而决定。在用图形表示测量结果时,有时是直接在显示器上显示图形,有时是将测量数据画成图表或图纸。

2.5.2 有效数字的处理

1. 有效数字及数字的舍入规则

1)保留 n 位有效数字,若后面的数字小于第 n 位单位数字的 $\frac{1}{2}$ 就舍掉;

2)保留 n 位有效数字,若后面的数字大于第 n 位单位数字的 $\frac{1}{2}$,则第 n 位数字进1;

3)保留 n 位有效数字,若后面的数字为第 n 位单位数字的 $\frac{1}{2}$,则第 n 位数字为偶数或零时就舍掉后面的数字,若第 n 位数字为奇数,则第 n 位数字加1。

例 2-9 将下列数字保留 3 位有效数字:

45.77, 36.251, 43.035, 38 050, 47.15

解:45.77→45.8 (因 0.07>0.05,所以末位进1);

36.251→36.3 (因 0.051>0.05,所以末位进1);

43.035→43.0 (因 0.035<0.05,所以舍掉);

38 050→380×10^2 (因第四位为5,第三位为零,所以舍掉);

47.15→47.2 (因第四位为5,第三位为奇数,因此第三位进1)。

2. 有效数字的运算原则

在测量中,如果要对测量数据进行加、减、乘、除、乘方和开方等运算,则必须预先对有效数据进行处理。

1)加法:根据精度最低的一项来确定其余数字的有效数字。精度最低指小数点后有效数字位数最少(如各相加项或相减项都没有小数点,则为有效数字最少者)。

例 2-10 将下面三个数据进行加法,即 22.143 8,16.03,9.695 74。其中精度最低的是 16.03,它的小数点后保留两位,则加法式写成:

$$22.14+16.03+9.70=47.87$$

2)减法:当相减的两数相差较大时,相减前有效数字的处理方法与相加相同。如果两数十分接近,则应该尽量多保留有效数字。以免失去若干有效数字后相减而失去意义。

3)乘法和除法:各个数据有效数字的个数取决于有效数字最少的那个数据,而与小数点无关。

例 2-11 437.42×0.37÷6.09,其中:0.37 的精度最低,只有两位有效数字,故将数据按四舍五入进行处理,然后进行运算。

$$\frac{437.42\times0.37}{6.09}\approx\frac{440\times0.37}{6.1}=\frac{162.8}{6.1}\approx26.7$$

对运算项数较多或较为重要的数据,可保留1~2位有效数字。

4)乘方和开方:运算结果应比原数据多保留一位有效数字。

例 2-12 $43.7^2=1\,909.69\approx1\,910$, $\sqrt{48.5}=6.964$。

2.5.3 数据处理方法

1. 数据处理方法和步骤

在不等精度状态下测量,数据处理会比较复杂。因此测量过程中,应尽量做到等精度测量。这里在等精度测量条件下进行分析。

应当指出,在测量中除了随机误差,也可能存在系统误差。结合两种误差的特点,将数据处理的步骤具体归纳如下。

1) 将测量结果(数据)列成表格

其表格如表 2-9 所示。

2) 求出算术平均值

$$\bar{X} = X' + \frac{\sum\limits_{i=1}^{n} V'_i}{n} \tag{2-59}$$

或

$$\bar{X} = \frac{1}{n} \sum\limits_{i=1}^{n} X_i \tag{2-60}$$

3) 检查计算有无错误

先计算每一个的相应的剩余误差 $V_i = X_i - \bar{X}$。如果计算无错误,理论上应满足:

$$\sum\limits_{i=1}^{n} V_i = 0 \tag{2-61}$$

一般情况下,由于四舍五入等原因引入了一定的误差,式(2-61)不等于零。

所以要进一步检查:

用 N 表示 $\bar{X}$ 的最后一位有效数字,其单位应是这最后一位的单位。

当 N 为偶数:

$$\frac{N}{2} \geqslant \left| \sum\limits_{i=1}^{n} V_i \right| \tag{2-62}$$

当 N 为奇数:

$$\frac{N}{2} - 0.5 \geqslant \left| \sum\limits_{i=1}^{n} V_i \right| \tag{2-63}$$

满足上述任一式,可认为计算无误,否则应重新计算。

4) 计算标准偏差 σ

$$\sigma = \sqrt{\frac{\sum\limits_{i=1}^{n} V_i^2}{n-1}} \tag{2-64}$$

5) 检查有无粗大误差

先算出每一个测量数据 X_i 所对应的 $V_i (V_i = X_i - \bar{X})$,代入式(2-65)检查。如满足,就是粗大误差,应剔除不用。

$$V_i > 3\sigma \tag{2-65}$$

6) 检查系统误差

系统误差分为恒定误差和变值误差。恒定误差主要来自电子测量仪器,可采用校对仪器等方法消除,此项误差可不考虑。变值误差包括累进性系统误差和周期性系统误差,需要检查。

a)检查累进性系统误差的方法

检查累进性系统误差时,先从下式算出 M:

$$M = \sum_{i=1}^{k} V_i - \sum_{i=1}^{n} V_i \qquad (2\text{-}66)$$

n 为偶数时,$k=\dfrac{n}{2}$;n 为奇数时,$k=\dfrac{n+1}{2}$。如果 $M=0$ 或 $M \leqslant \dfrac{N}{2}-0.5$($N$ 是 $\bar{X}$ 的最后一位有效数字,单位为 $\bar{X}$ 最后一位的单位),则认为测量数据中不含累进性系统误差;如果 $M \neq 0$(与 V_i 值相当或更大),则存在累进性系统误差。

b)检查周期性系统误差方法

检查周期性系统误差时,可采用下式:

$$A > \sqrt{n-1}\,\sigma^2 \qquad (2\text{-}67)$$

式中,

$$A = \left| \sum_{i=1}^{n-1} V_i V_{i+1} \right| = |V_1 V_2 + V_2 V_3 + \cdots + V_{n-1} V_n| \qquad (2\text{-}68)$$

如果 $A > \sqrt{n-1}\,\sigma^2$,那么存在周期性系统误差;反之则不存在。

如果经检查存在累进性系统误差或周期性系统误差,则可用前述的误差处理方法加以修正。之后重新测量数据,再用上述各步骤进行数据处理。

7)求出算术平均值的标准偏差 S

$$S = \frac{\sigma}{\sqrt{n}} \qquad (2\text{-}69)$$

8)写出最后结果

先确定置信概率 P_C(常用 0.95、0.99 或 0.995),然后查表得出 K_t,最后其测量结果为

$$X = \bar{X} \pm K_t S \qquad (2\text{-}70)$$

2. 测量数据处理实例

用电子电压表测量某信号的电压值,对实测的数据进行处理,可按下面步骤进行计算:

1)将测量该电压的 10 次数据,列入表 2-10 中。

2)求算术平均值:$\bar{X} = \dfrac{1}{n}\sum_{i=1}^{n} X_i \approx 2.5971$。

3)求 $\sum V_i$ 的值:若 $\sum V_i = 0$,则计算无误。

4)检查粗大误差:$3\sigma = 0.0147$,与表 2-10 中 V_i 核对,V_i 均小于 3σ,故无粗大误差存在。

5)检查系统误差:$M = \sum_{i=1}^{k} V_i - \sum_{i=k+1}^{n} V_i$,其中:$\sum_{i=1}^{5} V_i = 0.0097 - 0.0072 = +0.0025$,

$\sum_{i=6}^{10} V_i = 0.0118 - 0.0143 = -0.0025$,故 $M=0$。不存在累进性系统误差。

计算 A 值:$A = \left| \sum_{i=1}^{n-1} V_i V_{i+1} \right| = 58.1 \times 10^{-6}$。

再算出 $\sqrt{n-1}\,\sigma^2$ 值:$\sqrt{n-1}\,\sigma^2 = \sqrt{10-1} \times (0.0049)^2 = 72 \times 10^{-6}$。

由此可知，$A < \sqrt{n-1}\sigma^2$，表明不存在周期性系统误差。

6）计算 S：$S = \dfrac{\sigma}{\sqrt{n}} \approx 0.001\,55$

7）令置信概率 $P_C = 0.95$，查表 2-5，当 $n = 10$ 时，$K_t = 2.338$，则得

$$K_t = 2.338 \times 0.001\,55 = 0.003\,623\,9$$

考虑比 X_i 多取一位有效数字，故最后表示式为：$V_x = (2.597\,1 \pm 0.003\,6)$ V，或 $V_x = (2.597 \pm 0.004)$ V。

表 2-10 测量结果的数据处理

i	X_i/V	V_i'/V	V_i/V	V_i^2/V^2	V_iV_{i+1}/V^2
1	2.593	−0.005	−0.004 1	16.81×10^{-6}	
2	2.594	−0.004	−0.003 1	9.61×10^{-6}	$+12.7 \times 10^{-6}$
3	2.602	+0.004	−0.004 9	24.01×10^{-6}	-15.2×10^{-6}
4	2.598	0	−0.000 9	0.81×10^{-6}	4.4×10^{-6}
5	2.601	+0.003	−0.003 9	15.21×10^{-6}	3.5×10^{-6}
6	2.590	−0.008	−0.007 1	50.41×10^{-6}	-27.7×10^{-6}
7	2.593	−0.005	−0.004 1	16.81×10^{-6}	$+29.1 \times 10^{-6}$
8	2.604	+0.006	−0.006 9	47.61×10^{-6}	-28.3×10^{-6}
9	2.594	−0.004	−0.003 1	9.61×10^{-6}	-21.4×10^{-6}
10	2.602	+0.004	−0.004 9	24.01×10^{-6}	-15.2×10^{-6}

2.5.4 测量数据的表示方法

1. 列表法

在实际测量中，一组测量数据间具有一定的函数关系，对这些测量数据可用列表的方式来表示，这是一种最简单的方法，并且，从表中易于对测量数据进行读取、参考和比较。但是，这种表示方法不如图解法和公式法直观。

2. 图解法

在研究两个或两个以上的物理量之间的关系时，用曲线表示测量结果，可以直观地表示数据的变化规律，如实验测得的放大器的幅频特性、滤波器的滤波特性等。

实际测量中的测量结果存在误差，数据有一定的离散性，难以得到一条光滑连续的曲线，需要采用一些作图方法，如分组平均作图法。

1）作图要点

a）首先要选好坐标系，通常是选用直角坐标，有时也可选用极坐标。如果自变量的范围很宽，可选用对数坐标。

b）在作图时，应考虑坐标的比例，横纵坐标分度可以不同，根据需要确定。

c）作曲线图应使用坐标纸。

d）坐标的幅面及测量数据点应多取一些，曲线急剧变化的地方测量数据应多取一些。

e）注意曲线要修匀。

2)用分组平均法修匀曲线

将各数据点连成光滑曲线的过程称为曲线修匀。由于测量误差的存在,不同的人员所作的曲线可能差异较大。为了提高作图的精度,可采用分组平均法进行曲线修匀。

如图 2-15 所示,将相邻的 2～4 个数据分为一组,然后估计出各组的几何重心,再用光滑的曲线将重心点连接起来。

用分组平均法修匀曲线,可以减小随机误差的影响,从而使曲线更符合实际。

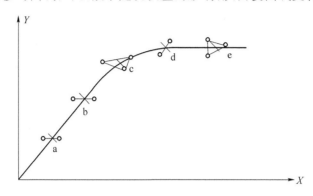

图 2-15　用分组平均法修匀曲线

3. 最小二乘法与回归分析

1)最小二乘法

a)基本原理

在等精度测量中,当测量结果的残差$(V = X_i - \bar{X})$服从或近似服从正态分布时,能使各残差的平方和最小,即$\sum_{i=1}^{n} V_i^2$最小的结果值$\bar{X}$称为最佳值(最可信赖值)。这样计算能充分利用误差的抵偿作用,有效地减少随机误差的影响,使结果更具有可信度。

b)应用

在电子测量中,用最小二乘法进行数据处理得到了广泛的应用。例如,在时间频率测量里,测量高稳定度晶体振荡器的老化率时,因为晶振的老化率近似为直线,由于测试数据的离散性,采用最小二乘法进行数据处理,求得近似的一条老化直线,可求得每天的老化率指标。具体计算可见本书第4章的4.6节。

随着计算技术发展,最小二乘法进行数据处理常利用计算机来完成。例如,在时间频率测量中,测试晶振老化率时,采用 PO-7D 频标比对器测试系统,可实现晶振老化率的自动测试,自动进行数据处理。

2)曲线拟合和回归分析

a)曲线拟合法

在电子测量中,很多变量之间从理论上不满足严格的函数关系式,但又存在一定的相关关系,在具体情境下同样可以用一个表达式来近似地描述。

以二变量 X、Y 为例,为了找到表达式中变量 Y 和 X 之间的关系,我们在实测过程中给定不同的 X 值测出相应的 Y 值,根据测量结果描绘 Y 与 X 之间的曲线图。由于用折线连接测得的各点往往没有意义,在要求不太高的情况下,常用一条平滑曲线进行拟合,使测量数据大体上在这条平滑曲线两侧均匀分布,如图 2-16 所示。

　　b)回归分析法

　　回归分析法是处理多个变量之间相互关系的一种常用的数理统计方法。在要求比较严格的情况下,前述的曲线拟合法精确度不够,并且难以寻找,回归分析法包括两个方面:第一,根据测量数据确定函数形式,即回归方程的类型;第二,确定方程中的参数。确定回归方程的类型,通常需要结合专业知识和实际情况来选择。当不能确定时,可取与测量结果相近曲线的函数形式。若形式相近,可依最小二乘法选择残差平方和最小者。

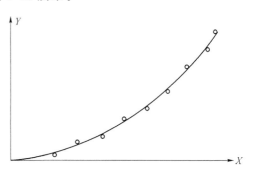

图 2-16　测量结果拟合曲线图

　　在电子测量中,经常用到单变量的线性回归方程(如 $Y=bX+a$)。即使遇到非线性关系,也可以通过变量替换的形式变换成线性关系,因此我们常用线性回归方程形式,然后再用最小二乘法,代入测量数据,求出被测参数,将确定的参数代入所选取的回归方程。

　　回归分析法,实际上是分析整理的测量数据,找出各物理量间的内在联系。对在理论上尚未给出确切函数关系的物理量,可找出其经验公式,并用实验的方法确定某些物理常数。

2.5.5　测量结果的表示方法

　　用数值表示测量结果的具体方法:

　　1)由误差或不确定度的大小定出测量值有效数字最低位的位置;

　　2)从有效数字最低位向右多取 1～2 位安全数字;

　　3)根据舍入规则处理掉其余数字。

　　例 2-13　某电阻阻值为(40.67±0.41) Ω,因不确定度为 0.41 Ω,不大于阻值个位数字的一半,所以有效数字最低位是个位。该电阻在取一位安全数字时为 40.7 Ω,在取两位安全数字时为 40.67 Ω。

2.6　测量不确定度及测量结果的表征

2.6.1　测量不确定度的概念

　　由于测量误差的存在,测量结果具有不确定性。测量不确定度是测量结果的可疑程度,表征合理地给予被测量之值的分散性与测量结果相联系的参数。不确定度可用标准偏差的倍数来表示,称为标准不确定度。当测量结果是由若干个其他量的值求得时,根据其他各分量的分散性算得该量的标准不确定度称为合成标准不确定度。此外,不确定度也可用对应置信概率区间的半宽 a 表示。

　　导致测量不确定度产生的原因主要有:

　　1)被测量的定义不完整;

　　2)测量仪器性能的局限;

3)因测量人员、方法等不合理造成的测量值的分散性；

4)测量环境影响的评价和控制不完善。

2.6.2 测量不确定度与测量误差的关系

测量不确定度与测量误差是误差理论中的两个重要概念，它们都是评定测量结果质量高低的重要指标，都可作为测量结果的精度评定参数，但它们之间有明显的区别：

1)从定义上看，误差是测量结果与真值之差，它是以真值或约定真值为中心；而测量不确定度是以被测量的估计值为中心，与真值无关。因此误差是一个理想的概念，一般难以定量；而测量不确定度可以定量评定。

2)从分类上看，误差按自身特征和性质分为系统误差、随机误差和粗大误差，可采取不同的措施来减少或消除各类误差对测量的影响。但是，由于各类误差之间并不存在绝对界限，故在分类判别和误差计算时不易准确掌握。测量不确定度不按性质分类，而是按评定方法分类，可按实际情况的可能性加以选用。由于评定不确定度时不考虑影响它的来源和性质，只考虑其影响结果，从而简化了分类，便于评定和计算。

不确定度与误差有区别，也有联系。误差是不确定度的基础，研究不确定度，首先需研究误差，只有对误差的性质、分布规律、相互联系及对测量结果的误差传递关系等有了充分的了解，才能更好地估计各不确定度分量，正确得到测量结果的不确定度。

不确定度是对经典误差理论的一个补充，是现代误差理论的内容之一。为了深入理解，表 2-11 列出了测量误差与测量不确定度的主要区别。

表 2-11　测量误差与测量不确定度的区别

对比项目	误差	不确定度
含义	反映测量结果偏离真值的程度	反映测量结果的分散程度
符号	非正、负	恒为正值
分类	随机误差、系统误差、粗大误差	A 类评定和 B 类评定
表示符号	符号较多且无法规定	用 u、u_c、U 表示
合成方式	代数和或均方根	均方根
主客观性	客观存在，不以人们的认识程度改变	与人们对被测量及测量过程的认识有关
与真值的关系	有关	无关

2.6.3 测量不确定度的分类评定

针对测量不确定度，国际权威机构提出了统一的"测量不确定度表示指南"(GUM)，给出了评定与表示测量不确定度的原则、方法和简要步骤。

按 GUM 文件，不确定度从评定方法上可分为 A 类评定和 B 类评定。这时常使用标准不确定度，即用标准差来表示不确定度。

1. A 类不确定度评定

A 类不确定度评定，是用对系列观测值进行统计分析的方法来评定标准不确定度，每个观测值的标准不确定度等于由系列观测值获得的标准差，即 $u_A = S(\overline{X})$。标准差的求法

与前面处理随机误差时的方法相同,具体步骤如下:

a) 对被测量 X 进行 n 次独立重复测量,得测量值 $X_1, X_2, \cdots, X_n$。

b) 求算术平均值 $\bar{X}$ 和剩余误差 $V_i = X_i - \bar{X}$。

c) 用贝塞尔公式求标准差的估计值:

$$S(X_i) = \sqrt{\frac{1}{n-1} \sum_{i=1}^{n} (X_i - \bar{X})^2} \tag{2-71}$$

d) 求算术平均值标准差的估计值:

$$S(\bar{X}) = \frac{S(X)}{\sqrt{n}} \tag{2-72}$$

则

$$u_{\mathrm{A}} = S(\bar{X}) \tag{2-73}$$

2. B 类不确定度评定

B 类不确定度评定是用非统计方法得出的,是利用先验概率,依据以前的测量结果、技术手册或文件给出的参考数据等,事先假定测量数据的概率分布并依此估算。评定时,首先分析实际情况,对测量值进行一定的概率分布假设,如正态分布、均匀分布等,再根据该分布求得某置信概率 P(如 $P=95\%$ 或 $P=99\%$)的置信区间的半宽 a。

根据假设的概率分布,可以从理论上预先求出置信因子 k,如表 2-12 所示。容易得到 B 类不确定度就是区间的半宽 a 除以置信因子 k,即

$$u_{\mathrm{B}} = \frac{a}{k} \tag{2-74}$$

表 2-12 常用分布与置信因子 $k,u(X_i)$ 的关系表

分布类型	$P(\%)$	k	$u(X_i)$
正态分布	99.73	3	$\frac{a}{3}$
正态分布	95.45	2	$\frac{a}{2}$
三角形分布	100	$\sqrt{6}$	$\frac{a}{\sqrt{6}}$
均匀(矩形)分布	100	$\sqrt{3}$	$\frac{a}{\sqrt{3}}$
梯形分布	100	$\sqrt{3}$	$\frac{a}{\sqrt{3}}$
反正弦分布	100	$\sqrt{2}$	$\frac{a}{\sqrt{2}}$

3. 自由度

1) 自由度的基本概念

自由度指在 n 个变量剩余误差 V_i 的平方和 $\sum_{i=1}^{n} V_i^2$ 中,如果 n 个 V_i 之间存在着 k 个独立的线性约束条件,即 n 个变量中独立变量的个数仅为 $n-k$,则称平方和 $\sum_{i=1}^{n} V_i^2$ 的自由度为 $n-k$。

若用式(2-64)计算单次测量标准差 σ,式中,$\sum_{i=1}^{n} V_i^2 = \sum_{i=1}^{n} (X_i - \bar{X})^2$ 的 n 个变量 V_i 之

间存在唯一的线性约束条件：$\sum_{i=1}^{n}V_i = \sum_{i=1}^{n}(X_i - \bar{X}) = 0$，故平方和 $\sum_{i=1}^{n}V_i^2$ 的自由度为 $n-1$，则由式(2-64)计算的标准差 σ 的自由度也等于 $n-1$。

由此可见，系列测量的标准差的可信赖程度与自由度有密切关系，自由度越大，标准差越可信赖。

2）自由度的确定

a）A 类标准不确定度的自由度

对于 A 类标准不确定度，其自由度 v 即为标准差的自由度，若标准差是用贝塞尔公式计算的，其自由度 $v=n-1$。

b）B 类标准不确定度的自由度

B 类评定的标准不确定度 u_B，由相对标准差来确定自由度，其自由度定义为

$$v = \frac{1}{2\left(\dfrac{\sigma_u}{u}\right)^2} \tag{2-75}$$

式中，σ_u 为评定 u 的标准差；$\dfrac{\sigma_u}{u}$ 为评定 u 的相对标准差。

在应用时，B 类标准不确定度的自由度 v 查表 2-13 可得。例如，当 $\dfrac{\sigma_u}{u}=0.5$，则 u 的自由度 $v=2$；$\dfrac{\sigma_u}{u}=0.25$，对应的自由度 $v=8$；特别的，$\dfrac{\sigma_u}{u}=0$，$v=\infty$，可见该评定很可靠。

表 2-13　B 类标准不确定度评定时相对标准差所对应的自由度关系表

$\dfrac{\sigma_u}{u}$	0.71	0.50	0.41	0.35	0.32	0.29	0.27	0.25	0.24	0.22	0.18	0.16	0.10	0.07
v	1	2	3	4	5	6	7	8	9	10	15	20	50	100

2.6.4　测量不确定度的合成

1. 标准不确定度的合成

当测量结果受到多种因素影响，形成了若干不确定度分量时，测量结果的标准不确定度需要用各标准不确定度分量合成。该合成标准不确定度用 u_c 表示。为了求得 u_c，首先需要分析各种影响因素与测量结果的关系，以便准确评定各不确定分量，然后才能进行合成。

例如，在间接测量中，被测量的估计值 $Y_{估}$ 是 n 个其他量的测得值 $X_1,X_2,\cdots,X_n$ 的函数，即 $Y_{估}=f(X_1,X_2,\cdots,X_n)$，且各直接测得值 X_i 的测量标准不确定度为 u_{Xi}，它对被测量估计值影响的传递系数为 $\partial f/\partial X_i$，则由 X_i 引起被测量 Y 的标准不确定度分量为

$$u_i = \left|\frac{\partial f}{\partial X_i}\right| u_{ni} \tag{2-76}$$

测量结果 Y 的不确定度 u_Y 是所有不确定度分量的合成，用合成标准不确定度 u_c 来表示，计算式为

$$u_c = \sqrt{\sum_{i=1}^{n}\left(\frac{\partial f}{\partial X_i}\right)^2 (u_{ni})^2 + 2\sum_{1\leqslant i<j}^{n}\frac{\partial f}{\partial X_i}\frac{\partial f}{\partial X_j}\rho_{ij}u_{ni}u_{nj}} \tag{2-77}$$

式中，ρ_{ij} 为任意两个直接测量值 X_i 与 X_j 的不确定度的相关系数。若 X_i、X_j 的不确定度相

互独立,即 $\rho_{ij}=0$ 时,则合成标准不确定度计算公式(2-77)可表示为

$$u_c = \sqrt{\sum_{i=1}^{n}\left(\frac{\partial f}{\partial X_i}\right)^2 (u_{ni})^2} \qquad (2\text{-}78)$$

当 $\rho_{ij}=1$,且 $\dfrac{\partial f}{\partial X_i}$,$\dfrac{\partial f}{\partial X_j}$ 同号时,或 $\rho_{ij}=-1$ 时,且 $\dfrac{\partial f}{\partial X_i}$,$\dfrac{\partial f}{\partial X_j}$ 异号时,合成标准不确定度计算公式(2-78)可表示为

$$u_c = \sum_{i=1}^{n}\left|\frac{\partial f}{\partial X_i}\right| u_{ni} \qquad (2\text{-}79)$$

若引起不确定度分量的各种因素与测量结果没有确定的函数关系,则应根据具体情况按 A 类或 B 类评定方法来确定各不确定度分量比值,然后按上述不确定度合成方法求得合成标准不确定度:

$$u_c = \sqrt{\sum u_{ni}^2 + 2\sum_{1\leqslant i\leqslant j}^{n}\rho_{ij}u_{ni}u_{nj}} \qquad (2\text{-}80)$$

当不确定度分量相互独立时,$\rho_{ij}=0$,则式(2-80)简化为

$$u_c = \sqrt{\sum u_{ni}^2} \qquad (2\text{-}81)$$

用合成标准不确定度作为被测 Y 估计值 $Y_{估}$ 的测量不确定度,测量结果可表示为

$$Y = Y_{估} \pm u_c \qquad (2\text{-}82)$$

2. 扩展不确定度

扩展不确定度是由合成标准不确定度 u_c 乘以置信因子 k 得到,记为 u,即

$$u = ku_c \qquad (2\text{-}83)$$

扩展不确定度是一种测量不确定度,测量结果可表示为

$$Y = Y_{估} \pm u \qquad (2\text{-}84)$$

置信因子 k 由 t 分布的临界值 $t_p(v)$ 给出:

$$k = t_p(v) \qquad (2\text{-}85)$$

式中,v 是合成标准不确定度 u_c 的自由度,根据给定的置信概率 P 与自由度 v 查 t 分布表,得到 $t_p(v)$ 的值。当各不确定度分量相互独立时,合成标准不确定度 u_c 的自由度可按下式计算:

$$v = \frac{u_c^4}{\sum_{i=1}^{n}\dfrac{u_i^4}{\nu_i}} \qquad (2\text{-}86)$$

式中,v_i 为各标准不确定度分量 u_i 的自由度。

为了求得扩展不确定度,一般情况下,置信因子 $k=2\sim3$。

2.6.5　测量不确定度计算及应用实例

1. 计算方法

1)分析测量不确定度的来源,列出对测量结果影响显著的不确定度分量;

2)评定标准不确定度分量,并给出其数值 u_i 及自由度 v_i;

3)分析所有不确定度分量及相关性,确定各相关系数 ρ_{ij};

4)求测量结果的合成标准不确定度 u_c 及自由度 v;

5)若需要给出扩展不确定度,则将合成标准不确定度 u_c 乘以置信因子 k,得到扩展不确定度 $u=ku_c$;

6)给出不确定度的最后报告,以规定的方式报告被测量的估计值 Y 及合成标准不确定度 u_c 或扩展不确定度 u,并说明获得它们的细节。

2. 应用实例:电压测量的不确定度计算

1)独立测量电压,计算平均值

用标准数字电压表在标准条件下,对被测支流电压源 10 V 点的输出电压值进行独立测量 10 次,测得值,如表 2-14 所示。

表 2-14 电压测量的数值

n	测量结果	n	测量结果
1	10.000 107	6	10.000 108
2	10.000 103	7	10.000 121
3	10.000 097	8	10.000 101
4	10.000 111	9	10.000 110
5	10.000 091	10	10.000 094

计算 10 次测量的平均值得 $\bar{u}_D=10.000\,104$ V,并取平均值作为测量结果的估计值。

2)分别计算各主要因素引起的不确定度分量

分析测量方法,可知在标准条件下测量,因此,影响电压测量不确定度的因素主要有:

a)标准电压表的示值稳定度引起的不确定度 u_1;

b)标准电压表的示值误差引起的不确定度 u_2;

c)电压测量重复性引起的不确定度 u_3。

根据上述测量不确定度的因素的特点可知,不确定度 u_1、u_2,应采用 B 类评定方法,而不确定度 u_3,应采用 A 类评定方法。下面分别计算各主要因素引起的不确定度分量。

a)计算标准电压表的示值稳定度引起的标准不确定度分量 u_1

在电压测量前,对标准电压表进行 24 小时的校准。已知在 10 V 点测量时,其 24 小时的示值稳定度不超过 ±15 pV,取均匀分布,由表 2-14 得标准电压表示值稳定度引起的不确定度分量为

$$u_1=\frac{15\,\mu\text{V}}{\sqrt{3}}=8.7\,\mu\text{V}$$

因给出的示值稳定度的数据很可靠,故取 $\frac{\sigma_{u_1}}{u_1}=0$,其自由度 $v_1=\infty$。

b)计算标准电压表的示值误差引起的标准不确定度 u_2

由标准电压表的检定证书给出,其示值误差按 3 倍标准差计算为 $3.5\times10^{-6}\times u_D$(标准电压表示值),故 10 V 的测量值,由标准表的示值误差引起的标准不确定度分量为

$$u_2=\frac{3.5\times10^{-6}\times10\text{ V}}{3}=1.17\times10^{-5}\text{ V}=1.17\,\mu\text{V}$$

因 $k=3$,可认为其置信概率较高,u_2 的评定非常可靠,故取自由度 $v_2=\infty$。

c)计算电压测量重复性引起的标准不确定度分量 u_3

由 10 次测量的数据,用贝塞尔法计算单次测量标准差 $S(u_D)=9\ \mu V$,平均值的标准差 $S(\bar{u}_D)=\dfrac{9\ \mu V}{\sqrt{10}}=2.8\ \mu V$,则电压重复性引起的标准不确定度为 $u_3=S(\bar{u}_D)=2.8\ \mu V$,故其自由度 $v_3=n-1=9$。

3)不确定度的合成

由于不确定度分量 u_1、u_2、u_3,相互独立,则 $\rho_{\bar{u}}=0$,由式(2-73)得电压测量的合成标准不确定度为

$$u_c=\sqrt{u_1^2+u_2^2+u_3^2}=\sqrt{(8.7\ \mu V)^2+(11.7\ \mu V)^2+(2.8\ \mu V)^2}=14.85\ \mu V\approx15\ \mu V$$

按式(2-79)计算其自由度,得

$$v=\frac{u_c^4}{\dfrac{u_1^4}{v_1}+\dfrac{u_2^4}{v_2}+\dfrac{u_3^4}{v_3}}=\frac{(15\ \mu V)^4}{\dfrac{(8.7\ \mu V)^4}{\infty}+\dfrac{(11.7\ \mu V)^4}{\infty}+\dfrac{(2.8\ \mu V)^4}{\infty}}=7\ 412$$

4)扩展不确定度计算

取置信概率 $P=95\%$,自由度 $v=7\ 412$,查 t 分布表,得 $t_{0.95}(7\ 412)=1.96$,即置信因子 $k=1.96$。于是,电压测量的扩展不确定度为

$$u=ku_c=1.96\times15\ \mu V=29.4\ \mu V\approx30\ \mu V$$

5)不确定度报告

a)用合成标准不确定度评定电压测量的不确定度,则测量结果为

$$\bar{u}_D=10.000\ 104\ V$$
$$u_c=0.000\ 015\ V$$
$$v=7\ 412$$

b)用扩展不确定度评定电压的不确定度,则测量结果为

$$u_D=(10.000\ 104\pm0.000\ 030)\ V$$
$$P=0.95$$
$$v=7\ 412$$

式中,扩展不确定度 $u=ku_c=0.000\ 030\ V$,是由合成标准不确定 $u_c=0.000\ 015\ V$ 及置信因子 $k=1.96$ 确定的。

本 章 小 结

在电子测量中,测量误差是不可避免的。为了便于处理,常将测量误差分为随机误差、系统误差和粗大误差。每种误差有各自的特点及处理方式。随机误差使每个测量数据偏离其数学期望值,在多次重复的测量下表现出一定的统计规律,常用统计方法处理。系统误差使测量数据的期望偏离真值,由确定规律的因素产生,这些规律不易掌握,因此系统误差需要在测量的整个过程中加以考虑和处理。粗大误差使测量结果明显地偏离真值,通常由人为错误或测量仪器有缺陷等原因造成。粗大误差常造成可疑数据,须经统计学方法,将置信区间以外的数据剔除。

测量误差的合成和分配是对误差的进一步处理,相关结论帮助我们从函数形式和测量点选择最佳的测量方案。测量数据的处理和表示帮助我们进行误差分析,得出最终结果。

测量数据可用数值、表格和曲线进行表示,曲线表示法形象直观,便于发现规律,可以近似描述变量间的相关关系,常和最小二乘法与回归分析结合处理测量数据。

测量不确定度与测量误差一样,是误差理论中的重要概念,相较测量误差更易定量评定和计算。测量不确定度常使用标准不确定度表示,分为 A、B 两类不确定度评定:A 类评定对系列观测值进行统计分析;B 类评定用非统计方法,事先假定测量数据的概率分布并依此估算。测量不确定度亦可进行合成处理。

测量误差理论及数据处理方法是电子测量课程的基础,读者需深入理解概念,扎实掌握方法。

第3章 示波测试和测量技术

3.1 概　　述

电子学中的信号大都是时间的变量,可用函数 $f(t)$ 来描述。研究信号随时间变化的测试称为时域测试或时域分析。电子示波器是时域分析的典型测量仪器,可用来调试、检测电子电路、电子设备。在示波器的荧光屏上,可用 X 轴代表时间,用 Y 轴代表 $f(t)$,显示出被研究的信号随时间的变化。

示波器也可以测量非电信号量,只要设法把两个被观测的变量转化为电信号,分别加至示波器的 X、Y 通道,在显示屏上就能显示出这两个变量之间的关系。

3.2 示波测试的基本原理

3.2.1 普通示波管

电子示波器的核心是普通示波管(阴极射线示波管,简称 CRT),它由电子枪、偏转系统和荧光屏三部分组成。示波管的基本结构如图 3-1 所示。

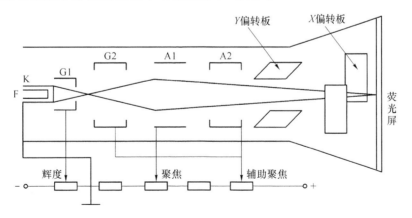

图 3-1　阴极射线示波管的基本结构

1. 电子枪

示波管的电子枪产生聚焦良好的高速电子束,电子束打在荧光屏上,使其在相应部位产生荧光。在图 3-1 中,阴极 K 经灯丝 F 加热后,发射大量电子,栅极 G1 对阴极而言电位为负,调节 G1 至 K 电位可以改变辉度。

由于第一阳极 A1 的电位比第二栅极 G2 和第二阳极 A2 低，且 G2 的电位远高于 G1，所以 G1 至 G2 和 A1 至 A2 电子束的主要趋势是聚拢，而 G2 至 A1 电子束的主要趋势是发散。

2. 偏转系统

偏转系统能改变电子束打到荧光屏上的位置。示波管中至少有 X 偏转板和 Y 偏转板各一对，每对偏转板都由基本平行的金属板构成的。每对偏转板上两板相对电压的变化必将影响电子运动的轨迹，当两对偏转板上的电位两两相同时，电子束打到荧光屏的正中。Y 偏转板上电位的相对变化只能影响光点在屏上的 Y 位置，而 X 偏转板上电位的相对变化只能影响光点在屏上的 X 位置，两对偏转板共同配合，才决定了任一时刻光点在屏上的坐标。

为了了解偏转系统的基本原理，以 Y 偏转板为例介绍光点在荧光屏上移动的工作原理。

图 3-2 为 Y 偏转系统对电子速的影响示意图。在偏转电压 U_y 的作用下，Y 方向的偏转距离为

$$Y = \frac{Ls}{2bU_a}U_y \qquad (3\text{-}1)$$

式中，L 为偏转板的长度，s 为偏转板中心到屏幕中心的距离，b 为偏转板之间的距离，U_a 为第二阳极电压。

电子通过偏转板后获得了一定的 Y 方向速度，在脱离了偏转板以后，也会有 Y 方向的匀速运动分量，所以，偏转板到荧光屏之间的距离 s 越长，偏转距离越大。对于同样的偏转电压 U_y，若板间距离 b 越大，则电场强度和偏转距离都变小。同时，若第二阳极电压 U_a 越高，电子在轴线方向或者说在 Z 方向的运动速度越高，穿过偏转板所用的时间减少了，电场对它的作用小了，偏转距离也会减少。

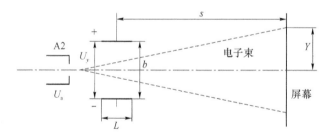

图 3-2 电子速的偏转的示意图

通常，当示波管确定之后，L、b、s 均固定，第二阳极的电压 U_a 也基本不变，所以，Y 方向的偏转距离 Y 正比于偏转板上电压 U_y，即

$$Y = h'_Y U_y \qquad (3\text{-}2)$$

式中，比例系数 h'_Y 称为示波管的偏转因数，单位为 cm/V，它的倒数 $D'_y = 1/h'_Y$ 称为示波管的偏转灵敏度，单位为 V/cm。偏转灵敏度是示波管的重要参数，它越小，示波管越灵敏，观测微弱信号的能力越强。

式(3-2)是一个条件简化的近似公式。图 3-2 表明：

1)Y 偏转板间的相对电压 U_y 越大，造成的偏转电场越强；

2)Y 偏转板长度 L 越长，偏转电场作用的距离越长，偏转距离越大。

在一定范围内,示波器的荧光屏上的光点偏移的距离与偏转板上所加电压成正比,这是用示波管观测波形的理论根据。

3. 荧光屏

荧光屏在示波管一端,通常呈圆形或矩形。它的内壁有一层荧光物质,面向电子枪的一侧常覆盖一层极薄的透明铝膜。高速电子可以穿透铝膜,轰击屏上的荧光物质使其发光。电子束每一瞬间只能击中荧光屏上的一个点,但荧光物质有一定的余辉,同时人眼对观测到的图像有一定的残留效应,所以我们能够看到光点在荧光屏上移动的轨迹。

当电子束从荧光屏上移去后,光点不会立即消失。从移去电子束到光点辉度下降为原始值的 10%,所延续的时间称为余辉时间。对于不同荧光材料的示波管,余辉时间也不一样。余辉时间小于 10 μs 的为极短余辉;10 μs～1 ms 为短余辉;1 ms～0.1 s 为中余辉;0.1～1 s 为长余辉;大于 1 s 为极长余辉。

不同用途的示波器应选用不同余辉的示波管。测量信号的频率越高,对应示波管的余辉时间越短。一般的示波管用中余辉。应当指出,在使用示波器时要避免过密的光束长期停留在一点上,因为电子的动能在转换成光能的同时,还会产生大量的热能,这不但会减弱荧光物质的发光效率,甚至还可能在荧光屏上烧出一个黑点。

3.2.2　波形显示原理

1. 显示随时间变化的波形

1)连续扫描过程

当观测连续信号(如正弦波信号)时,扫描电压将连续给出,称为连续扫描。

若观测一个随时间变化的信号,如 $f(t)=U_m \sin \omega t$,把待测信号转变成电压加到偏转板上,则电子束就会在这个方向按信号的规律变化。图 3-3 为扫描过程图。

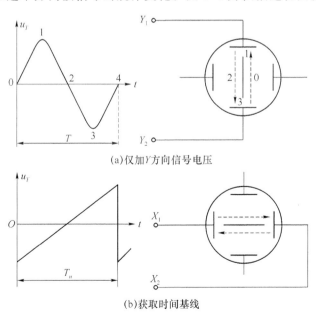

(a)仅加 Y 方向信号电压

(b)获取时间基线

图 3-3　扫描过程

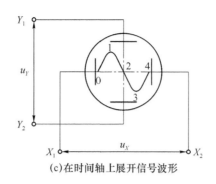

(c)在时间轴上展开信号波形

图 3-3　扫描过程(续图)

a)只加信号电压时,如图 3-3(a)所示,把被测的信号转变成电压加到 Y 偏转板上,则电子束就会在 Y 方向按信号的规律变化。当所加信号频率在 15 Hz 以上时,如果 X 偏转板间没有加电压,则荧光屏上只能看到一条 Y 的直线。

b)只加扫描电压时,如图 3-3(b)所示,在 X 偏转板上加一个随时间变化的锯齿波扫描电压,光点会在 X 方向随时间变化。若 Y 方向不加信号,则光点在荧光屏上按时间变化展开为一条直线,称为时间基线。

c)同时加信号电压和扫描电压,如图 3-3(c)所示,在 Y 轴加上被测信号,在 X 轴加上扫描电压,则荧光屏上光点的 Y 和 X 坐标分别与这一瞬间的信号电压和扫描电压成正比,因此,信号波形得以在时间轴上展开,荧光屏上所显示的就是被测信号随时间变化的波形。

2)信号与扫描电压的同步

为了在荧光屏上能够观测到清晰而稳定的波形,必须使信号与扫描电压同步,即后一个扫描周期显示的波形与前一个周期完全一样。否则,由于时间基线的起始扫描时间不定,波形会发生左右跑动。同步的前提是扫描电压周期 T_n 必须是被测信号周期的整数倍。

3)触发扫描

当观测脉冲过程时,尤其是占空比(脉冲持续时间与重复周期之比 τ/T_s)很小的脉冲时,如果继续采用前述的连续扫描过程,会产生如下问题:

如果将扫描周期 T_n 定为脉冲重复周期 T_s,如图 3-4(b)所示,屏幕上出现的脉冲波形在水平方向被压缩,集中在时间基线的起始部分,难以观测到清晰的脉冲的细节,比如前后沿时间。为了将脉冲波形在水平方向展宽,必须减小扫描周期。若取 $T_n=\tau$,如图 3-4(c)所示,在一个脉冲周期内,光点在水平方向完成多次扫描,但只有一次能扫描出脉冲图形,所以在荧光屏上脉冲波形会很暗,时间基线却很亮。

利用触发扫描可解决上述脉冲波形的测量问题。选用触发扫描时,只有在被测脉冲到来时才进行扫描,如图 3-4(d)所示。由于在脉冲间隔内不进行扫描,故不会产生很亮的时间基线。只要扫描电压持续时间不低于脉冲宽度,脉冲波形就可几乎布满横轴。

4)扫描过程的增辉

扫描是一个往复过程,回扫需要一定的时间,回扫电压会对显示波形产生影响。如图 3-5 所示,连续扫描的回扫信号与被测信号叠加,波形产生失真。在触发扫描时,休止(等待)时间内荧光屏上某点持续发亮,会损坏屏幕;波形显示时又太暗。

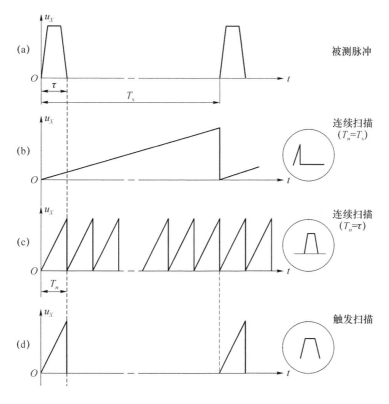

图 3-4 连续扫描和触发扫描的比较

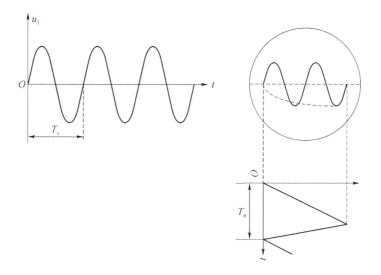

图 3-5 扫描回程对显示波形的影响

为了克服扫描过程时回扫的影响,可在正向扫描期间设法增辉。正程时给示波管的第一栅极 G_1 加正脉冲,或给阴极 K 加负脉冲,则只在正向扫描或触发扫描期间,荧光屏才有显示,回扫或休止期间回扫线或休止线不显示。

2. 显示任意两个变量之间的关系

在示波管中,电子束同时受 X 和 Y 两个偏转板上的电压 u_X 和 u_Y 的影响,它们相互独立,共同决定光点在荧光屏上的位置。u_X 和 u_Y 配合起来,能够画出任意波形。

图 3-6 所示为两个同频率正弦信号分别作用在 X、Y 偏转板时的情况。

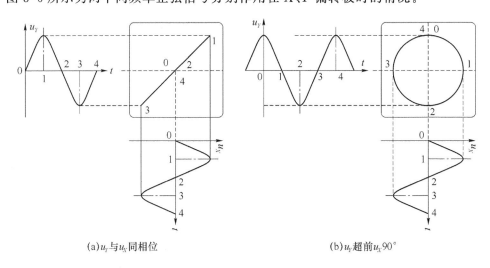

(a)u_Y 与 u_X 同相位　　　　　　　(b)u_Y 超前 u_X 90°

图 3-6　两个同频率、同振幅信号构成的波形

若这两个信号初相相同,则在荧光屏上画出一条直线。进一步,若 X、Y 方向的振幅也相同,这条直线与水平轴呈 45°,如图 3-6(a)所示。如果这两个信号振幅相同,且初相相差为 90°,则屏上画出的为圆,如图 3-6(b)所示。

示波器两个偏转板上都加正弦电压时,显示的图形称为李沙育(Lissajous)图形,这种图形在相位和频率测量中常被采用。

3.3　通用示波器

3.3.1　示波器概述

1. 示波器的基本功能

示波器是电子示波器的简称,是一种应用广泛的时域测量仪器。示波器是一种全息(观测和分析信号的全貌)测量仪器,能精确地测量信号的幅度、频率、周期等基本参量,可测量脉冲信号的脉宽、占空比、上升(下降)时间、上冲等参数,还能测量两个信号的时间和相位关系。

2. 示波器的分类

1)按性能和结构分类

a)通用示波器:采用单束示波管。

b)多束示波器:采用多束示波管。屏上显示的每一个波形都是由单独的电子束产生,它能同时观测、比较两个以上的波形。

c)取样示波器:根据取样原理,将高频信号转换为低频信号,然后再进行显示。

d)记忆、存储示波器:具有记忆、存储被观测信号功能。它可以用来观测和比较单次过程和非周期现象、低频和慢速信号以及在不同时间或不同地点观测到的信号。

e)专用或特殊示波器:满足特殊用途的示波器,如监测和测试电视系统的电视示波器。

2)按技术原理来分类

a)模拟式:通用示波器,采用单束示波管实现显示,是当前最常用的示波器。

b)数字式:数字存储示波器,采用 A/D、DSP 等技术实现的数字化示波器。

3)按带宽来分类

a)中、低挡示波器,带宽在 50 MHz 以下;

b)高挡示波器,带宽在 50 MHz 以上,大多在 300 MHz 以下。更高挡的示波器,带宽已达 1~2 GHz。

3.3.2 通用示波器

1. 通用示波器的组成及工作原理

通用示波器是采用单束示波管的示波器,主要由示波管、Y 通道和 X 通道三部分组成。此外,还包括电源电路,它提供示波管和仪器电路中需要的多种电源。通用示波器中还常附有校准信号发生器,产生幅度或周期非常稳定的校准信号。

图 3-7 为通用示波器的组成框图。

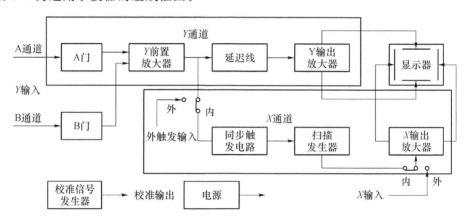

图 3-7 通用示波器的组成框图

2. 示波器探头(探极)

探头是连接在示波器外部的一个输入电路部件。它的基本作用是便于直接在被测源上探测信号和提高示波器的输入阻抗,从而展宽示波器的实际使用频带。示波器的探头按电路原理,分为无源和有源两种探头;按功能,分为电压探头和电流探头。

1)无源电压探头

在低频低灵敏度的示波器中,可以用两根普通导线引到示波器的输入端。但使用高频高灵敏度示波器时,为了抑制外界干扰信号影响,为了克服导线的分布参数的影响,可以用普通屏蔽电缆替代普通导线。

同轴电缆虽然有较宽的工作频带,但是,它必须在阻抗匹配的情况下才能工作。它的特性阻抗一般为 50 Ω 或 75 Ω,因此适用于被测信号源阻抗和示波器输入阻抗都是低阻抗的时候。但是,示波器的高阻输入端通常等效为 1 MΩ 输入电阻和 10~50 pF 输入电容的并联,如图 3-8 所示。为了减小不匹配造成的失真,可以给电缆串入一个电阻以达到临界阻尼。

R 电缆实际上是一种分布式电阻-电容网络,其电容数值为 20～30 pF/m(普通同轴电缆的分布电容约 100 pF/m),它与示波器的输入电容一起组成一个 RC 低通滤波器,使得直通探极的频率上限很难超过 15 MHz。

为了提高探头的工作频率,可以采用电容补偿法来实现。图 3-8 所示是一种提高无源探头的工作频率的分压器式无探头电路。只要调整补偿电容 C,就可以得到最佳补偿。进行调整时,可将一个波形良好的方波送入探头,当示波管上显示的波形如图 3-9(a)所示时,表明补偿最佳。分压器式无源探头不仅可以大大扩展示波器的使用频带宽度,而且由于它的分压作用,还可以扩展示波器的量程上限。它的分压比一般是 10∶1 或 100∶1。另外,它也使示波器的输入阻抗大为提高,如图 3-8 所示的 10∶1 无源探头,它的输入阻抗大约是 10 MΩ 和 5～15 pF 的并联。

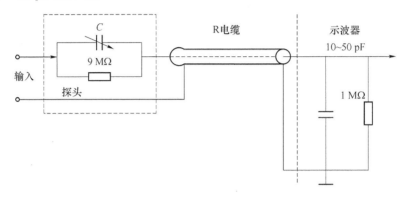

图 3-8 分压器式无源探头电路

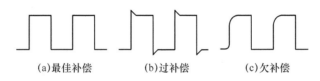

(a)最佳补偿　　　　(b)过补偿　　　　(c)欠补偿

图 3-9 示波器探头补偿的波形特性

图 3-8 所示的无源探头在同轴电缆在不匹配的情况下工作,工作频率上限在 50 MHz 以内。在电缆接示波器端附加一个 RLC 阻抗匹配网络,可将工作频率提高到 300 MHz 以上。带有阻抗匹配网络的无源探头简化电路如图 3-10 所示。

该电路是由探头、电缆和匹配网络三部分组成的。匹配网络中的 $L_1,L_2,\cdots,C_2$ 组成半节串臂 m 导出式滤波器。当选取导出系数 $m \approx 0.6$ 时,该滤波器左端看进去的阻抗在通带内几乎和频率无关,从而便于和电缆相匹配。该滤波器右端看进去的阻抗在通带内随频率的升高而降低,因而便于和示波器相匹配。图 3-10 中 R_2 的引入可以消除匹配网络中产生的振铃失真,调节 R_2 以达到临界阻尼。而小电容 C_3 可以改善对电缆中电抗部分的匹配。

美国 Tek 公司的 P6008 型探头采用如图 3-10 所示的电路,它的 R 电缆长度为 1 m,各元件参数分别为: $R_1=9$ MΩ, $C=7.5$ pF, $L_1=0.15\sim0.25$ μH, $L_2=0.6\sim1.1$ μH, $C_2=9\sim35$ pF, $R_2=1$ kΩ, $C_3=1$ pF。当配用输入阻抗为 1 MΩ/20 pF 的示波器时,工作频率上限可达 100 MHz 以上,上升时间小于 3 ns。

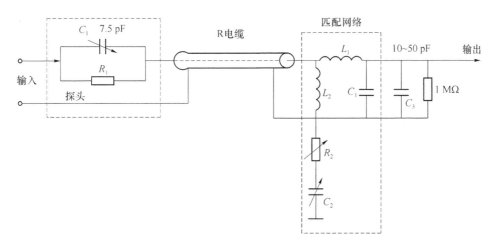

图 3-10 带有阻抗匹配网络的无源探头简化电路

2)有源电压探头

无源探头工作频率高,有较好的过载性能,但由于分压作用,不宜探测很小的信号。而有源探头可以在无衰减的情况下获得良好的高频工作特性,特别适宜探测高速小信号。

有源电压探头电路如图 3-11 所示。它主要包括源极跟随器、电缆和放大器三个部件,可以直接探测被测信号。源极跟随器式有源探头采用结型场效应管,具有较低噪声和较大的过载能力。为了便于和同轴电缆的低阻抗相匹配,在源极跟随器后还加有射极跟随器。

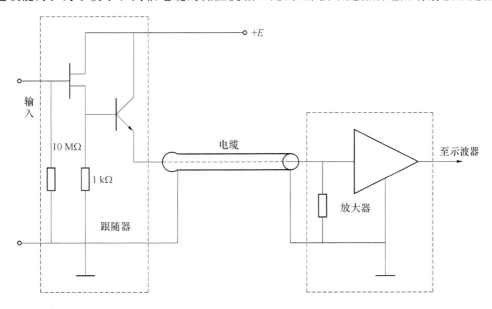

图 3-11 源极跟随器式有源探头的基本电路

3)电流探头

在线性电路里,电流的波形和幅度可以通过探测电压来换算,但是在非线性电路里,电流和电压的波形大不相同。此外,在高频、高 Q(品质因数)谐振回路上的电压不易直接探测,需要探测电流。

示波器是一个电压探测仪器,若用示波器检测电流,需另配一个电流-电压变换器,作为电流探头装置。

3. 示波器的 Y 通道

示波器的 Y 通道通常包括探头、输入耦合电路、输入衰减器，Y 前置放大器、延迟线和 Y 输出放大器等部分。由于示波管的偏转灵敏度是基本固定的，为扩大可观测信号的幅度范围，Y 通道要设置衰减器和放大器，以便把信号幅度变换到适合于示波管观测的数值。由于衰减和放大环节的介入，示波器的偏转灵敏度 D_Y 调节范围很大。

1）输入耦合

示波器的输入耦合电路如图 3-12 所示。输入信号经过输入耦合电路接至输入衰减器。

当耦合电路中 K_1 接至 DC 位置时，耦合电路不起作用，被测信号的交、直流成分均被直接加至衰减器。当 K_1 接至 AC 位置时，只有交流成分加至示波器。若要观测扫描基线位置，可令 K_1 接地，使示波器不输入 Y 方向信号。示波器通常构成被测电路的负载，因此，示波器的输入阻抗越高越好。

未加探头时，示波器的输入阻抗的值是 1 MΩ 与几 pF 至几十 pF 电容并联的结果。有时被测信号相当于 50 Ω 内阻的信号源，此时往往要求使用特性阻抗为 50 Ω 的电缆，并以 50 Ω 负载匹配。为此，某些示波器在图 3-12 中 K_2 端接一个 50 Ω 的电阻。

2）输入衰减器

输入衰减器用来衰减输入信号，以保证显示在荧光屏上的信号不致因过大而失真，输入衰减器常采用 RC 衰减电路，如图 3-13 所示。

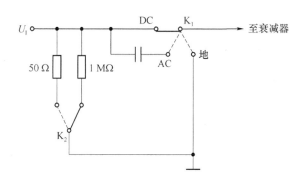 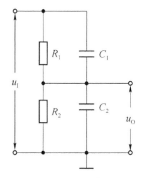

图 3-12　示波器的输入电路　　　　图 3-13　输入衰减器原理

衰减器的衰减量为输出电压 u_O 与输入电压 u_I 之比，即 R_1，C_1 的并联阻抗 Z_1 与 R_2，C_2 的并联阻抗 Z_2 的分压比。其中，

$$Z_1 = \frac{R_1/\mathrm{j}\omega C_1}{R_1 + \frac{1}{\mathrm{j}\omega C_1}} = \frac{R_1}{1 + \mathrm{j}\omega C_1 R_1}, \quad Z_2 = \frac{R_2/\mathrm{j}\omega C_2}{R_2 + \frac{1}{\mathrm{j}\omega C_2}} = \frac{R_2}{1 + \mathrm{j}\omega C_2 R_2}$$

当满足：
$$R_1 C_1 = R_2 C_2 \tag{3-3}$$

衰减器的分压比为

$$\frac{u_0}{u_1} = \frac{Z_2}{Z_1 + Z_2} = \frac{R_2}{R_1 + R_2} \tag{3-4}$$

式（3-4）表明，此时分压比与频率无关。图 3-13 的电容应该计入电路的分布电容，组成衰减器的电容可有一定调节范围，只要满足式（3-3）的关系，分布电容的影响就可不考虑，

此时为最佳补偿。

输入衰减器实际上是由一系列 RC 分压器组成的,可通过改变分压比来改变示波器的偏转灵敏度。这个改变分压比的开关即为示波器灵敏度粗调开关,在面板上常用 V/cm 标记,某些示波器的灵敏度是将 $0.05\sim20$ V/cm 分 9 挡步进衰减。

3)延迟线

根据触发扫描原理,触发扫描发生器只有当被观测的信号到来时才工作,也就是说开始扫描需要一定的电平,因此,扫描的开始时间总是滞后于被测脉冲一段时间 t_D,如图 3-14 所示。因此,脉冲的上升过程就无法被完整地显示出来。示波器的 Y 通道延迟线的作用就是把加到 Y 偏转板的脉冲信号也延迟一段时间,使信号出现的时间滞后于扫描开始时间,这样就能保证在屏幕上可以扫出包括上升时间在内的脉冲全过程。

4)Y 放大器

Y 放大器使示波器具有观测微小信号的能力。Y 放大器应有稳定的增益、较高的输入阻抗、足够的频带和对称输出的输出级。

通常,把 Y 放大器分成前置放大器和输出放大器两部分。前置放大器的输出信号一方面引至触发电路,作为

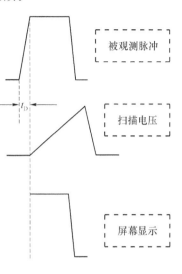

图 3-14 示波器里无延迟线
时的显示图形

同步触发信号;另一方面经过延迟线延迟以后引至输出放大器。这样就使 Y 偏转板上的信号比同步触发信号后一定的时间,保证在荧光屏上可看到被测脉冲的前沿。

在 Y 放大器电路里,采用频率补偿电路和较强的负反馈,使得在较宽的频率范围内稳定增益,还可采用改变负反馈的方法改变放大器的增益。例如,很多示波器的 Y 通道的"倍率"开关常有"×5"和"×1"两个位置。在通常情况下,"倍率"置"×1"位置,若把"倍率"置"×5"位置,则负反馈减小,增益增加 5 倍,便于观测微小信号或看清波形某个局部的细节。通过调整负反馈,还可以调整放大器增益,即示波器灵敏度。

灵敏度微调电位器处于极端位置时,示波器灵敏度处于"校正"位置。在用示波器进行定量测量时,放大器增益应是固定的,这时"倍率"旋钮应置于"×1",灵敏度微调旋钮应放在"校正"位置。

Y 放大器的输出级常采用差分电路,使加在偏转板上的电压对称,差分输出电路也利于提高共模抑制比。若在差分电路的输入端馈入不同的直流电位,差分输出电路的两个输出端直流电位也会改变,进而影响 Y 偏转板上的相对直流电位和 Y 方向上波形的位置。这种调节直流电位的旋钮称为"Y 轴位移"旋钮。

4. 示波器的 X 通道

示波器的 X 通道主要由扫描发生器环、触发电路和 X 放大器组成。其中,扫描发生器环和触发电路用来产生所需的扫描信号,X 放大器用来放大扫描信号和直接输入的任意外接信号,因此 X 放大器的输入有内、外两个位置。

1)扫描发生器环组成及原理

示波器通常用扫描发生器环来产生扫描信号。扫描发生器环又称为时基电路,由积分

器、扫描门及比较和释抑电路组成,如图 3-15 所示。

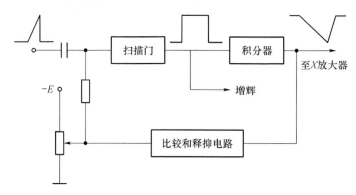

图 3-15　扫描发生器环的组成

扫描发生器环中的扫描门又称时基闸门,用来产生门控信号。示波器在连续扫描时即使没有触发信号,扫描门也应有门控信号输出。在触发扫描时,只有在触发脉冲作用下才应产生门控信号。扫描信号都应与被测信号同步。

示波器的扫描电压是较理想的锯齿波,在扫描发生器环里的积分器产生。通常采用密勒(Miller)积分器产生锯齿波。

比较和释抑电路与扫描门、积分器构成一个闭合的扫描的发生器环。不论示波器是触发扫描还是连续扫描,都由比较和释抑电路和扫描门、积分器配合产生稳定的等幅扫描信号,并使扫描信号与被测信号同步。

2)扫描发生器环的电路及其分析

a)积分器及其电路

通用示波器中扫描电压发生器采用密勒积分器电路,如图 3-16(a)所示。

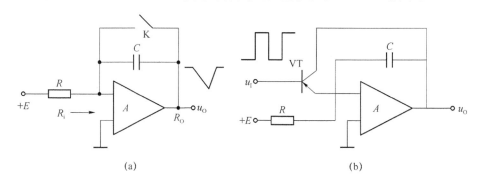

(a)　　　　　　　　　　(b)

图 3-16　密勒积分器电路原理图

当开关 K 打开,电源电压 E 通过积分器积分,在理想情况下($A \to \infty$,$R_i \to \infty$,$R_o \to 0$),输出电压 u_O 可写成:

$$u_O = -\frac{1}{RC}\int E \mathrm{d}t = -\frac{E}{RC}t \tag{3-5}$$

可见,u_O 与时间 t 成线性关系,改变时间常数 RC 或微调电源 E 都可改变 u_O 的变化速率。当开关 K 闭合时,电容器 C 迅速放电,u_O 迅速上升,形成一个锯齿波扫描电压。

式(3-5)表明,调整 E、R、C 都将改变单位时间锯齿波电压值,进而改变水平偏转距离和扫描速度。在示波器中,通常用改变 R 或 C 作为"扫描速度"粗调,用改变 E 作为"扫描速度"微调。

实际上,开关 K 可以由扫描门控制的晶体管开关来实现,如图 3-16(b)所示。当由扫描门给积分器输入端加高电平时,晶体管 VT 截止,相当于开关 K 断开,电源 E 给电容器充电,构成扫描正程。当扫描门给积分器输入端加低电平时,晶体管导通,相当于开关 K 闭合,开始回扫。控制扫描是否进行的这个信号叫门控信号或门控脉冲。

在通用示波器中,积分器产生的锯齿波电压先被送入 X 放大器加以放大,再加至水平偏转板。由于这个电压与时间成正比,可用荧光屏上的水平距离代表时间。而荧光屏上单位长度所代表的时间可定义为示波器的扫描速度 S_{s}(t/cm),即

$$S_{s} = \frac{t}{X} \tag{3-6}$$

式中,X 为光迹在水平偏转的距离;t 为偏转 X 距离所对应的时间。

b)扫描门电路及其原理

扫描门用来产生门控信号,可采用射极耦合双稳触发电路,即施密特(Schmitt)电路,如图 3-17 所示。施密特电路〔图 3-17(a)〕是一种电平控制触发电路,具有滞后特性〔图 3-17(b)〕。

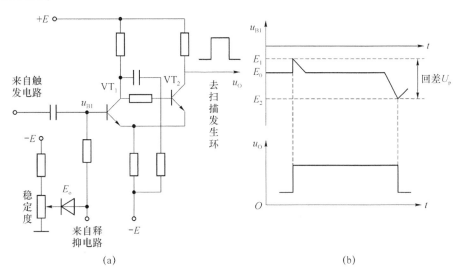

(a)   (b)

图 3-17　施密特电路及其滞后特性图

施密特电路工作过程如下:假设 VT$_1$ 的静态输入电压在 E_1 和 E_2 之间,电路处于 VT$_1$ 截止,VT$_2$ 导通的第一稳态。当触发信号使 u_{B1} 上升到上触发电平 E_1 时,电路从第一稳态翻转到第二稳态,即 VT$_1$ 导通,VT$_2$ 截止,输出电压由低电位跳到高电位。即使触发信号消失,u_{B1} 回到 E_1 和 E_2 之间,电路并不翻转。只有当从释抑电路来的信号使 u_{B1} 下降至下触发电平 E_2 时,电路才返回第一稳态,输出电压从高电位跳回低电位。上、下触发电平之间存在滞后电平 U_P,其数值可达 10 V 左右。

施密特电路在作为扫描门时,输入端接有三种信号:首先是由一个称为"稳定度"旋钮的电位器供给它一个直流电位;此外,还接有从触发电路来的触发脉冲以及从释抑电路来的信号。

c)比较和释抑电路及其原理

比较和释抑电路如图 3-18 所示,比较和释抑电路与扫描门和积分器构成一个闭合的扫描发生器环。

在扫描过程中,积分器输出一个负的锯齿波电压,它通过电位器 P 加至 PNP 管 VT 的基极 B,与此同时直流电源＋E 也通过电位器 P 的另一端加至 B 点,它们共同影响 B 点的电位。VT 管、C_h、R_h 组成一个射极输出器,在 VT 管导通时电容 C_h 被充电并随 B 点电压变化而变化,在 VT 管截止时 C_h 通过 R_h 缓慢地放电。C_h 上的电压即为释抑电路的输出电路,它被引至扫描门,即施密特电路的输入端。当 C_h 上的电压为负时,二极管 VD 截止,这时它把释抑电路的输出与"稳定度"旋钮的直流电位隔离。

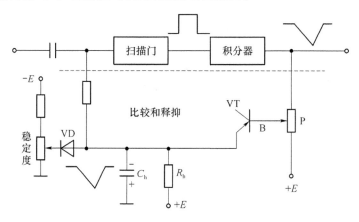

图 3-18　比较和释抑电路示意图

3)触发电路

触发电路用来产生周期与被测信号有关的触发脉冲,这个脉冲被加至扫描门,它的幅度和波形均应达到一定的要求。

常用的通用示波器触发电路及其在面板上的对应开关如图 3-19 所示。

a)触发源选择

内触发:利用从 Y 通道来的被测信号作为触发信号,这是最常用的工作状态。

外触发:利用外接信号作为触发信号,触发信号周期应与被测信号有一定关系。

电源触发:在观测与电源有关的信号时,可选电源触发,以便与电源同步。

b)触发耦合方式

DC 直接耦合:用于对直流或缓慢变化的信号进行触发。

AC 交流耦合:用于交流信号触发,这时电容 C_1(约 0.47 μF)起隔直作用。

低频抑制:利用 C_1 与 C_2(约 0.01 μF)串联后的电容,抑制信号中 2 kHz 以下的低频成分,主要目的是滤除信号中的低频干扰。

HF 高频耦合:利用 C_1 与更小的 C_3(约 1 000 pF)串联,只允许通过频率很高的波形。这种方式常用来观测 5 MHz 以上的高频信号。

c)触发电平与触发极性的选择

触发电平与触发极性的选择,是让操作者自由选定在被测信号波形的哪一点上产生触发脉冲,也就是选定信号的观测起点。在图 3-19 中,同时调整极性与电平旋钮可达到上述目的。图 3-20 给出了 4 种触发位置,水平虚线表示触发电平,与波形实线的交点为触发点。

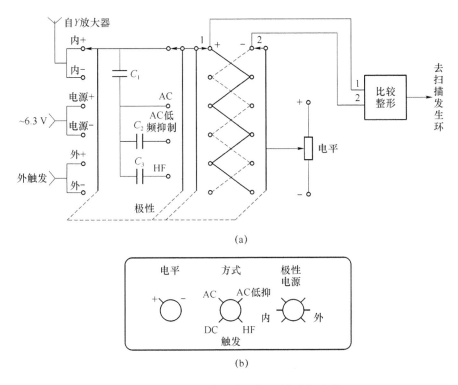

(a)

(b)

图 3-19　触发电路及在面板上的对应开关

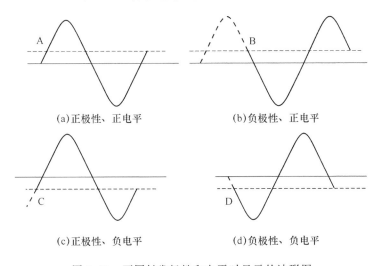

(a)正极性、正电平　　　　　　　(b)负极性、正电平

(c)正极性、负电平　　　　　　　(d)负极性、负电平

图 3-20　不同触发极性和电平时显示的波形图

　　所谓极性不是指触发信号本身的正负,而是指它属于上升沿还是下降沿触发。极性开关为 4 刀(图 3-19 中用 4 个小箭头表示,可以上下移动)6 位开关,兼管触发源和触发信号极性的选择。不论选用哪种触发源,只要极性选正,触发信号就被图中实线连至比较整形电路的输入 1,电平旋钮决定的直流电位由虚线接至输入端 2,只有当触发信号由小变大,即处于上升沿或正斜率时,才会产生触发脉冲。当极性选负,情况相反。

　　d)比较整形电路

　　比较整形电路常采用双端输入的单稳电路,两个输入信号之差达到某一数值时,比较电路翻转。比较整形电路的一端接一个可调的直流电压,调整这个直流电压的旋钮称为电平旋钮。

从上述触发电路可以看出,触发电路要求既要有信号,又要调整电平、极性旋钮,才能正常工作。若要测量一系列幅度不同的信号,调整电平旋钮很不方便,故现代示波器中设计了自动触发电路,使触发点能自动地保持在最佳的触发电平位置。

4)X 放大器

图 3-7 表明,X 放大器的输入端有"内""外"两个位置。当开关至"内"时,X 放大器放大扫描信号;至"外"时,X 放大器直接放大由面板上 X 输入端输入信号。X 放大器输出信号接至 X 偏转板。

X 放大器与 Y 放大器相类似,改变 X 放大器的增益可以使光迹在水平方向得到若干倍的扩展,或对扫描速度进行微调,以校准扫描速度。改变 X 放大器有关的直流电位也可使光迹产生水平位移。

上述对示波器的工作原理及各部分的分析表明:

a)示波器的 Y 通道主要是一个放大器,通常是用来放大被观测的信号的;

b)在用示波器观测随时间变化的波形时,X 通道的主要任务是产生一个与被测信号同步的,既可以连续扫描又可以触发扫描的锯齿波电压;

c)X 放大器也可直接输入一个任意信号,这个信号与 Y 通道的信号共同决定荧光屏上光点的位置,构成一个 X-Y 图示仪,这时触发电路和扫描发生器不起作用。

3.3.3 通用示波器的技术指标

1. 带宽、上升时间

通用示波器的 Y 通道的频带宽度(BW),是指显示屏上显示的图像高度相对于基准频率下降 3 dB 时,信号的上、下限频率之差(现代示波器大多可从直流信号开始测量,故下限频率为零)。带宽是由 Y 通道电路和 Y 偏转系统的频率响应(幅频特性)决定的,它对于连续信号的显示很重要。

对于脉冲等瞬变信号,更为重要的是通道的过渡特性,对 Y 通道而言主要是上升时间和上冲量等参数。其中上升时间是在 Y 通道输入端加一个理想的阶跃信号,显示器上显示波形从稳定幅度的 10% 上升到 90% 所需的时间,它和频带宽度有内在联系,满足:

$$t_r = \frac{0.35}{\text{BW}} \tag{3-7}$$

式中,BW 为频带宽度,单位为 MHz;t_r 为上升时间,单位为 μs。

为了在测量时不产生明显的测量误差,要求 t_r 至少比被测脉冲信号的上升时间小 1/3。BW 和 t_r 是示波器的重要特性,其他工作特性大多要根据它们来确定。

2. 扫描速度

扫描速度是反映示波器在水平扫描方向展开信号的能力。用示波器来观测高速瞬变信号或高频连续信号时,荧光屏上光点必须进行高速水平扫描;在观测低频慢变化信号时,光点又必须进行相应的慢扫描。示波器的光点水平扫描速率的高低,可用扫描速度和时间因子来描述。

1)扫描速度:光点的水平移动速度,单位是 cm/s 或 s/div,div 指格数。

2)时间因子:时间因子是扫描速度的倒数,它相当于光点移动单位长度(cm 或 div)所需要的时间。为便于计算被测信号的时间参数,示波器常用时间因数标度。

示波器的扫描速度要适应 Y 通道的频带宽度,扫描范围一般按 1-2-5 的顺序步进分挡(20 挡左右,如 $0.2\,\mu s/div \sim 1\,s/div$),每挡内连续调节,以便把显示的图像调到适当宽度。

3. 偏转灵敏度 D_Y 和偏转因数

1)偏转灵敏度 D_Y

偏转灵敏度 D_Y,指在单位输入信号作用下,光点在屏幕移动 1 cm 或 1 div 所需的电压,单位为 mV/cm 或 mV/div,表示示波器观测微小信号的能力。偏转灵敏度 D_Y 按 1-255 顺序步进转换,通常分 10 挡左右,如 10 mV/cm $\sim$ 20 V/cm。

示波器还设有连续微调(增益微调)装置,灵敏度可连续调节。连续微调通常应调至最大位置,即 D_Y 粗挡的校准位置,否则灵敏度不准确。

2)偏转因数

偏转灵敏度 D_Y 的倒数称为偏转因数,其误差是保证示波器准确测量信号电平的重要指标,要求小于 2%～10%。

4. 输入阻抗

示波器的输入阻抗可等效为电阻和电容的并联。示波器是一种宽带测量仪器,因此常把输入电阻和电容单独列出。在测量高频信号时要考虑电容影响,通常 30 MHz 示波器的输入电阻为 $(1\pm 5\%)\,M\Omega$,输入电容小于 30 pF;100 MHz 示波器的输入电阻为 $(1\pm 5\%)\,M\Omega$,输入电容小于 12 pF。

5. 扫描方式

示波器的扫描方式可分为连续扫描和触发扫描,随示波器功能的扩展,还出现了多种双时基扫描,主要有延迟扫描、组合扫描、交替扫描等,但此时示波器中要有两套扫描系统。

6. 触发特性

为了将被测信号稳定地显示在荧光屏上,扫描电压必须在一定的触发脉冲作用下产生。通用示波器的触发特性是指触发脉冲的取得方式,通常有内触发、外触发、电源触发等方式。

这些触发方式都可以从触发信号的不同位置产生触发脉冲,可按照测量的要求将被测信号所需要的部分显示在屏幕上。

7. 其他特性指标

1)校准信号(频率、幅度);

2)额定电源电压、功率消耗;

3)连续工作时间等。

3.3.4 通用示波器的选用原则

在实际测量中,通用示波器的主要选用依据是它的技术指标,其中最主要的是根据被测信号确定带宽。

设输入一个阶跃信号,示波器带宽有限,设为 BW = 100 MHz,屏幕上观测到的信号上升时间按式(3-7)算得为 $t_r = 0.35/100 = 3.5$ ns,这是示波器本身引起的上升时间。若输入一个上升时间 $t_x = 10$ ns 的脉冲信号,这时屏幕上看到的上升时间应是 t_x 与 t_r 之和。由于它们是两个各自独立的随机参数,应按平方相加,则在示波器屏幕上观测到的上升时间 t_{rx} 为

$$t_{rx} = \sqrt{t_x^2 + t_r^2} \tag{3-8}$$

则被测信号的上升时间 t_x 为

$$t_x = \sqrt{t_{rx}^2 - t_r^2} \tag{3-9}$$

若忽略式(3-9)根号中的第二项,屏幕读出值即为被测信号值。经误差分析,可得出屏幕读出值的误差公式为

$$\frac{\Delta t_{rx}}{t_{rx}} = \frac{t_{rx} - t_r}{t_{rx}} = \sqrt{1 + \frac{1}{\left(\dfrac{t_x}{t_r}\right)^2}} - 1 \tag{3-10}$$

式(3-10)表明,当被测信号上升时间 t_x 与示波器本身上升时间 t_r 相等,即 $t_x/t_r=1$ 时,屏幕读数相对误差 $\Delta t_{rx}/t_r=40\%$,误差过大。当 $t_x/t_r=3$ 时,读数误差为 5%;当 $t_x/t_r=3$ 时,误差为 2%。因此,通常要求所选示波器的上升时间与被测脉冲信号的上升时间满足:

$$\frac{t_x}{t_r} = 3 \sim 5 \tag{3-11}$$

对于一般的连续波信号,可得到相应的关系式,即

$$\frac{BW}{f_h} = 3 \sim 5 \tag{3-12}$$

式中,f_h 是被测信号中的最高频率分量。

根据上述分析,利用式(3-11)和式(3-12),示波器的带宽必须比被测信号中的最高频率分量大 3~5 倍。从物理概念上理解,只有让被测信号的各频率分量都能很好地进入示波器,示波器的屏幕上观测到的信号才不会产生明显的失真。

3.3.5　示波器的多波形显示

在用示波器来测量信号波形时,常常需要同时观测多个信号,在同一荧光屏上能同时显示多个波形。例如,比较电路中若干点间信号的幅度、相位和时间关系,观测信号通过网络后的相移和失真情况等。为同时观测多个波形,可采用多线显示、多踪显示及双扫描显示等。

1. 多线显示与多线示波器

多线示波器具有多个相互独立的电子束,常见的为双线示波器。双线示波器内的电子枪可产生两个电子束(一般用两个电子枪产生,也可以用一个电子枪产生两个电子束),并有两套 X、Y 偏转系统。其中两对 X 偏转板往往采用相同的扫描电压,但两个 Y 通道常接入不同的信号,并可各自独立调整灵敏度、位移、聚焦、辉度等开关或旋钮。由于双线示波器的两个 Y 通道相互独立,因而可以消除通道之间的干扰现象。这种示波器除了可以观测周期信号,还可以观测同一瞬间出现的两个瞬变现象,即可以实时看到两个瞬变信号。由于多线示波管的制造工艺要求高,成本也高,所以多线示波器应用并不十分普遍。

2. 多踪显示与多踪示波器

多踪显示是在单线示波器的基础上,增设一个专用电子开关,用它来实现多种波形的分别显示。由于实现多踪显示比实现多线显示简单,不需要使用结构复杂、价格昂贵的多线示波管,所以多踪显示获得了普遍应用。在多踪显示中,最常采用的是双踪示波器。

多踪示波器的组成与普通示波器相类似,只不过在电路中多了一个电子开关,并具有多

个垂直通道。电子开关的功能是在不同的时间里,分别把两个垂直通道的信号轮流接至 Y 偏转板,使得在荧光屏上可显示多路波形。目前,最常用的是双踪示波器,下面以双踪示波器为例进行介绍。图 3-21 为双踪示波器的 Y 通道工作原理框图。

由图 3-21 可看出,电子开关轮流接通 A 门和 B 门,A 通道和 B 通道的输入信号分别为 u_A 和 u_B,按一定的时间分割轮流被接至垂直偏转板,在荧光屏上显示。

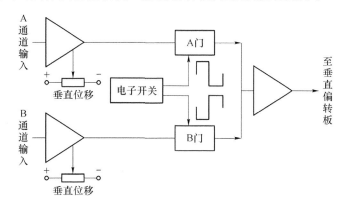

图 3-21 双踪示波器的 Y 通道工作原理框图

在双踪示波器里,根据开关信号的转换速率不同,有两种不同的时间分割方式:"交替"方式和"断续"方式。

1)"交替"方式

在双踪示波器的"交替"方式中,若第一个扫描周期电子开关使 A 门接通,并显示 A 通道输入信号波形 u_A,则第二个扫描周期电子开关使 B 门接通,而显示 u_B 波形。如此重复,在屏幕上轮流显示出两个信号波形。

如果被测信号重复周期不太长,那么,利用屏幕的余辉和人眼的残留效应,可感觉到屏幕同时显示出两个波形,如图 3-22(a)所示。

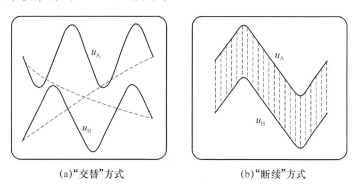

(a)"交替"方式   (b)"断续"方式

图 3-22 双踪显示图形

为了实现"交替"方式的双踪显示,开关信号必须与扫描信号同步。当被测信号频率较低(低于 25 Hz)时,由于交替显示的速率很低,图形将出现闪烁。

2)"断续"方式

当开关信号频率远大于被测信号频率时,双踪显示将工作在"断续"方式,这时开关信号分别对两个被测信号波形轮流地进行实时取样,所以,在屏幕上看到的是若干取样光点构成的"断续"波形,如图 3-22(b)所示。

在"断续"方式中,由于每个扫描周期同时显示出两个信号波形,所以,即使观测重复频率较低的波形,也可避免闪烁。

无论双踪示波器工作在"交替"方式还是"断续"方式,为显示两个信号之间的相位(或时间)关系,都需用 A 通道或 B 通道中的一个信号去触发扫描发生器。在双踪显示过程中,波形转换过程产生的光迹(图 3-22 中虚线)应作消隐处理。

3.4 数字存储示波器

3.4.1 数字存储示波器的组成和工作原理

数字存储示波器(DSO)简称数字示波器,与模拟示波器不同,它是一种存储式示波器,通过模/数(A/D)转换和数/模(D/A)转换实现波形的数字存储和模拟输出。数字示波器工作时,用 A/D 转换器将模拟信号数字化并存储到半导体存储器(RAM)中,方便随时调出信号,再通过 D/A 转换器还原为模拟信号并显示。

1."模拟＋数字"存储示波器

早期的数字示波器是一种"模拟＋数字"存储示波器,其组成原理如图 3-23 所示。它是以传统的模拟示波器为基础,通过开关切换,以模拟和数字两种方式工作。

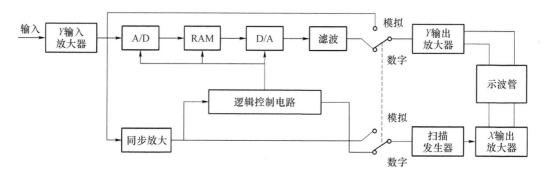

图 3-23 "模拟＋数字"存储示波器组成原理图

当以数字方式工作时,在 Y 通道的前置输入放大器和 Y 输出放大器之间插入 A/D、RAM、D/A 等数字集成电路,从而把被测的模拟信号转换为数字信号,存入存储器,再还原成模拟信号,经 Y 主放大器输出至示波管 Y 偏转板,以显示在荧光屏上。在 X 通道,因 Y 输出已是模拟信号,故它仍产生锯齿电压波,在 X 偏转板的扫描控制下显示出波形。

国内生产的 4441 型示波器就是一种"模拟＋数字"存储示波器。该示波器实时带宽为 20 MHz 或 40 MHz,最大采样率为 10 MHz/s 或 25 MHz/s。由于受静电偏转示波管带宽及其他因素限制,"模拟＋数字"存储示波器功能和性能的提高比较困难。

2. 单处理器数字示波器

以微处理器为基础的数字存储示波器,可认为是一种智能仪器,图 3-24 为某单处理器数字示波器的组成框图。单处理器数字示波器包括取样通道、X 通道、Y 通道、示波管、微处理器和 GPIB 等部分。在微处理器的控制下,示波器完成采样、存储、读出、显示、程控等任务,并通过数据总线、地址总线和若干控制线互相联系和交换信息。

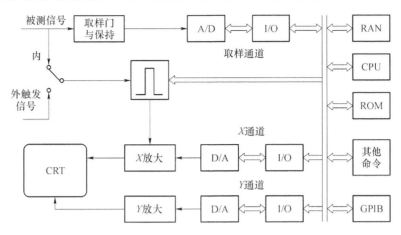

图 3-24 单处理器数字示波器的组成框图

1)控制部分

控制部分由键盘、CPU 和只读存储器 ROM 等组成。操作要求通过操作键盘或 GPIB 接口通知管理程序,以便设定灵敏度、扫描速度等参数,以及其他测试功能。CPU 控制所有 I/O 口、随机存取存储器 RAM 的读写,以及地址总线和数据总线的使用。在 ROM 内仪器管理程序的控制下,扫描键盘产生识别码,根据识别码的信息指挥仪器工作。

2)采样存储部分

采样存储部分主要指的是采样通道,首先将被测信号 u_I 采样,经 A/D 变换器变换成数字信号,然后存入 RAM。采样脉冲形成电路受触发信号和计算机控制。如图 3-24 所示,X 通道在采样、存储时用来控制采样脉冲的形成,在读出、显示时用来形成扫描阶梯波,也可直接由计算机产生对采样的控制信号(如图 3-24 中虚线所示),X 通道只在显示阶段产生阶梯扫描信号。

数字示波器的采样、存储过程可用图 3-25 的波形示意图表示。以观测正弦波为例,采样脉冲 u_S 控制取样门对被测信号 u_I 取样并保持,量化正弦电压 u_{IS},经 A/D 变换器变换成数字量 $D_0, D_1, \cdots, D_n$,依次存入首地址为 A_0 的 $n+1$ 个存储单元。

3)读出显示部分

读出显示部分将存储在 RAM 中的数字化信号重新恢复成模拟信号,并由 CRT 显示。同时,X 通道产生的阶梯扫描电压把被测信号波形在水平方向展开。

读出和显示过程如图 3-26 所示。首先找到数据存储区的首地址,依次读出所存的数据 $D_0, D_1, \cdots, D_n$,经锁存和 D/A 变换,数字量被恢复成模拟量,量化电压的每个阶梯的幅值与采样存储时的相应采样值成正比(不考虑转换和量化过程的误差)。计算机通过 X 通道的 D/A 变换器输出线性上升的阶梯信号——扫描信号 u_X。在 u_Y 和 u_X 的作用下,CRT 上产生不连续的光点,这些光点合成被测波形。

屏幕上的扫描线(实际上是不连续光点)的长度是确定的(通常为 10 cm 左右),每个波形显示的点数是一个定值,与 RAM 的容量有关,一般为 256、512 或 1 024 等。这样,计算机根据设定的扫描速度、显示长度 x 和显示点数 n,就可以计算出取样速度,并控制取样脉冲的形成电路。例如,$x=10.24\ \text{cm}$,$n=1\ 024$,设定扫描速度为 2 ms/cm,则可算出取样速度为每毫秒 50 点。

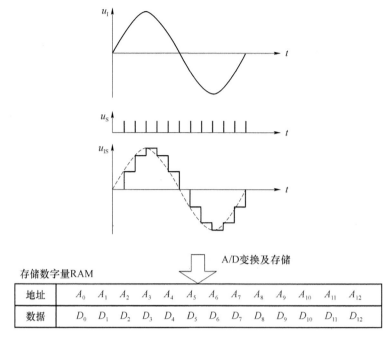

图 3-25 采样和存储过程示意图

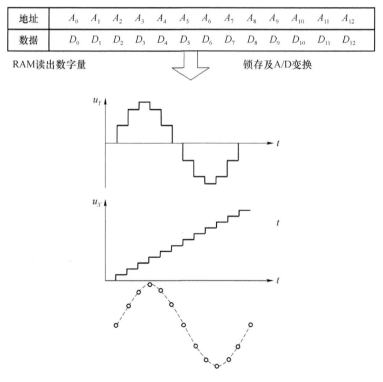

图 3-26 读出和显示过程示意图

数字存储示波器的采样存储和读出显示速度都是可以任意选择的,在使用上十分灵活方便。例如,采用低速存入、高速读出,在观测低频信号波形时不会像通用示波器那样由于屏幕余辉时间不够导致波形产生闪烁。

3. 多处理器数字示波器

"模拟+数字"存储示波器和单处理器数字示波器是不用或只用一个微处理器来控制和工作的,故存在带宽窄、更新率低、易出现混迭失真等缺点,难以满足高速采集处理的要求。随着微电子技术的发展,在现代数字示波器中采用了多处理器方案。由于采用了多处理器,示波器的性能大为改善,不仅采样率和显示更新率大大提高,而且依托微处理器的强大运算功能,数字示波器增加了许多辅助显示功能,如波形的峰峰值、有效值、平均值、频率、周期等参量的测量、计算和显示。同时,微处理器系统为示波器的自动化和智能化提供了方向。

3.4.2 数字示波器的功能和工作特性

1. 数字示波器的功能

数字示波器除了具有通用示波器的基本功能,还增加了很多功能,如自动标定(自动量程选择)和自动参数、测量波形和设置状态的存储;接口总线及输出打印、显示平均和曲线拟合;带宽滤波器接入;触发工作模式和条件的选择;光标测量、毛刺检测及峰值(包络)检测、数字信号处理;工业标准脉冲模板功能等。

2. 数字示波器的主要工作特性

1)带宽

频带宽度简称带宽(BW),指当示波器输入不同频率的等幅正弦信号时,屏幕上对应基准频率的显示幅度随频率变化下降 3 dB 时的频率范围,单位一般为 MHz 或 GHz。在数字示波器中,除了模拟通道的带宽之外,还有两种存储带宽:

a)单次信号存储带宽(single shot BW)。单次带宽也称为有效存储带宽(USD),是用数字示波器测量单次信号时,能完整地显示被测波形的带宽。单次带宽一般只与采样速率和波形重组的方式有关。

b)重复信号存储带宽(repeat BW)。重复带宽指用数字示波器测量重复信号时的带宽。由于使用了非实时等效采样(随机采样或顺序采样)技术,重复带宽可以达到模拟应用的带宽。

当数字示波器的采样速率足够高(高于标准带宽的 4~5 倍)时,它的单次带宽和重复带宽是一样的,统称为实时带宽。

2)垂直灵敏度及误差

a)垂直灵敏度

垂直灵敏度也称为垂直偏转因子,指示波器显示的垂直方向(Y 轴)每格所代表的电压幅度值,常以 V/div 或 V/cm 表示。垂直灵敏度参数表明了示波器测量最大和最小信号的能力。与模拟示波器相同,数字示波器以 1-2-5 的步进方式进行垂直灵敏度调节,也可以进行细调。

b)垂直灵敏度误差

垂直灵敏度误差是脉冲幅度值与真值之间的百分比误差,其计算方法如下:

$$e = \frac{\dfrac{V_1}{D} - V_2}{V_2} \times 100\% \tag{3-13}$$

式中，e 为垂直灵敏度误差；V_1 为测量读数值（单位为 V）；V_2 为校准信号每格电压值（单位为 V）；D 为校准信号幅度（div）。

垂直灵敏度实际上指示波器测量直流电压差值（ΔV）的准确度，一般用规定的低重复频率、标准幅度的脉冲进行校验，可用数字示波器的 ΔV 光标自动测量校验。

c）垂直分辨率

目前数字示波器给出的垂直分辨率指标，一般指仪器内部所采用的 A/D 转换器在理想情况下进行量化的比特数，以 bit 表示。由于噪声的存在，带宽的影响等，A/D 转换器的实际比特分辨率可能下降，此时可用有效比特分辨率代替理想的垂直分辨率。

3）采样速率

采样速率，通常指数字示波器进行 A/D 转换的最高速率，单位为 MS/s（兆次/秒）。现代数字示波器的最高采样速率已可达 20 GS/s 以上。

在数字示波器的使用中，实际采样速率是随选用扫挡位而变化的，其最高采样速率应当对应最快的扫速。例如，最快扫速为 1 ns/div，则按每格 50 个采样点计，50/1 ns＝50 GS/s，即最高采样速率是 50 GS/s。当每格采样点数 N 确定后，采样速率 f_s 与扫速（t/div）成反比：

$$f_s = \frac{N}{(t/\text{div})} \tag{3-14}$$

4）记录长度

记录长度也可称为存储深度，它指是数字滤波器能够连续存入样点的最大字节数，以 KB 或 Kpts（样点）表示。

5）扫速及其误差

a）扫速：扫速也称水平偏转因子、扫描时间因数、时基，指示波器的水平方向（X 轴）每格所代表的时间值，以 s/div、ms/div、μs/div、ns/div、ps/div 表示。

b）扫速误差：扫速误差是指数字示波器测量时间间隔的准确程度。一般用具有标准周期时间尖脉冲进行校验，用示波器的 Δt 光标自动测量标准信号周期时间值与真值之间的百分比误差，即为扫速误差。计算公式为

$$e = \frac{\Delta t - T_0}{T_0} \times 100\% \tag{3-15}$$

式中，e 为扫速误差；Δt 为校准信号周期时间测量读数值（单位为 s）；T_0 为校准信号周期时间值（单位为 S）。

6）水平（时间间隔）分辨率

水平（时间间隔）分辨率是指数字示波器在进行 ΔT 测量时能分辨的最小时间间隔值，与仪器内部的精密触发内插器有关。如果不加任何内插，采样速率为 f_s，则示波器的时间间隔分辨率为 $1/f_s$；如果加了触发内插，内插器的增益为 N，则示波器的时间间隔分辨率为 $1/Nf_s$。

7）触发灵敏度

触发灵敏度是指数字示波器能够触发同步而稳定显示的最小信号幅度。对有输入衰减

器的垂直通道来说,以屏幕上显示的格数表示;对没有输入衰减器的外触发输入通道,常以信号电压峰值表示。由于受触发通道的频率特性限制,在不同的频段有不同的触发灵敏度指标。

8)触发晃动

触发晃动是指数字示波器在测量信号时,所显示的波形沿水平轴抖动时间的峰—峰值,表明示波器触发同步的良好程度,以时间量表示。为了校验触发晃动,必须加入快沿脉冲,即将示波器的扫速设置到最快挡,在无限长余辉方式下使波形水平抖动的情况积累一定的时间,然后用 ΔT 光标测量快沿与水平中心刻度线相交处的摆幅,即为示波器的触发晃动。

数字存储示波器还有很多指标,如输入阻抗、共模抑制比、通道隔离度和瞬态响应等,这里不再一一介绍。

3.5 示波器的应用

3.5.1 示波器的基本测量方法

1. 电压测量

1)直接测量法

直接测量法是直接从示波器屏幕上量出被测电压波形的高度,然后换算成电压值。

若已知 Y 通道的偏转灵敏度,则可求得被测电压值,即

$$U_{p-p} = D_Y h \tag{3-16}$$

式中,U_{p-p} 为被测电压峰—峰值或任意两点间电压值,单位为 V;D_Y 为偏转灵敏度,单位为 V/cm;h 为被测电压波形峰—峰高度或任意两点间高度,单位为 cm。

例 3-1 已知示波器的 Y 通道处于"校正"位置,灵敏度开关置于 0.2 V/cm 处。由 Y 输入端直接输入信号,在荧光屏上显示波形,如图 3-27 所示,求由 4 个脉冲组成的脉冲列中幅度的最大差值。

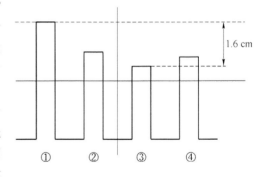

图 3-27 示波器显示的脉冲波形图

解:图 3-27 表明,脉冲幅度的最大差值为脉冲①与脉冲③的差值,这两点在示波器荧光屏上的距离 h 为 1.6 cm。由于 Y 放大器微调处于校正位置,并为直接输入,因此可利用式(3-16)得到幅度的最大差值:

$$U_{p-p} = D_Y h = 1.6\ \text{cm} \times 0.2\ \text{V/cm} = 0.32\ \text{V}$$

2)比较测量法

比较测量法是指用已知电压(一般为峰—峰值)的信号波形与被测信号电压波形比较,并算出测量值。图 3-28 为比较测量法的框图。

比较信号发生器产生频率为 1 kHz 的方波,并提供如图 3-28 所示的 0.05～50 V 的 7 种电压(U_{p-p})值的比较信号。利用 Y 输入选择开关 K 可将比较信号加到 Y 通道输入端,以进行比较。

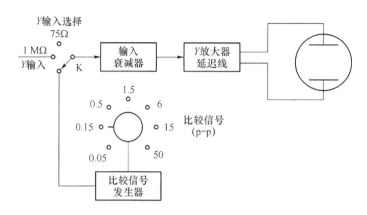

图 3-28 示波器的比较法测量电压框图

进行测量时,首先将选择开关 K 置于"1 MΩ"位置(被测信号接入 Y 通道,输入阻抗为 1 MΩ),将输入衰减和垂直增幅旋钮调至合适位置,从屏幕上得到高度合适的波形(使峰—峰高度不超过 6 格,以保证 Y 通道良好线性),设为 h_1,然后将选择开关置于"比较信号"位置,保持输入衰减和垂直增幅不变,旋动比较信号电位器,使屏幕上得到与 h_1 高度差不多的方波,设其高度为 h_2,则被测电压峰—峰值等于 $(h_1/h_2)U_{p-p}$。

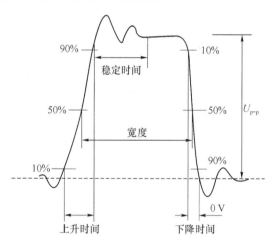

图 3-29 实际数字时钟信号波形图

比较测量法的测量误差主要取决于比较信号电压准确度和确定 h_1、h_2 时产生的误差,而与衰减器(当两次测量不变时)和放大器的电压增益无关,因此测量误差比直接测量要小。

2. 时间的测量

目前,示波器是测量数字时钟信号和脉冲时间参数的主要工具。图 3-29 为一个典型的数字时钟信号波形,实际是一个脉冲信号波形。用示波器直接测量法可测量时间。

当进行线性扫描时,示波管荧光屏的水平轴就是时间轴。若扫描电压线性变化的速率和 X 放大器的电压增益固定,那么扫描速度也为定值。与电压测量法一样,被测时间 t_X 可由下式求得

$$t_X = S_s X \tag{3-17}$$

式中,S_s 为示波器扫描速度,单位为 s/cm、ms/cm 或 μs/cm;X 为被测时间所对应的光迹在水平方向的距离。

在用直接法测量时间时,扫描速度微调应放在校正位置,并调节扫描速度开关,选择恰当的扫描速度,使被测时间所对应的光迹长度适中。

直接测量法的测量准确度取决于示波管的分辨率、扫描电压的线性程度和 X 放大器的增益稳定性。同样,为了提高测量准确度,需借助于校准放大器的增益来实现对扫描速度的校准。

3. 相位的测量

1）线性扫描法

线性扫描法是利用双踪示波器的多波形显示功能测量信号间的相位差。线性扫描下的图形如图 3-30 所示。从示波器可观测到两信号之间的相位差：

$$\theta = \frac{X_1}{X} \times 360°\qquad(3-18)$$

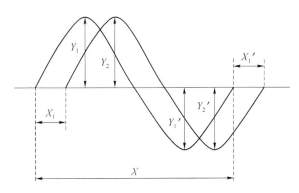

图 3-30　利用双踪示波器直接比较相位

在用该法测相位差时，只能用其中一个波形去触发各路信号，不能用多个信号去触发，以便提供统一的参考点进行比较。

用线性扫描法测相位差时应注意以下几个方面：

a）每个波形前半周期与后半周期的交界点要准确地与横轴重合，做到 $y_1 = y_1'$，$y_2 = y_2'$；

b）适当增大信号幅度，使信号与横轴的交界点易于确认；

c）考虑到扫描可能产生的非线性，可取 x_1 与 x_1' 的平均值作为 x_1 代入式(3-18)。

虽然可以采用一些措施减小误差，但由于光迹的聚焦不可能非常细，读数时会有一定误差，因此这种方法的测量准确度不高。

2）李沙育图形法

把两个相位不同的正弦波分别加在示波器的 X、Y 偏转板上，可以得到不同的李沙育图形。根据这一原理就可以测量出波形之间的相位差。

设正弦信号

$$u_X = U_{xm}\sin(\omega t + \theta)$$

$$u_Y = U_{ym}\sin \omega t$$

把它们分别加至示波器的偏转板，调整 X 位移和 Y 位移，使椭圆的中心与荧光屏坐标原点对正（使椭圆与坐标轴的上、下截距和左、右截距分别相等）。图 3-31 为加到 X 偏转板上的电压波形与李沙育图形，经观测可得

$$\sin\theta = \frac{X_0}{X_m} = \frac{2X_0}{2X_m}$$

$$\theta = \sin^{-1}\frac{2x_0}{2x_m}\qquad(3-19)$$

式中，$2X_0$ 为椭圆与横轴相截的距离；$2X_m$ 为荧光屏上 X 方向的最大偏转距离。

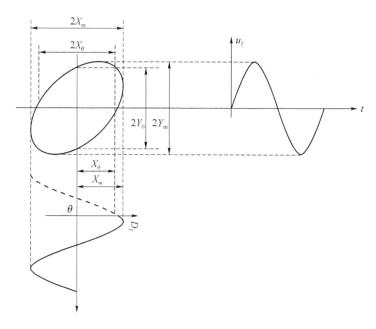

图 3-31　用李沙育图形测相位差

可以证明,当 u_Y 超前 u_X 的相位为 θ 时,其关系式为

$$\theta = \sin^{-1} \frac{2Y_0}{2Y_m} \tag{3-20}$$

式中,$2Y_0$ 为椭圆与纵轴相截的距离,$2Y_m$ 为 Y 方向的最大偏转距离。

当两个同频正弦信号 X、Y 方向最大偏转距离相同时,不同相位差下的典型李沙育图形如图 3-32 所示。若 X、Y 最大偏转距离不同,图形将略有变化,但依然满足式(3-20)。例如,当 θ 为 0° 时,直线与横轴夹角不再为 45°;当 θ 为 90° 时图形由圆变为正椭圆。

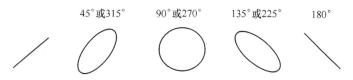

图 3-32　几种不同相位差的典型李沙育图形

3.5.2　示波器的正确使用

1. 根据被测波形选择合适的示波器

1)正确选择示波器频带宽度

选择示波器首先要考虑示波器的频带宽度指标。有的示波器给出的是频带宽度指标,有的则给出高端频率指标,由于示波器的低端频率远小于高端频率,所以可以认为它们近似相等。示波器的频带相对于被测信号的频率要足够宽,特别是测量脉冲信号时,由于脉冲信号具有丰富的谐波成分,如果观测脉冲信号的示波器通带不够宽,将会造成失真。通常,为了使信号的高频成分基本不衰减地显示,示波器的带宽应为被测信号中最高频率的 3 倍左右。

信号显示的上升时间也与通带宽度有关,要求显示的波形越陡,示波器的高端频率应该越高。若示波器的高端频率为 f_h(亦可表示为 f_{3dB}),则输入阶跃信号时,显示的信号会有一定的边沿 t_R,它与 f_h 的关系可按下式估计:

$$t_R = \frac{2.2}{2\pi f_h} \approx \frac{1}{3 f_h} \tag{3-21}$$

式中,f_h 的单位为 MHz,t_R 的单位为 μs。

在用示波器定量测试信号的边沿时,设被测信号的实际边沿为 t_r,示波器对阶跃信号产生的上升时间为 t_R,若 $t_r \gg t_R$,则示波器的影响可忽略不计。否则,被测信号的实际上升时间 t_r 需按下式求得

$$t_r = \sqrt{t_r'^2 - t_R^2} \tag{3-22}$$

式中,t_r' 为由示波器测得的信号上升时间。

2)观测不同波形时的其他要求

a)对于微小信号要选择 Y 通道灵敏的示波器;

b)当观测窄脉冲或高频信号时,示波器的通带要宽,且有较高的扫描速度;

c)观测缓慢变化的信号要求示波器能低速扫描,并具有长余辉或记忆存储功能;

d)观测两个独立信号可选双线示波器,观测多路相关信号可选多踪示波器;

e)观测信号时若需要仔细观测其局部,可选用双扫描示波器;

f)若需将被测信号保留一定时间,应选用记忆存储示波器。

2. 正确合理地使用探头

探头是示波器与被测信号连接的媒介。示波器常用的探头除了有 1∶1 探头,还有低电容分压探头、有源射极输出器探头、差分探头和高压分压探头等。

1)低电容分压探头

图 3-33 为低电容分压探头的等效电路。R_i 和 C_i 为包括引线电缆和示波器输入端在内的阻抗,$R_1 C$ 与 $R_i C_i$ 构成具有高频补偿型的阻容分压器。当 $R(C_1 + C_2) = R_i C_i$ 时,满足最佳补偿条件,分压比等于 $(R_1 + R_i)∶R_i$,且与频率无关。

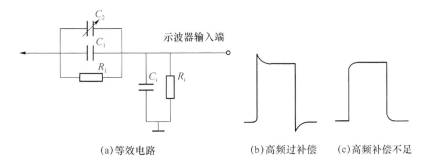

(a)等效电路　　　　　(b)高频过补偿　　(c)高频补偿不足

图 3-33　低电容分压探头的等效电路及其补偿效果图

设示波器的输入电阻 $R_i = 1$ MΩ。以 10∶1 探头为例,需满足 $(R_1 + R_i)∶R_i = 10∶1$,则从探头的输入端向示波器看进去的等效输入电阻为 $(R_1 + R_i) = 10$ MΩ。由此易得 $R_1 = 9R_i$,代入式 $R(C_1 + C_2) = R_i C_i$,可得到示波器的输入电容 $C_i = 9(C_1 + C_2)$。易得从探头向示波器方向看进去的等效电容为 $(C_1 + C_2)$ 与 C_i 的串联,从而可以算出此电容为 $(1/10) \times C_i$,

比示波器的输入电容小了 10 倍,因此该探头被称为低电容分压探头,分压比一般为 10∶1 或 100∶1。

为了改善频率特性,满足最佳补偿条件,可调整图 3-33(a)中可变电容 C_2 的容量。若示波器屏幕出现如图 3-33(b)或(c)所示的波形,则说明高频过补偿或补偿不足。此时应调节 C_2,直至出现较标准的方波。

2)有源探头

低电容分压探头通过提高包含探头在内的示波器输入电阻,减小输入电容来改善示波器的输入特性。但由于其中的分压器会使有用信号受到衰减,降低了示波器的灵敏度。为了提高仪器灵敏度,多选用有源探头。有源探头需要外接电源供电,频率特性好,射极输出器增益接近于 1,基本上不损失灵敏度。

3)差分探头

当被测电路浮置,两端没有接地点时,通常采用差分探头。这种探头通常提供一对差分输入端子和一个接地线,其中的差分电路多为场效应管构成的有源单元。这种探头保留了上述探头高输入阻抗、低输入电容的特点,同时具有良好的共模抑制比,提高了抗共模干扰能力。

4)高压分压探头

示波器的另一个常用指标是最大允许输入电压,即输入的交直流电压的峰值,一般为几十伏至几百伏。若超过该允许值,将会造成示波器的损坏。测量高压时,如电力系统的某些电压,需要用高压分压探头。这种探头主要由电阻分压器构成,结构牢固、绝缘良好、性能安全,通常可测量数千伏的电压,但频率特性差,一般的电压测量中不建议使用。

3. 测试操作的注意事项

示波器应定期送计量部门检定,定期在实验室进行校准,以保证其准确可靠。此外,在测试操作中还应注意以下几个方面:

1)用光点聚焦而不要用扫描线聚焦,因为后者不能保证电子束在 X、Y 方向都能很好地聚拢。

2)在观测随时间变化的信号时,X 输入端不接信号,通过调节稳定度旋钮使 X 通道处于扫描状态。在用示波器作 X、Y 图示仪时,应从 X 输入端输入信号。

3)在使用示波器时,要充分利用示波器的"灵敏度""扫描速度""衰减探头""增益微调"及"倍乘""扩展"等开关或旋钮,使波形大小适中。既要充分利用荧光屏的有效面积,又不因波形过大产生失真。

4)在用到示波器的"灵敏度"和"扫描速度"开关作定量测量时,要先用标准信号对这些量程开关进行校准。在测量中,灵敏度和扫描速度"微调"旋钮应放在校准位置。"倍乘"或"扩展"开关放"×1"时,计算测量结果不需换算。若为"×5",则波形被扩大了 5 倍,需要换算。如果信号是经过衰减探头接入示波器的,它的幅度测量应该乘上衰减倍数。

5)要善于调整出清晰而稳定的波形,这往往需要反复调整触发扫描电路中的"稳定度""扫描微调""电平"和"极性"旋钮,使扫描信号和被测信号稳定同步,并使扫描信号在对应波形恰当的位置开始扫描。

6)在观测占空比较小的脉冲信号时,要注意使用触发扫描。为了提高触发灵敏度,可调节"稳定度"旋钮,把它从触发扫描调向连续扫描,直到屏幕上刚刚出现一条扫描线,即刚进入连续扫描位置,再反方向向触发扫描方向旋3°～5°。这时有较高的触发灵敏度。再配合调节"电平"和"极性"旋钮,通常能得到稳定的波形。当信号幅度较低时,用上述方法调触发灵敏度往往效果明显。

7)示波器的荧光屏上的光点不要长期停留在一点,辉度也不要过亮,特别是暂时不观测波形时,更应该将辉度调暗。

3.6 Keysight InfiniiVision 3000T X 系列 示波器的性能及应用

3.6.1 概述

一直以来,示波器都是一种应用广泛的电子测量仪器。随着现代数字技术、制造工艺、元器件性能的发展,示波器正以惊人的速度朝着数字化、智能化的方向飞跃,新型产品层出不穷。如今,模拟示波器早已退出历史舞台,数字示波器的综合性能更加优良,界面更加友好,附加逻辑分析功能的混合信号示波器也进入市场,拓宽了示波器的功能和应用范围。在本节中,我们以 Keysight(是德科技)InfiniiVision 3000T X 系列的两款示波器为例,简要介绍现代示波器的性能及应用。

3.6.2 DSOX3104T 数字存储示波器

DSOX3104T 数字存储示波器为是德科技的一款 4 通道数字示波器,带宽、采样率、存储深度和波形更新速率参数优良。同时,该示波器支持触摸操作和文档记录,支持测量功能的硬件和软件拓展,可随时添加数字通道,拥有可升级特性和仪器集成功能,方便用户操作。图 3-34、图 3-35 为示波器面板图。

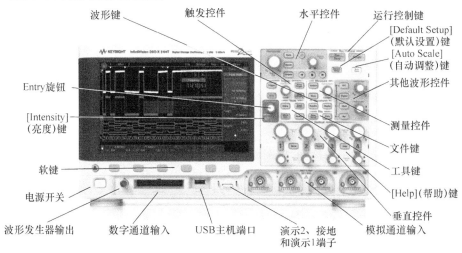

图 3-34 Keysight DSOX3104T 数字存储示波器前面板

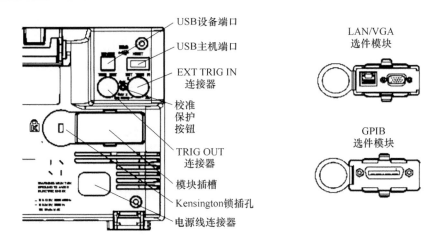

图 3-35　Keysight DSOX3104T 数字存储示波器后面板

1. 技术指标

表 3-1　DSOX3104T 数字存储示波器的技术指标

基本参数	技术指标	基本参数	技术指标
带宽	1 GHz	内置仪器(可选)	数字通道
带宽升级	无		3 位 DVM
通道数	4		8 位计数器
最大存储器深度	4 Mpts		20 MHz AWG
最大采样率	5 GSa/s	特定触发	区域触摸触发
波形更新速率	1 000 000 wfms/s	协议触发和解码	可选
A DC 位数	8 位	操作系统	嵌入式
显示屏尺寸	8.5 英寸电容触控	实时	是

2. 功能及基本操作

1)功能特点

自动定标功能可将示波器自动配置为对输入信号显示最佳效果。

提供带宽升级;交错 4 Mpts 或非交错 2 Mpts MegaZoom IV 存储器,在不影响性能的情况下实现最快速的波形更新率。

触发类型多样,还可进行串行解码/触发。

专用[FFT]键和 FFT 波形数学函数可以选择两个额外波形数学函数;参考波形位置可用于比较其他通道或数学波形;有许可权限的单通道内置波形发生器可用于生成众多波形。

众多内置测量和测量统计数据可供显示。

可升级特性支持扩展测量功能,随时添加数字通道、20 MHz 任意波形发生器、3 位电压表、串行触发和分析与模板测试。

可选 LAN/VGA 模块以连接到网络并在其他监视器上显示屏幕。GPIB 模块可选。

利用 USB 端口可方便地打印、保存和共享数据。

2)基本操作

a)打开电源开关

开关位于前面板的左下角。示波器将执行自检,在几秒钟后就可以工作。

b)连接探头并补偿示波器的无源探头

将示波器探头连接到示波器通道 BNC 连接器,将探头端部上可收回的尖钩连接到所要测量的电路点或被测设备,确保将探头接地导线连接至电路的接地点。

必须在每个通道补偿每个示波器的无源探头,以便与它所连接的示波器通道的输入特征匹配。一个补偿有欠缺的探头可能会导致明显的测量误差。补偿步骤如下:

①输入探头补偿信号(演示 2 端子),接地导线连至接地端子(演示 2 旁边);

②按下面板上[Default Setup]默认设置调用默认示波器设置;

③按下〔Auto Scale〕自动设置以自动配置示波器,便于捕获探头补偿信号;

④按下探头所连接的通道键([1]、[2] 等);

⑤在"通道菜单"中,按下"探头"软键;

⑥在"通道探头菜单"中,按下"探头检查"软键,然后按照屏幕上的说明操作。

如果需要,使用非金属工具(探头附带)调整探头上的微调电容器,以获得尽可能平的脉冲。

注意,必须补偿每个示波器的无源探头,以便与它所连接的示波器通道的输入特征匹配。一个补偿有欠缺的探头可能会导致明显的测量误差。

c)使用自动定标

按下[Auto Scale]自动定标。示波器显示屏上应显示类似图 3-36 所示的波形。

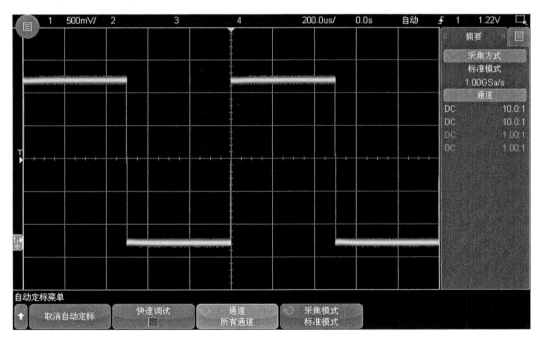

图 3-36 自动定标参考波形

如果要使示波器返回到以前的设置,可按下取消自动定标。

如果要启用"快速调试"自动定标,更改自动定标的通道,或在自动定标期间保留采集模式,可按下快速调试、通道或采集模式。

如果可看到波形,但方波形状与图 3-36 所示的波形不同,应补偿无源探头;如果看不到波形,应确保已将探头牢固地连接到前面板通道输入 BNC 以及左侧演示 2,探头补偿端子。

d)参数自动测量

按下[Meas]测量键以显示"测量菜单",如图 3-37 所示。

图 3-37 "测量菜单"栏

按下源软键,选择待测的通道、正在运行的数学函数或参考波形。注意只有显示的通道、数学函数或参考波形可进行测量。

按下测量类型软键,然后旋转输入旋钮以选择要进行的测量,如图 3-38 所示。

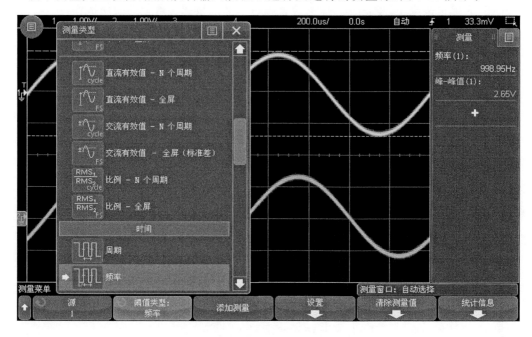

图 3-38 测量界面

关闭测量,可再次按下[Meas]测量键;停止一项或多项测量,可按下清除测量软键,选择要清除的测量,或按下全部清除软键。清除了所有测量后,如果再次按下[Meas]键进行测量,则默认待测参数是频率和峰-峰值。

3.6.3 MSOX3104T 混合信号示波器

混合信号示波器(MSO)是十几年前由惠普/安捷伦科技公司首次推出的。它是一种综合测试仪器,具有示波器的可用性、逻辑分析仪的测量能力以及某些串行协议分析功能。在 MSO 的显示器上,可以查看各种按时间排列的模拟波形和数字波形。

MSO 是针对当前技术中流行的嵌入混合信号系统创建的。例如,汽车电子系统通常都有数字控制的模拟马达控制器和传感器,过去,人们通常选择传统示波器来分析这类系统,但示波器往往没有足够的触发能力和输入通道,而混合信号示波器可以解决这一问题。

图 3-39 为 MSOX3104T 混合信号示波器的正面示意图,与数字存储示波器类似。

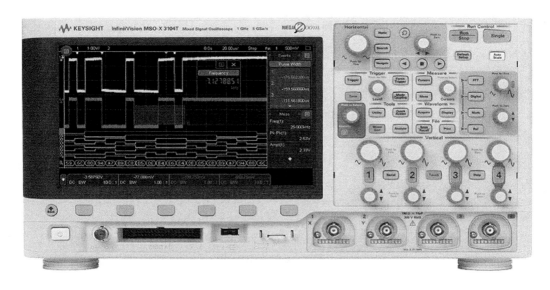

图 3-39 Keysight MSOX3104T 混合信号示波器

1. 技术指标

表 3-2 MSOX3104T 的技术指标

基本参数	技术指标	基本参数	技术指标
带宽	1 GHz	内置仪器(可选)	3 位 DVM
带宽升级	无		8 位计数器
通道数	4+16		20 MHz AWG
最大存储器深度	4 Mpts		
最大采样率	5 GSa/s	特定触发	区域触摸触发
波形更新速率	无		
A DC 位数	8 位	协议触发和解码	可选
显示屏尺寸	8.5 英寸电容触控	操作系统	嵌入式

2. 功能及基本操作

1)功能特点

与 DSOX3104T 数字存储示波器基本类似,为"4 模拟通道+16 数字通道"混合信号示波器。允许同时使用模拟信号和数字信号调试混合信号设计。不提供带宽升级功能。非实时采样,只能观测出触发点后的图形。

2)基本操作

与 DSOX3104T 数字存储示波器基本类似。

两款示波器的其他功能及操作请登录安捷伦官网查看。

本 章 小 结

示波器是一种最常用的时域测量仪器,可在荧光屏上显示待测信号随时间的变化规律,也可直观显示两个非电信号量之间的关系。

示波器的核心元件是示波管,在扫描电压下,电子束偏转使电子打到荧光屏上,即可显示信号电压的波形。为了在荧光屏上观测到清晰而稳定的波形,必须使垂直信号电压与水平扫描电压同步。

示波器按技术原理可分为模拟示波器和数字示波器,前者是后者的基础。模拟示波器也叫通用示波器,主要由示波管、Y 通道和 X 通道组成,每部分还有各自的复杂结构。通用示波器的外部输入部件——探头也十分重要,便于直接在被测源上探测信号并通过提高示波器的输入阻抗展宽示波器的实际使用频带。普通示波器只能显示一个波形,当需要同时显示多个波形时,我们要用到多线显示和多踪显示技术,由此产生了多线示波器和多踪示波器。相较通用示波器,数字示波器增加了存储功能,通过数模和模数转换进行数字存储和模拟输出,应用微处理器,实现了智能化,弥补了通用示波器的缺点并逐渐取而代之。

传统示波器主要测量电压、时间和相位等物理量,在相位测量中常用李沙育图形法。现今,示波器仍在时域分析中起着重要作用,而且随着数字技术的推进得到发展,性能更加优良,测量范围更加广泛。本章介绍了两款现代示波器的基本功能及操作方法,旨在让读者简要了解示波器的发展方向,并提高读者的实际操作能力。

第4章 时间频率测量

4.1 概 述

4.1.1 无线电频率

无线电波的频率 f、波长 λ 和速度 v 之间的关系如下：

$$v = f\lambda \text{ 或 } f = \frac{v}{\lambda} \tag{4-1}$$

式中，f 为频率(单位为 Hz)；λ 为波长(单位为 m)；v 为光速(3×10^8 m/s)。

若频率 f 的单位为赫兹(Hz)，周期 T 的单位为秒(s)，则它们之间存在下列关系：

$$f = \frac{1}{T} \tag{4-2}$$

4.1.2 时间与频率的关系

1. 频率的定义

频率为 f 的信号是指在 1 秒内该信号经历了 f 个周期，周期 $T=1/f$ 或 $f \cdot T=1$。若已知信号经历了 G 个周期，则可知时间经历了 G/f 秒。

2. 时间和频率的关系

1）振荡器的输出信号可表示为

$$u(t) = [U_0 + v(t)]\sin[2\pi f_0 t + \varphi(t)] \tag{4-3}$$

式中，U_0 为标称振幅；f_0 为标称频率；$v(t)$ 为振幅偏差；$\varphi(t)$ 为相位偏差。

2）信号的瞬时相位、瞬时角频率和瞬时频率分别为

$$\dot\phi(t) = 2\pi f_0 t + \dot\varphi(t) \tag{4-4}$$

$$\omega(t) = 2\pi f(t) = \dot\phi(t) = 2\pi f_0 + \dot\varphi(t) \tag{4-5}$$

$$f(t) = f_0 + \frac{\dot\varphi(t)}{2\pi} = f_0 + \delta f(t) = f_0\left[1 + \frac{\delta f(t)}{f_0}\right] = f_0[1 + y(t)] \tag{4-6}$$

3）对频标而言，一般满足 $U(t) + U_0$，式中的瞬时频率偏差 $\delta f(t)$ 和瞬时相对频率偏差 $y(t)$ 分别为

$$\delta f(t) = \frac{\dot\varphi(t)}{2\pi f_0} = f(t) - f_0 = f_0 y(t) \tag{4-7}$$

$$y(t) = \frac{\delta f(t)}{f_0} = \frac{f(t) - f_0}{f_0} \tag{4-8}$$

4.2 电子计数器的测量方法

4.2.1 频率和周期的测量方法

1. 频率测量方法

频率测量是通过在标准时间(时基)内对被测信号频率进行计数来完成的,测量频率的原理如图4-1所示。

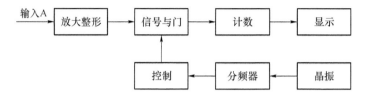

图4-1 测量频率的原理框图

被测信号通过输入通道(称为A通道)进行放大整形,使其对信号进行计数,标准时间是由高稳定晶振经过多级分频后获得的,再经时基选通门选择后,触发门控双稳态,由它输出门信号,该信号称为闸门信号。将闸门信号和放大整形后的被测信号一起加到"信号与门"即主门使其输出计数脉冲给计数器直接计数。

被测频率

$$f_x = \frac{n}{T_g} \tag{4-9}$$

式中,n 为十进制计数器的读数,T_g 为闸门时间。

2. 周期测量方法

周期是信号振荡一周的时间,是频率的倒数,计数器测周期的原理框如图4-2所示。

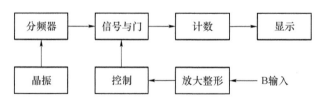

图4-2 周期测量原理框图

被测信号经B通道放大整形后,触发门控双稳态产生门信号去打开"信号与门",同时,将晶振的标准信号(晶振频率一般为10 MHz、5 MHz)经分频或倍频后,产生时标信号,通过信号与门,至计数器计数。

被测周期

$$T_x = nT_0 \tag{4-10}$$

式中,n 为计数器读数;T_0 为时标信号的周期。

测量一个周期时,受测量精度限制,为了提高测量精度,常采用多周期测量,即周期倍乘法。周期倍乘的基本原理是将被测周期信号经放大整形后,进行 N 次十进制分频,用分频后的信号再去触发门控双稳态,这样门信号比原来被测信号的周期扩大了 10^N 倍。

被测周期

$$T_N = \frac{nT_0}{N} \tag{4-11}$$

式中,N 为周期倍乘数。

多周期测量法广泛应用于高精度测量,而后又产生了多周期同步计数法。

3. 时间间隔测量方法

通用计数器的时间间隔测量通常分为单路输入和双路输入。单路输入是测量信号的时间,相当于测周期测单个周期而不经周期倍乘。双路输入测量,才是时间间隔的测量方法。

在通用计数器里作为双路测量时,被测信号和参考信号分别至 B 输入(起动)和 C 输入(停止),同时进行放大、整形通过主控双稳态,产生一个门控信号,门控信号在起动信号和停止信号时间之间,在这时间间隔内由时标进行填充,再由计数器显示出时标信号的个数,这样就可以显示出被测信号与参考信号之间的时间间隔,如图 4-3 所示。

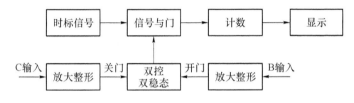

图 4-3 时间间隔测量基本原理图

时间间隔测:

$$T_x = nT_0 \tag{4-12}$$

式中,n 为计数器的读数;T_0 为时标信号周期。

通用计数器测量时间间隔波形图,如图 4-4 所示。

图 4-4 通用计数法测量时间间隔波形图

量化时钟频率为 f_0,对应的周期 $T_0 = 1/f_0$,在被测脉冲上升沿计数器输出计数脉冲个数 M、N,T_1、T_2 为被测脉冲上升沿与下一个量化时钟脉冲上升沿之间的时间间隔,则被测脉冲时间间隔 T_x 为

$$T_x = (N - M) \cdot T_0 + T_1 - T_2 \tag{4-13}$$

然而,电子计数法得到的是计数脉冲个数 M、N,因此其测量的脉冲时间间隔为

$$T'_x = (N - M) \cdot T_0 \tag{4-14}$$

比较式(4-13)和式(4-14)可得电子计数法的测量误差为 $\Delta T = T_1 - T_2$,其最大值为一个量化时钟周期 T_0,产生的原因是待测脉冲上升沿与量化时钟上升沿的不一致,该误差称为电子计数法的原理误差。除原理误差外,电子计数法还存在时标误差。

得到

$$\Delta T'_x = \Delta(N-M) \cdot T_0 + (N-M) \cdot \Delta T_0 \qquad (4\text{-}15)$$

由式(4-14)和式(4-15)可得

$$\frac{\Delta T'_x}{T'_x} = \frac{\Delta(N-M)}{(N-M)} + \frac{\Delta T_0}{T_0} \qquad (4\text{-}16)$$

根据电子计数法原理，$\Delta(N-M) = \pm 1$，$N-M = T'_x/T_0$，因此

$$\Delta T'_x = \pm T_0 + T'_x \cdot \Delta T_0/T_0 \qquad (4\text{-}17)$$

$T'_x \cdot \Delta T_0/T_0$ 即为时标误差，其产生的原因是量化时钟的稳定度 $\Delta T_0/T_0$，可以看出待测脉冲间隔 T_x 越大，量化时钟的稳定度导致的时标误差越大。

4.2.2　通用计数器测量频率和周期的主要误差

1. "±1"误差

"±1"误差是计数器的一种量化误差，通用计数器所测得的结果总是整数的，它不能测量末位数字以下的零头数，这是产生"±1"误差的根源，常称为末位误差。

该误差的根源是数字化仪器的基本测量方法，即在一定的标准时间内对脉冲进行计数。门控信号和被测信号之间的相位关系是不固定的，因此，数字式测量仪器不可避免地会产生末位误差，如图 4-5 所示。

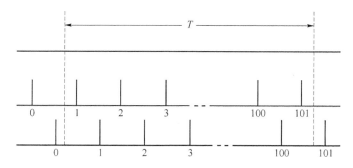

图 4-5　"±1"误差的示意图

例如，被测信号频率为 100.9 Hz，若闸门时间为 1 秒，测量结果可能是 100 Hz，也可能是 101 Hz。测量出 100 Hz 时，其误差为 −0.9 Hz；测量出 101 Hz 时，误差为 +1 Hz。

由上述数据看出，最大误差可达 ±1 Hz，这就是"±1"误差，测得的 100 Hz 或 101 Hz 是由于闸门信号与计数脉冲不同步而造成的。这种误差对于计数器来说，是一种固有误差。

为了减小测量低频时的误差，常用测周期的方法提高测量精度，即减小"±1"误差的影响。例如，上述被测频率为 100 Hz，则测频时"±1"误差的相对误差为 10^{-2}。若测周期，选用时标为 1 μs，采用周期倍乘即 10^4，则计数器显示为 100 000 000 μs，这时"±1"个数字的相对误差为 10^{-8}。但是，用测周期的方法测量高频信号，同样引入较大的误差。

若要提高测量精度，减小"±1"误差，可用多周期同步和模拟内插技术、平均技术等方法。

2. 时基误差

时基误差是由于晶体振荡器的标准频率不准确和不稳定引起的测量误差。例如，计数器内晶体振荡器的输出频率相对于标称值(如 5 MHz)存在误差，可能是不准，也可能不稳，

在频率测量中反映为闸门时间有误差，在测量周期或者时间间隔时反映为时标有误差。时基单元的误差基本上是晶体振荡器输出频率不准和不稳引起的误差。

为了减小时基误差，计数器里不仅配置高稳定度的晶体振荡器，还必须进行检测鉴定。

3. 触发误差

触发误差通常出现于周期和时间间隔测量中，因为在周期和时间间隔测量时，要用被测信号去触发"触发器"，然后变为计数器里的控制闸门的周期信号，由于噪声和触发电平抖动均会在触发器转换过程中引起误差，所以这种误差常称为触发误差。这种触发误差取决于输入信号沿的斜率、噪声幅度和触发电平抖动幅度等因素。

1）正弦波触发

若输入为正弦波时，噪声的存在会引起提前触发和推迟触发，使得测出的周期 τ_x 可以大到 τ_{max}，也可以小到 τ_{min}，从而出现了误差：

$$\Delta\tau = \tau_{max} - \tau_x = \tau_x - \tau_{min} = \frac{\tau_{max} - \tau_{min}}{2}$$

设被测信号电压为

$$u_X = A_x \sin 2\pi f_x t$$

式中，$f_x = \dfrac{1}{\tau_x}$ 为频率。

如果信号里存在噪声，其噪声信号的幅度为 A_n，则

$$\frac{A_n}{\Delta\tau/2} = \left(\frac{\mathrm{d}u_X}{\mathrm{d}t}\right)_\varphi = \left(\frac{2\pi A_x}{\tau_x}\right)\mathrm{con}\,\varphi$$

式中，φ 为触发电平所对应的信号相位；$\dfrac{\mathrm{d}u_X}{\mathrm{d}t}$ 为触发电平的曲线斜率。于是触发误差为

$$\frac{\Delta\tau}{\tau_x} = \frac{A_n}{\pi A_x \mathrm{con}\,\varphi} \tag{4-18}$$

当 $A_x \gg$ 触发电平，则 $\varphi \ll 1$，上式可简化为

$$\frac{\Delta\tau}{\tau_x} = \frac{A_n}{\pi A_x} \tag{4-19}$$

若输入信号的信噪比为 40 dB，即 $A_x/A_n = 100$，此时，引起的触发误差为 0.3%。

触发误差指标，常常作为通用计数器里一项重要指标，对于不同的输入信号的信噪比引起的触发误差，如图 4-6 所示。

图 4-6 表明，若要减小通用计数器的触发误差，主要是提高输入信号的信噪比。

上述分析表明，这种误差只出现在测量过程的始端和终端，因此，测量一个周期时，引起的误差较大，如果采用多周期测量方法，触发误差大为改善。在多周期测量里，选用周期倍乘，测量 N 个周期，相对误差为

$$\left(\frac{\Delta\tau}{\tau_x}\right)_N = \frac{A_n}{N\pi A_x} \tag{4-20}$$

引起触发误差的另一种因素是触发电平的抖动，也可以认为是一种机内的噪声，这种抖动同样使触发提前或推迟。采用上述分析的方法，同样导出相同的表达式，只不过将其中 A_n 换成触发电平抖动幅度 A_e（指触发器电平抖动折合到输入端的抖动幅度）。如果考虑到上述两种因素引起的总触发误差，在多周期测量时为

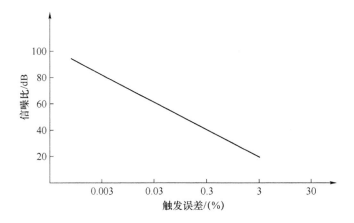

图 4-6　输入信号的信噪比与触发误差关系曲线

$$\left(\frac{\Delta\tau}{\tau_x}\right)_N = \frac{A_n + A_e}{N\pi A_x} \tag{4-21}$$

2）脉冲波触发

在时间间隔测量中，通常是脉冲波触发引起触发误差，分析如图 4-7 所示。

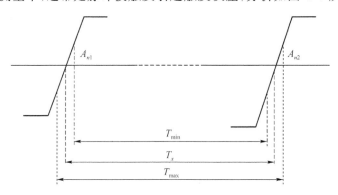

图 4-7　脉冲波触发时的触发误差分析图

由于启动通道和停止通道的触发电平可以是不相同的，其抖动幅度（记 A_{01} 和 A_{02}）也可以不相同，而启动信号和停止信号的噪声幅度（记 A_{n1} 和 A_{n2}）也可以不同。由图 4-7 可知：

$$\Delta T_x = T_{max} - T_x = T_x - T_{min} = \frac{\Delta T_1 - \Delta T_2}{2}$$

$$\Delta T_1 = \frac{2A_{n1}}{S_1} \quad \Delta T_2 = \frac{2A_{n2}}{S_2}$$

式中，S_1 和 S_2 分别为起动信号和停止信号沿触发电平处的斜率。

考虑到通道触发电平可能存在抖动即 A_{e1} 和 A_{e2}，则时间间隔测量的总触发误差为

$$\Delta T_x = \frac{A_{n1} + A_{e1}}{2} + \frac{A_{n2} + A_{e2}}{2} \tag{4-22}$$

4.2.3　测量频率的新方法

1. 多周期同步技术

用通用计数器来测量频率和周期时，都存在"±1"误差，使得测量低频信号频率时测频

精度很低。为了解决这个问题,可采用多周期同步测量方法,用这种测量技术,可以在全频段均实现同样的测量精度。

多周期同步计数器的测量原理如图 4-8 所示。

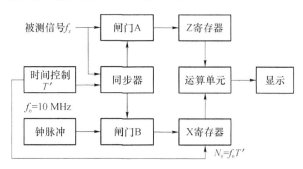

图 4-8 多周期同步测量原理

由图 4-8 可知,Z、X 两个寄存器在同一闸门时间 T 内分别对被测信号 f_x 和钟脉冲 f_y 计数,于是闸门 A 通过被测信号的周期数为:$X = f_x T$,而闸门 B 通过时钟脉冲的周期数为:$Y = f_y T$。将所计的数 $X = f_x T$ 和 $Y = f_y T$ 寄存下来,再通过运算电路算出 $X f_y = f_x$,而后显示出来。

通过对 f_y 进行分频产生控制脉冲,其特定时间 T' 秒,这里 T' 之值选得很接近开门周期 T,但略小于 T。这样,利用被测信号周期对 T' 同步,使同步电路的输出门控脉冲周期 T 准确地等于被测周期的整倍数。

例如,被测信号频率 $f_x = 114.159\,2$ Hz,在 1 秒时,已有 114 个输入被测信号通过,因为,闸门开放时间间隔正好等于输入被测信号的 115 个整周期($T = 1.007\,365$ 秒),这时,寄存器 A 寄存的数 $X = f_x T = 115$,而寄存器 B 寄存的数为 $Y = f_0 T$。由于同步控制即闸门与被测信号同步,$X = 115$ 是严格的,故不存在"±1"误差。该系统采用高稳定的时钟脉冲信号,其误差很小。这样,频率显示值 $f_x = (X/Y) f_y = 114.159\,2$ Hz。

由此表明,该法的测量精度基本上与被测输入频率 f_x 无关,无论是高频还是低频,都可以实现高精度的测量。目前,等精度计数器就是采用多周期同步技术。

2. 模拟内插法

1)模拟内插法的基本原理

通用计数器测量时间间隔 T_x 是利用累计 T_x 内的钟脉冲个数 N_0 的方法得到的,即 $T_x = N_0 \tau_0$,τ_0 为钟脉冲周期。通用计数器测时原理如图 4-9 所示。

图 4-9 表明,通用计数器在测量时间间隔时,造成测量误差的主要原因,是时间间隔 T 内的 T_1 未计入,而 T_2 也未算进去。这样测量的最大误差是一个钟周期 τ_0,若钟频为 10 MHz,则其误差为 0.1 μs。为了提高测量精度,可采用计算计数器来进行测量,该计数器是采用模拟内插技术,在测量时间间隔 T 时,不仅要累计 T 内的整周期的钟脉冲 N_0,还要测量 T_1 和 T_2。

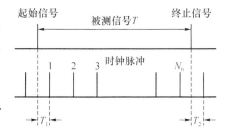

图 4-9 通用计数器测时原理

测量 T_1 和 T_2 的技术就是模拟内插技术。图 4-9 表明，T_1 或 T_2 最大值小于一个周期 τ_0，最小为零。对于最小为零的时间间隔 T_1 或 T_2 的直接测量是十分困难的。因此，必须对此作如下处理：

$$T_1' = T_1 + (1-2)\tau_0 \quad T_2' = T_2 + (1-2)\tau_0$$

也就是在 T_1 和 T_2 上加一个固定量 $(1-2)\tau_0$。如果取 $\tau_0 = 100$ ns 即 0.1 μs，那么，

$$T_1' = T_1 + (100-200) \text{ ns}$$

$$T_2' = T_2 + (100-200) \text{ ns}$$

这样对 T_1' 和 T_2' 测量就十分容易。但是这种内插方法解决不了提高测量精度的问题，而是以内插技术为基本出发点解决问题。具体办法是将 T_1' 和 T_2' 扩大 1 000 倍。扩大的方法是在 T_1' 和 T_2' 时间分别用一个 10 mA 恒流源各自对一个电容器进行充电，然后，以慢 1 000 倍的速率，即各自用一个 10 μA 的恒流源将其放电。因此，电容器放电到原始状态的时间为 $T_1'' = 1\,000T_1'$ 和 $T_2'' = 1\,000T_2'$。然后，计数 T_1'' 和 T_2'' 内的钟脉冲个数 N_1 和 N_2，便得到 $T_1 = \dfrac{N_1\tau_0}{1\,000}$ 和 $T_2 = \dfrac{N_2\tau_0}{1\,000}$。显然分辨率提高了 1 000 倍。

2）分析

在被测脉冲间隔 T_x 期间对电容进行充电，充电电流大小为 I_1；然后以一个小电流 $I_2 = I_1 / k$ 进行放电。此方法的优点是测量精度理论上非常高，可达皮秒量级；但由于电容充放电过程中，充放电时间之间的关系不是绝对线性的，存在非线性现象，其大小大致为测量范围的万分之一，这就限制了测量范围，或者说随着测量范围的增加，精度会降低；另外，电容充放电性能受温度的影响非常大，对测量系统的温度特性要求就非常苛刻，因此获得非常稳定的恒流源也是一个技术难题。

为了克服模拟法在大测量范围条件下测量精度低的问题，引入了模拟内插法，其测量原理如图 4-10 所示。

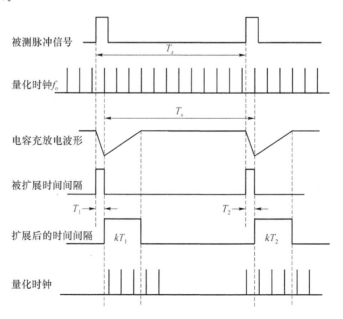

图 4-10 模拟内插法测量脉冲时间间隔原理图

模拟内插法要对三段时间进行测量，即 T_s、T_1 和 T_2，其中 $T_s = NT_0$，采用电子计数法得到，T_1 和 T_2 的测量是关键。模拟内插法的思路是对小于量化单位的时间零头 T_1 和 T_2 进行扩展，然后对扩展后的时间进行再次时钟计数。

T_1 和 T_2 的测量采用电容充放电技术，在 T_1 期间，采用恒流源 I_1 对电容 C 充电，T_1 结束以后采用恒流源 $I_2 = I_1/k$ 对电容放电，直到起始电平位置，然后保持此电平。由充放电电荷相等的原理可得

$$\frac{I_1 T_1}{C} = \frac{I_2 T_1'}{C} \tag{4-23}$$

进一步化简得到 $T_1' = kT_1$，即电容放电时间为充电时间的 k 倍，然后采用量化时钟对放电时间进行计时，得到计时脉冲的个数为 N_1，则可以得到 $T_1 = \dfrac{N_1 T_0}{k}$，同理得到 $T_2 = \dfrac{N_2 T_0}{k}$，结合 T_s 的大小得到

$$T_x = NT_0 + T_1 - T_2 = \left(N + \frac{N_1 - N_2}{k}\right)T_0 \tag{4-24}$$

该方法虽然在计算 T_1 和 T_2 时仍存在量化误差，但是其相对大小可以缩小 k 倍，假设 $k = 1\,000$，那么计数器的分辨率提高了三个数量级。例如，量化时钟的频率为 10 MHz，$k = 1\,000$，则电子计数器的分辨率不会超过 100 ns，采用模拟内插技术之后，其分辨率提高到 0.1 ns，相当于 10 GHz 量化时钟的分辨力。

模拟内插法的优点是理论测量精度高，但是这一技术实现的基础是对 T_1 和 T_2 的扩展，在较 T_1 和 T_2 长 k 倍的时间内，电容的充放电会带来较大的非线性，所以 k 值实际上也不可能太大，而且实际所实现的扩展倍数 k 的准确值也难以得到，采用模拟内插技术提高测时精度，实现起来会有很多局限性。模拟内插技术虽然对时钟频率要求不高，但是由于采用模拟电路，当被测信号的频率较高的情况下非常容易受到噪声的干扰，当要求连续测量时，电路反应速度也是一个大问题。

3) 模拟内插法的误差来源分析

a) 原理误差：在将模拟量 kT_1 转换成数字量 $N_1 T_0$ 的过程中产生的，其大小为 T_0/k，该误差是测量原理误差，无法克服。

b) 时间扩展的非线性（主要误差来源）：由于时间扩展采用的都是模拟器件，因此本身存在不可预测的误差，可以采用高精度电容来减小非线性误差。

c) 随机误差：如触发误差。

d) 时钟的稳定度带来的误差。

采用模拟内插原理制成的计数器产品的主要代表是 HP 公司的 HP5360A 型计数器，该计数器的电容放电时间比充电时间长 1 000 倍，即 $k = 1\,000$，计数器的时钟频率为 10 MHz，其分辨率已经达到了 0.1 ns。

3. 数字游标内插法

1) 数字游标内插法的基本工作原理

游标法的测量思路也是针对电子计数法中的 T_1 和 T_2，其测量原理与游标卡尺测量长度的原理相同。游标法也因其工作原理类似于游标卡尺而得名，分辨率相当高。游标法的基本配置是一个游标转换器和两个频率非常接近的可启动振荡器，主时钟频率 f_{01} 和游标时钟 f_{02}。设定 $f_{01} > f_{02}$，且非常接近，时钟周期差值 $\Delta T_0 = T_{02} - T_{01}$ 很小，两个游标振荡器分

别在被测信号 START 和 STOP 的边沿被激活,两个计数器开始分别计数。当信号边沿符合电路检测到两个振荡器的输出信号边沿一致时,测量完成。

数字游标内插原理图和波形图,如图 4-11 和图 4-12 所示。

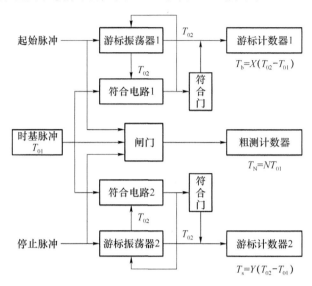

图 4-11　数字游标内插原理图

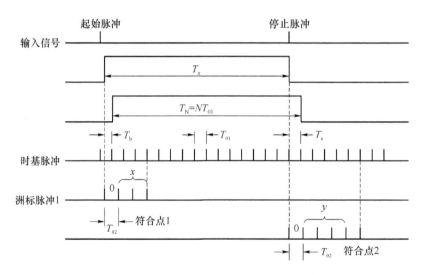

图 4-12　波形图

此时两个计数器中的计数值分别为 N_1 和 N_2。

$$\begin{cases} T_1 = N_1 \Delta T_0 \\ T_2 = N_2 \Delta T_0 \end{cases} \tag{4-25}$$

定义扩展系数:

$$K = \frac{T_{01}}{\Delta T_0} = \frac{T_{01}}{T_{02} - T_{01}} \tag{4-26}$$

则

$$T_x = (N_0 K + N_1 - N_2)\frac{T_{01}}{K} \tag{4-27}$$

式中, N_0 为主计数器的计数值; $K = \dfrac{T_{01}}{T_{02} - T_{01}}$ 为扩展系数; N_1 为测量 T_1 用的游标计数器 1 的计数值, N_2 为测量 T_2 用的游标计数器 2 计数值; T_{01} 为主时钟周期, T_{02} 为游标时钟周期。

假设: $T_{01} = 10$ ns, $T_{02} = 10.1$ ns, 则 $K = \dfrac{T_{01}}{T_{02} - T_{01}} = \dfrac{10}{0.1} = 100$, 则游标计数器的测时分辨力为 0.1 ns。游标法的测量精度与振荡器的准确度和稳定度有关, 这本身具有很高的难度, 对于比较长时间间隔的测量来说, 更是如此。

2)游标内差法的关键技术

a)稳定的触发锁相振荡器: 触发锁相振荡器是游标法的重要部件, 游标法对时钟频率的稳定度 f_{01} 和 f_{02} 要求极高, 尤其是触发游标振荡器的稳定性。例如, 在 HP5370A 中, 内差倍数为 256, 要求定时误差小于一个周期的 1/256, 或者在变动的环境条件下有 0.001 5% 的绝对稳定性。

b)防止频率牵引: 当分辨力很高时, f_{01} 和 f_{02} 非常接近, 因此两个时钟电路必须进行严格屏蔽, 否则, 可能因为频率牵引而不能正常工作。

c)提高符合电路的工作速度: 要实现高精度、高分辨率的测量, 符合电路的工作速度也应该很高, HP5370A 在游标和主钟之间的检测必须具有优于 20 ps 的定时鉴别能力。

由于存在上述关键技术, 目前, 采用游标内插法原理制作成功的计数器的代表产品是 HP 公司的 HP5370A 型时间间隔计数器, 在这个计数器中, 相邻两个脉冲分别控制两个触发锁相振荡器, 目前, 该计数器已经获得了 20 ps 的分辨力。

4. 延迟线内插法

国外将这种测量方法称为 TDC(Time-to-Digital Converter)方法, 并且进行了大量的研究, 该方法与模拟内插法一样, 是对 T_1 和 T_2 进行再次测量。当脉冲信号到达时启动延迟线, 延迟线的延迟时间为 τ_1、τ_2, 当时钟信号到来时, 输出延迟单元的数目 N_1, 则可以得到 $T_1 = N_1 \tau_1$, 采用同样的方法能够得到 $T_2 = N_2 \tau_2$。TDC 方法得到脉冲时间间隔为

$$\begin{aligned} T_x &= N T_0 + T_1 - T_2 \\ &= N T_0 + N_1 \tau_1 - N_2 \tau_2 \end{aligned} \tag{4-28}$$

延迟线内插法的测量原理如图 4-13 所示。延迟线方法的突出优点是结构简单, 可实现单片集成, 在单片 FPGA 上实现; 缺点是测量精度受限于 LSB(为百皮秒量级)。其误差来源主要包括以下四个方面:

1)量化误差。即一个延迟单元的时间, 减少量化误差带来的是延迟单元的增加, 设备量的庞大。

2)延迟线集成非线性。由于在集成过程中不可能做到各个延迟单元完全一致, 导致各个延迟单元的延迟时间不相等, 对外表现为非线性效应, 矫正的方法有平均法、矢量法等。

3)随机变化。其由延迟单元的自身温度和供电电压变化引起。

4)时间抖动。其包括时钟的抖动和延迟单元信号触发开关的时间抖动。

基于 TDC 方法, 给出了一种测量范围在 0~43 s, 测量分辨力为 200 ps 的内插时间间隔计数器。该计数器在一片 FPGA 上实现, 计数器包含两个 6 bit 的时间-数字转换器(TDC), 主计数器的时钟频率为 100 MHz, 因此 TDC 的量化误差 LSB 大约为 200 ps, 该计数器还能够用于频率测量。该计数器还采用了计算机软件对 TDC 的非线性误差进行校

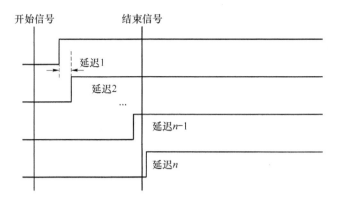

图 4-13　延迟线内插法测量脉冲时间间隔原理图

正,使得计数器的测量精度提高到 0.65 LSB(LSB 为百皮秒量级)。图 4-14 为该计数器的原理结构简图。

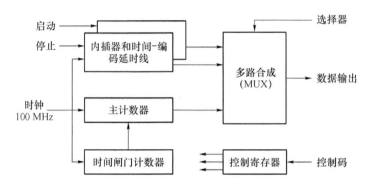

图 4-14　基于 TDC 方法研制成功的某时间间隔计数器原理结构框图

　　该计数器是基于 TDC 方法开发出的时间间隔计数器。该计数器在一片 FPGA 上实现,由于采用了最新的延迟线设计以及超强功能 FPGA,延迟单元达到了 128 个,使得该计数器的测量分辨力达到了 100 ps,最差情况下的测量结果为 170 ps,对非线性误差进行补偿之后的测量分辨力达到了 70ps,该计数器的测量范围为 0～43 s,计数器芯片的最大功耗为 260 mW。

5. 时间-幅度转换法

　　前面介绍的几种时间间隔测量方法的总体思路大体上都是对 T_1 和 T_2 进行扩展之后,重新计数。例如,电容充放电法是对 T_1 和 T_2 进行 K 倍扩展之后,采用时钟再次进行计数;延迟线内插技术的本质可以理解为是采用多个延迟单元对 T_1 和 T_2 进行计数;游标法是利用主副时钟的频率差值得到一个扩展系数。以上几种方法仍然没有脱离电子计数法的束缚。下面介绍的两种方法从另外一个角度来进行 T_1 和 T_2 的测量。

　　1)时间-幅度转换(TVC)方法基本工作原理

　　时间-幅度转换法是对模拟内差扩展法改进后得到的方法。时间-幅度转换法原理如图 4-15 所示,这种方法与模拟内差方法一样,在被测时间间隔内利用恒定电流源对电容 C 充电,将时间间隔转化为电压并短暂保持,然后用典型的集成电路 A/D 转换芯片将电压转化为数字量而不是慢慢放电。在转化后电容 C 才迅速放电,因此这种方法的转化时间就等于 A/D 转换所需的时间。时间-幅度转换法通过使用现代的高分辨率集成 A/D 芯片也能够达到非常高的分辨率。

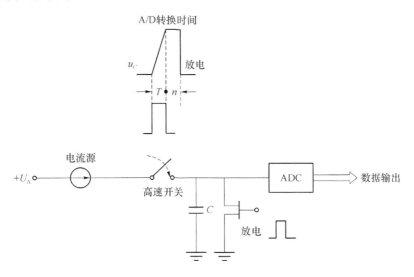

图 4-15　时间-幅度转换法原理图

图 4-15 表明，主波较下一个计数脉冲早到 T_1 时间，为了实时测量出量化误差 T_1，可采用将 T_1 变换为电信号的方法：让主波前沿作为起始触发，启动一阶跃恒流源 I 给一电容 C 充电，恒流源内阻为 R，则电容 C 上的电压与充电时间 t 之间的关系为

$$u_C = RI\,(1 - \mathrm{e}^{\frac{-t}{RC}})\qquad(4\text{-}29)$$

然后，由主波后的第一个有效计数脉冲的前沿控制停止对电容充电，电容电压就止增加，假定此时的电压值为 u'_C，这一时刻相对于 $u_C = 0$ 时的时延是 T_1，则 $u'_C = RI(1 - \mathrm{e}^{\frac{-T_1}{RC}})$。

与充电电容相连的是一个性能较好的隔离放大器，它具有较高的输入阻抗，一般有几十兆欧，它的作用是隔离后级对充电电容的影响，让电容上的电压能够保持很长时间，同时还具有一定的放大作用，但它又不影响恒流源对电容的充电。在第一个计数脉冲前沿让电容停止充电时，电容上的电压 u'_C 通过隔离放大器送到 ADC 电路进行模拟数字转换，得到一个数字码输出 N'。为了分析方便设放大器的放大增益为单位增益，如果 ADC 的转换位数为 m，满量程输入电压为 u'_{Cm}，则存在 $N' = 2^m\,(u'_C / u'_{Cm})$。

得到 ADC 的输出便得到了电容上的电压 u'_C，N'，u'_C 与 T_1 一一对应，于是可以得到

$$T_1 = -RC\ln\Big[1 - \frac{(N'u'_{Cm})}{(2^m \cdot RI)}\Big]\qquad(4\text{-}30)$$

根据式(4-30)可以确定计数量化误差 T_1，同理可以得到 T_2。

国外将这种测量方法称为 TVC(Time-to-Voltage Converter)方法，并且将该方法主要用于测量范围为 10 ns～1 μs 的场合。他们对该方法进行了论述，并且制作成功一个时间间隔测量仪，该测量仪采用电容充放电技术结合双通道 AD 转换器，计数器时钟频率为 10 MHz，测量分辨力达到了 400 ps。

2)时间-幅度转换(TVC)方法存在的误差

a)时压转换时积分电路输出电压的非线性；

b) 积分电路启动时电容放电的不彻底性;

c) 对应时钟脉冲到来时,积分电路充电停止和 A/D 变换启动的即时性和同步性,以及 A/D 变换正在进行时电容电压的跌落;

d) 开门和关门信号经闸门和其他环节到达各自积分电路启动点的时延不一致性;

e) A/D 变换本身误差;

f) 数字信号经过各种逻辑电路时的相位抖动;

g) 电源纹波干扰,环境变化,如温度、湿度等;

h) 电路元器件的布局不当和电磁干扰。

3) 基于斜坡发生器与模数转换器法

a) 基本工作原理

该测量方法是对电子计数法的量化误差 T_1 和 T_2 进行测量,不同于上述的时间幅度转换方法,该方法利用了一个线性斜坡产生器,具体原理如下。

当第一个脉冲信号到来时,立刻起动一个斜坡发生器,当此后的第一个量化时钟脉冲到来时,使采保电路进入保持状态以保持斜坡发生器此时的电压值,然后再做模数转换,记录下此时的电压值,设定斜坡发生器在一个时钟周期 T_0 时间内电压的变化量为 U_{pp},假设模数转换器的位数为 n,满幅时对应的电压也为 U_{pp},在量化误差时间间隔内 ADC 的输出为 N_1,则对应的时间 T_1 的值为

$$T_1 = \frac{N_1}{2^n} \cdot T_0 \tag{4-31}$$

同理可以得到 T_2 的值为

$$T_2 = \frac{N_2}{2^n} \cdot T_0$$

根据该测量原理,中国科学院陕西天文台成功制作了一种时间间隔计数器,该计数器的测量分辨力达到了 0.2 ns。

b) 误差来源

该方法存在的误差来源主要包括在以下几个方面:

- 线性斜坡电压发生器的非线性误差导致的测量误差。
- ADC 的转换误差导致电压测量值存在的误差。

虽然模数转换技术的测量精度在目前可见的产品中不是很高,但是这种测量思路突破了传统电子计数法的束缚,将时间测量问题转换为其他物理量的测量,如电压,从而获得了问题的更好的解决方法。

6. 时间间隔平均技术

根据通用计数器测量时间间隔的原理,测量分辨率受时基限制,为了提高测时分辨率,可采用时间间隔平均测量技术。

时间间隔平均测量法,实际上是重复地测量相同的间隔,并设各次测量之间有某种程度的独立性,因此,用平均测量值来估计间隔,使每次测量中的 ±1 个数字的量化误差统一地缩小。假如,进行 100 次同样的测量,累计所测数字,并将小数往左移动两位,其结果要比单次间隔测量多了两位数字,从统计来看,测量的标准偏差降低了 $\sqrt{100} = 10$ 倍。

时间间隔平均测量原理表明,实现平均测量,将 B 通道来的停止脉冲信号经 "÷N" 分频

器至计数器,作为复原信号,这样,计数器计数 N 个时间间隔,实现了平均测量方法。通常,平均数 N 为 10、100、1 000 等。时间间隔平均法测量原理如图 4-16 所示。

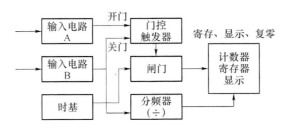

图 4-16 时间间隔平均法测量原理图

时间间隔平均测量的分辨率比单次测量时提高 $\sqrt{N}$ 倍。例如,一台 500 MHz 计数器,平均数 N 为 10 000 个间隔,平均测量的分辨率比单次测量的可提高 100 倍,该计数器的分辨率可达 20 ps。由此可见,采用平均测量技术可大大地提高测量分辨率。

虽然,时间间隔平均法并不是新的方法,但是,广泛应用于高精度计数器里,如 HP5345A 型计数器。看来测量平均法较简单,但是用测量的平均技术测量时间间隔,会带来测量误差,通常包含非平均偏离误差、时基短期不确定性误差和量化误差。这些误差将降低测量精度,但是,现代测量技术,这些误差可以克服和改善。

7. 自动触发控制技术

1)典型触发

对于通用计数器测量周期,通常是对被测信号波形中两点时间位移的测量。为了获得良好的触发,必须在每次波形发生时的一点上进行输入信号触发。对于无故障的周期和频率测量来说,最理想的触发是波形的中点或者说 50% 点上。

计数器测时的典型波形图,如图 4-17 所示。当被测信号是一个带有失真的波形,对于这种波形,计数器的触发电平不同,实际测时的结果也有所不同。图 4-17 表明,若触发点是零点即波形的中心,则测量是正确的。

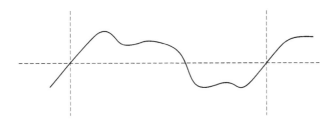

图 4-17 计数器测时的典型波形图

为了实现正确的测试,通常用触发旋钮进行调节,去寻找适合的触发点,以达到精确的测量。如果触发点不同,在使用计数器时容易引入误差。虽然计数器里有触发电平旋钮,也不能精确地触发。可以借助示波器进行观测,帮助建立在波形的中点即零点附近触发,这些方法将带来较大的误差。为了正确地触发,在现代计数器里采用一种自动触发控制技术来实现精确测量。

2)自动触发

现代计数器里实现自动触发,常采用计算机或微处理器控制来实现。具体来说,建立触发电平最简单的方法是用计数器里的控制程序来自动地找到理想的触发点。下面以 9000 系列计数器为例讲解自动触发控制的相关技术。自动触发原理如图 4-18 所示。

计数器的自动触发建立是根据机内的指令,微处理器为输入信号测定适当电压范围,电压范围一经建立,输入信号的最高峰值与最低峰值,便确定下来。然后,微处理器计算两峰值间的算术平均值,并且,调整此计算平均值的触发电平,随着触发电平的确定,输入信号中由于噪声和触发电平的误差而造成的计算上的误差将减至最小程度。这种过程都是依靠微处理器在程序下控制进行的,实现自动触发。

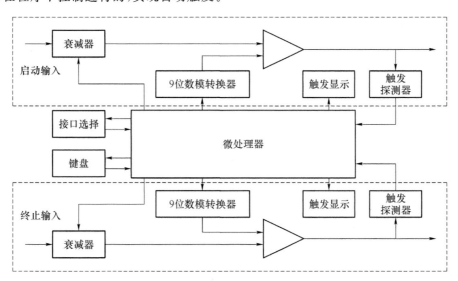

图 4-18　自动触发原理框图

4.2.4　安捷伦智能计数器

安捷伦智能计数器简介如下:

- 2 个 350 MHz 输入通道,加可选的第 3 通道(6 GHz 或 15 GHz);
- 12 位/秒分辨力,20 ps 时间间隔分辨力;
- 内置的数学分析功能和彩色图形显示屏(趋势视图和直方视图);
- 连续无间隙测量和时间戳,适用于基本调制域分析;
- 标配 LXI-C/LAN 和 USB,可选 GPIB;
- 可加选锂电池;
- 其他性能指标如表 4-1 所示。

表 4-1　53230A 通用频率计数器/计时器性能指标

	输　　入
标配通道(选件 201 增加了并行后面板输入)	通道 1 和通道 2:DC-350 MHz
阻抗,耦合	可选 1 MΩ±1.5% 或 50 Ω±1.5% ;<25 pF;可选 DC 或 AC 耦合
幅度输入范围	±5 V(±50 V)全量程;在计数器输入端使用 10:1 探头时量程可达到±500 V

续表

输	入
输入事件阈值电平	±5 V（±50 V），2.5 mV（25 mV）步进
灵敏度	DC-100 MHz：20 mVpk；>100 MHz：40 mVpk
可选微波通道-前面板 N 型连接器	可选通道 3
频率范围	• 选件 106：100 MHz～6 GHz • 选件 115：300 MHz～15 GHz
灵敏度	• 6 GHz（选件 106）：−27 dBm（10 mVrms） • 15 GHz（选件 115）：0.3～2 GHz；−23 dBm；2～13 GHz，−26 dBm；13～15 GHz，−21 dBm
测量范围	
频率分辨率	12 位/秒
时间间隔分辨力	20 ps
测量	频率、周期、频率比、输入电压最大值/最小值/峰峰值、时间间隔、单一周期、脉宽、上升时间/下降时间、占空比、相位、总和、时间戳/MDA
脉冲/猝发微波测量选件	载波频率、载波周期、脉冲重复间隔（PRI）、脉冲重复频率（PRF）、正脉宽、负脉宽
选通特性	
信号源	时间、外部、先进（选通开始、停止/抑制时间或事件）
选通事件（步长）	1 μs～1 000 s（1 μs）
先进：选通开始、停止和抑制	信号源：内部/外部/未使用的标配输入通道斜率（正/负）；根据时间或事件（边沿）进行时延和抑制
触发特性	
信号源	内部、外部、总线
触发数和采样数	1～1 000 000
触发时延	0～3 600 s，1 μs 步进
统计	平均差、标准偏差、最大值、最小值、峰峰值、计数、艾伦偏差

4.3 频率稳定度的特性及表征

4.3.1 频率源的频率不稳定的起因

任何一种频率源输出的信号频率总是或多或少不稳定，会随时间在变化，其大小取决于频率源的不稳定性，不稳定的起因为内部噪声及外部干扰。

直接影响信号的频率稳定度的因素有五个方面。

1）频率源的参数系统变化

频率源的系统参数变化,如晶振的老化率,会导致信号频率单方向系统漂移,晶振的老化率相对于原子频标更严重,可达到 $10^{-9} \sim 10^{-11}$/天。

2）外界干扰影响信号的频率不稳定性

a）外界干扰影响信号的频率不稳定性,如环境温度、湿度、电源电压变化、周围磁场、负载以及电火化等因素,影响信号频率的稳定性。

b）外界的温度变化对频率源信号的稳定度特性影响尤其突出,因为无线电信号都是由电子电路产生的,由于电子元件受温度影响,使其性能随之变化,导致信号频率变化、相位漂移。如电路中的电感受温度影响更为显著。此外,像电火花等除了影响信号的频率和相位稳定度特性,甚至直接破坏系统或设备的正常工作。

3）频率源信号的噪声引起频率不稳定性

频率源的内部噪声由五种互相独立的噪声叠加而成,常称为五项式噪声。这五种噪声是白噪声调相、闪烁噪声调相、相位随机游动白噪声调频、闪变噪声调频和频率随机游动。对于晶体振荡器主要存在三种噪声:

a）附加噪声（或称叠加噪声）。频率源（振荡器和有源器件）的热噪声以及散粒噪声迭加在信号上,引起信号的频率相位的不稳定。这种噪声是调相白噪声。该噪声直接影响信号在毫秒量级取样时间上的短期频率稳定度。

b）干扰噪声。由于频率源（振荡器和有源器件）的热噪声以及散粒噪声会干扰频率源使其相位按统计学上称为"无规行走"的规律起伏。这种噪声是调频白噪声。

c）调频闪变噪声。这种噪声是晶体管内部产生的,存在于放大、倍频、振荡电路,它是一种调频噪声,引起信号的频率起伏,该噪声是以 f^{-1} 型幂律谱密度出现。

4）信号的杂散（或寄生信号）引起频率不稳定性

频率信号源里除了上述三种噪声影响频率相位起伏外,还存在着其他杂波。如倍频电路里旁频信号,尤其信号的谐波通过混频器电路会产生组合干扰频率,这些寄生波的存在可能是调频的也可能是调相的,直接影响频率源信号的频率稳定度特性。

5）交流干扰（或称哼扰调制）

任何种类的电子电路都需要有直流电源供电,通常从 50 Hz 或 400 Hz 交流电通过变压、整流、稳压获得所需的直流电源。电源的滤波都不可能很理想,或多或少存在 50 Hz、100 Hz、400 Hz、800 Hz 的纹波。这些纹波的影响称为交流干扰,或称为哼扰调制干扰。这种交流干扰直接影响频率源信号的短期频率稳定度。

4.3.2 频率稳定度特性的表征

1. 表征形式

1）时域

时域的定义是以相对频率起伏的取样方差为基础,推荐选取 $N=2$、$T=\tau$ 的两次取样方差,即阿仑方差 $\sigma_y^2(\tau)$,故时域用频率稳定度测度来表示为

$$\sigma_y^2(\tau) = \left\langle \frac{(U_{K+1} - U_K)^2}{2} \right\rangle \tag{4-32}$$

2)傅里叶频域

在傅里叶频域里,频率稳定度可用几种单边带(傅里叶频率范围从 0 到∞)谱密度来定义,即 $y(t)$ 的 $S_y(f)$;$\varphi(t)$ 的 $S_\varphi(f)$ 和 $X(t)$ 的 $S_X(f)$ 等。

这些谱密度之间有下列关系:

$$S_y(f) = \frac{f^2}{u_0^2} S_\varphi(f) \tag{4-33}$$

$$S_\varphi(f) = 4\pi^2 f^2 S_\varphi(f) \tag{4-34}$$

$$S_X(f) = \frac{S_\varphi(f)}{(2\pi v_0)^2} \tag{4-35}$$

功率谱密度通常在高精密信号源里采用随机起伏的噪声模型。实际上,这些随机起伏是五种独立噪声过程直接迭加而成的,即

$$S_y(f) = \begin{cases} h_\alpha f_\alpha, & 0 < f < f_h \\ 0, & f > f_h \end{cases} \tag{4-36}$$

式中,$S_y(f)$ 为瞬时相对频偏的噪声功率谱密度;h_α 为常数;α 为整数(随噪声类型不同而异);f_h 为整个系统的上限截止频率;f 为偏离标称载频的傅里叶频率。

这五种噪声过程的特性及关系,列入表 4-2,示意图如图 4-19 所示。

①$S_y(f) = h_\alpha f^\alpha$;   ②$\sigma^2(\tau) - |\tau|^\mu$;

③$S_\varphi(f) = u_0^2 h_\alpha f^2 = u_0^2 h_\alpha f^\beta$;   ④$(\beta = \alpha - 2)$;$\sigma^2(\tau) - |\tau|^{\mu/2}$;

⑤$S_x(f) = \frac{1}{4\pi^2} h_\alpha f^{\alpha-2} = \frac{1}{4\pi^2} h_\alpha f^\beta$。

表 4-2   5 种噪声过程的特性及关系特性

噪声过程	频域		时域	
	$S_y(f)$,$S_\varphi(f)$ 或 $S_X(f)$		$\sigma^2(\tau)\sigma(\tau)$	
	α	$\beta = \alpha - 2$	μ	$\mu/2$
频率随机游动	-2	-4	1	$1/2$
闪变噪声调频	-1	-3	0	0
白噪声调频	0	-2	-1	$-1/2$
闪烁噪声调相	1	-1	-2	-1
白噪声调相	2	0	-2	-1

实际的频率源里,噪声是五种互为独立的噪声过程的叠加,往往只有其中两三种噪声为主导,另一些噪声可以忽略。而且,在一定取样时间 τ 内,是一两种噪声在作用,这些噪声过程直接影响频率源的频率稳定度。

为了统一对频域量的表征,推荐频率稳定度频域测度是瞬时相对频率起伏 $y(f)$ 的谱密度 $S_y(f)$ 作为频率稳定度频域测度。在实际应用时,却用 $S_\varphi(f)$,这是为了在频率源之间进行有用的比较,推荐按载波功率规一化的谱密度量度,$S_\varphi(f)$ 称为单边带(SSB)相位噪声谱密度,用 1 Hz 带宽的单边带相位噪声功率与信号功率之比作为偏离傅里叶频率 f 的函数,并用符号 $L(f)$ 来表示。当相位噪声调制指数≤1时,$S_\varphi(f)$ 与 $L(f)$ 的关系式为

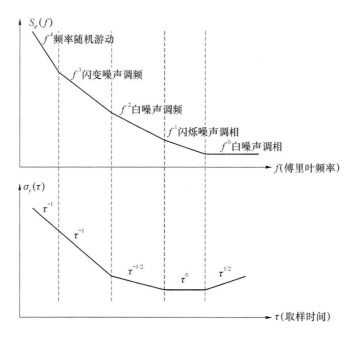

图 4-19　五种独立噪声过程的特性

$$L(f) = \frac{S_\varphi(f)}{2} \tag{4-37}$$

对于频率源信号,还采用 $\frac{S}{N}(f_L, f_h)$ 来表征频域量。$\frac{S}{N}(f_L, f_h)$ 通常定义为信号与调制频率范围在 $f_L < |f| < f_h$ 内所包含上下边带的总功率之比,用来衡量高质量频率源信号的一种重要的频域特性。

2. 时域测量的置信度

根据取样方差的基本定义,通常应对取样的结果作统计平均,用基本表征,当取 $M \to \infty$ 时,其计算结果就是取样方差的真值。在实际测量里,M 不能为无限多组的测量,一般都是有限次取样,因而它是一个估计值,因为这样的估计值本身是一个随机变量,于是就产生了取样方差的不精确性或称为置信度。

由一组有限数取样得到的特定 $\sigma_y(\tau)$ 值,在高斯分布和幂律谱模型假定下,可以表明置信区间或误差限的估值为

$$I_\alpha \approx \sigma_y(\tau) K_\alpha M^{-\frac{1}{2}} \quad (\text{当 } M > 10 \text{ 时}) \tag{4-38}$$

式中,M 为估值中所用数据总数;α 为噪声特性的指数。

从理论计算所得的结果,由表 4-3 给出不同类型的噪声过程的 K_α 值。

表 4-3　5 种类型的噪声过程的 K_α 值

噪声类型	白噪声调相	闪噪调相	白噪声调频	闪噪调频	频率的随机游动
K_α值	$K_2 = 0.99$	$K_1 = 0.99$	$K_0 = 0.87$	$K_{-1} = 0.77$	$K_{-2} = 0.75$

例 4-1　对于 $M = 100, \alpha = -1$(调频闪变噪声)的高斯型噪声,$\sigma_y(\tau = 1 \text{ s}) = 10^{-12}$,由式(4-38)可得

$$I_a \approx \sigma_y(\tau) K_a M^{-\frac{1}{2}} = \sigma_y(\tau)(0.77)(100)^{-\frac{1}{2}} = \sigma_y(\tau)(0.077) \tag{4-39}$$

即
$$\sigma_y(\tau = 1\text{s}) = (1 \pm 0.08) \times 10^{-12}$$

4.4 频率稳定度的测量

对频率源的频率稳定度测量通常是采用频率比对的方法,也就是,被测频率源与参考频率标准进行频率比对,实现频率稳定度的测量。图 4-20 为频率稳定度测量的组成框图。

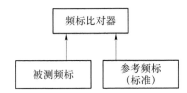

图 4-20 频率稳定度测量的组成框图

4.4.1 时频测量和比对技术的三大要素

1. 时频标准的获得

在时频测量比对系统里,建立时频测量标准必须配备高精度的频率标准,而且要根据被测频标频率稳定度的技术指标来选用合适的频率标准。频率标准的来源及形式如表 4-4 所示。

表 4-4 频率标准的来源及形式

频标来源	类型	形式	等级及应用范围	备注
外来频标	GPS 标准信号	秒脉冲标准		
本地频标	原子频标	铯原子频标	国家频率标准	
		氢原子频标	国家频率标准	
		铷原子频标	二级频率标准	
	晶体振荡器	高精密晶体频标	三级频率标准	
		普通晶体频标	用于通用测量仪器	
		温补晶振	用于通用测量仪器及电路	
	GPS 晶振	受 GPS 控制频标	二级频率标准	
	频率合成器	射频和微波频标	射频和微波频率标准	低噪声

2. 频率稳定度测量、比对方法及装置

频标的频率稳定度特性,通常用频域和时域两种表征量来表征,对于频标的频域和时域量的测量,采用各种测量比对方法,利用测量方法组成相关的频率稳定度测量比对装置。

在频率稳定度时域测量里,采用倍频式倍增器组成的 PO7 系列频标比对器,采用分频式倍增器组成的 4110A 型频率比对器,通常应用于测量比对高稳定度的频标。采用双混频时差测量方法组成的高精度测量比对装置 5110A 型频率稳定度分析仪,在频标频率为

10 MHz 时,测量灵敏度优于 $2.5 \times 10^{-14}/s$,如表 4-5 所示。

表 4-5　频率稳定度测量、比对方法及装置

<table>
<tr><td colspan="2">测量方法</td><td>产品</td><td>应用范围及指标</td><td>备注</td></tr>
<tr><td rowspan="3">频差倍增器</td><td rowspan="2">倍频式倍增器</td><td>PO7 系列频标比对器</td><td>$S \leqslant 2 \times 10^{-12}/s$</td><td></td></tr>
<tr><td>CH7 型频率比对器</td><td>$S \leqslant 1 \times 10^{-13}/s$,
$S \leqslant 1 \times 10^{-15}/h$</td><td></td></tr>
<tr><td>分频式倍增器</td><td>4110A 型频率比对器</td><td>$S \leqslant 1 \times 10^{-11}/s$</td><td></td></tr>
<tr><td rowspan="6">时域测量方法</td><td>倍增-测频法</td><td>PO7、CH7、4110A</td><td></td><td></td></tr>
<tr><td>差拍法</td><td>HP5390A、HP3048
频率稳定度分析仪</td><td>$\sigma_y(\tau) \leqslant 1 \times 10^{-13} \tau^{-1}$ 或更高</td><td></td></tr>
<tr><td>比相法</td><td></td><td>长期频率稳定度测量上限
$\leqslant 1 \times 10^{-14}/$天或更高</td><td>测量长稳</td></tr>
<tr><td>时差(TD)法</td><td></td><td>定时和校频 1×10^{-11}</td><td></td></tr>
<tr><td>DMTD 测量法</td><td>5110A 时间间隔分析仪</td><td>$S \leqslant 2.5 \times 10^{-14}/s(f = 10 \text{ MHz})$</td><td></td></tr>
<tr><td>频域转换时域法</td><td></td><td></td><td></td></tr>
<tr><td rowspan="6">频域测量方法</td><td>零拍法</td><td>国家频域标准</td><td>本底噪声 $\leqslant -170$ dB/Hz</td><td>经典测量方法</td></tr>
<tr><td>相关零拍法</td><td></td><td>提高零拍系统的测量
灵敏度为 $10 \sim 20$ dB</td><td>改进型测量方法</td></tr>
<tr><td>自相关法</td><td>无参考频标时的频域量测量标准</td><td>本底噪声 $\leqslant -165$ dB/Hz</td><td>实用性强</td></tr>
<tr><td>差拍法</td><td>射频微波频率的频域量测量标准</td><td>测量射频微波频域量</td><td>实用性强</td></tr>
<tr><td>差拍-零拍法</td><td>射频微波频率的频域量测量标准</td><td>测量射频微波频域量</td><td>实用性强</td></tr>
<tr><td></td><td>TSC-5120A 相位噪声测试仪</td><td>< -145.0 dB$_c$/Hz;1 Hz
< -175.0 dB$_c$/Hz,10 kHz
(10 MHz 频率上测量)</td><td></td></tr>
</table>

3. 数据采集和计算处理

数据采集和计算处理取决于频率稳定度特性的表征以及对频标的特性指标的要求,根据频率稳定度特性表征,频率稳定度特性用频域和时域来表征,频域用相位噪声谱密度来表征,频域量的测量是测量单边带相位谱密度和一定带宽的信噪比;时域频率稳定度的测量是测量阿仑方差以及其他相关的频标的特性指标。根据这些频率稳定度特性要求进行数据的采集、计算和处理。有关数据的采集、计算和处理的内容如表 4-6 所示。

表 4-6　频标的频率稳定度的数据采集和计算处理的内容

<table>
<tr><td>表征量</td><td>表征量特性</td><td>频率稳定度特性指标</td><td>计算和数据处理</td><td>备注</td></tr>
<tr><td rowspan="3">频域</td><td>相位噪声谱密度</td><td>单边带相位噪声谱密度 $L(f)$</td><td>离散频谱分析</td><td></td></tr>
<tr><td>信噪比</td><td>$S/N(f_L, f_H)$</td><td>一定带宽的信噪比</td><td></td></tr>
<tr><td>谐波和非谐波</td><td></td><td></td><td></td></tr>
</table>

续表

表征量	表征量特性	频率稳定度特性指标	计算和数据处理	备注
时域	短期频率稳定度	阿仑方差 $\sigma_y{}^2(\tau)$	$\sigma_y{}^2(2、\tau、\tau)$	
	长期频率稳定度	老化率 $K(K/月、K/年)$		
	晶体频标的时域频率稳定度指标	一周内日平均老化率	最小二乘法计算	用于计数器的晶振检定指标
		日频率波动 S	$S=(f_{\max}-f_{\min})/f_0$	
		1秒频率稳定度 $\sigma,(\tau=1\,s)$	阿仑方差根	
		开机特性 V	$V=(f_{\max}-f_{\min})/f_0$	
		频率重显性 R	$R=(f_2-f_1)/f_0$	
		频率准确度 A		

4.4.2 频率稳定度的时域测量方法

1. 概述

频率源的频率稳定度时域表征量采用 $N=2$、$T=\tau$ 的阿仑方差 $\sigma_y^2(\tau)$。对于频率源（如频率标准）的时域频率稳定度的测量方法，最典型的测量技术是采用"频差倍增技术"。根据频差倍增原理组成的"频差倍增器"，如 PO7 系列频标比对器、4110A 型频率比对器、CH7 型频率比对器等，这些测量装置的测量灵敏度，通常为 $10^{-12}\sim10^{-11}/s$。这类测量比对装置均是采用频差倍增原理，将被测频标的信号频率的频差通过倍增器进行扩大，扩大后的信号频率再用计数器进行测量，实现高精度的测量频率稳定度。

频率稳定度时域量的测量方法，通常有倍增测频法、差拍法（倍增差拍法）、相位比较法、双混频时差（时差法）测量方法和频域转换时域法等。这些测量方法中，差拍法可测量射频和微波频率的频率稳定度，如 HP5390A 频率稳定度分析仪。相位比较法通常用来测量频标的长期频率稳定度。时差法一般用来进行时刻比对，为了提高测量比对精度，采用双混频时差测量系统（DMTD 测量系统），利用双混频时差测量原理组成的高精度测量装置，如 TSC 5110A 时差分析仪，其测量灵敏度 $S\leqslant2.5\times10^{-14}/s(f=10\,MHz)$。

2. 频差倍增技术

1）频差倍增技术的基本概念

a）什么是频差倍增技术

在精密时间频率测量领域里，需要测量和记录被测频标的频率与参考（标准）频标频率之间的频差，用通用计数器不能实现较高精度频标的频率稳定度的测量。为了实现高精度的测量，可采用频差倍增技术，该技术是将频差通过倍增器，频差扩大后再进行测量，这种频差扩大技术常称为频差倍增技术，也可称为频率倍增技术。

频差倍增技术应用于时间频率精密测量中，不是测量其频标的绝对频率值，而测量所有的数据对参考（标准）频标频率而言，是一种相对测量，常称为频率比对。

基于频差倍增技术，实现频差扩大或倍增，通常使用频差倍增器，如图 4-21 所示。

因为被测频标信号 f_x 的频率，通常相对于参考频标频率 f_s 有一任意小的频差 Δf，因此，被厕频标频率具有如下关系式：

图 4-21　频差倍增器

$$f_x = f_s \pm \Delta f \qquad (4\text{-}40)$$

由此可知,被测频率 f_x 包含两部分,即标称频率 f_s 和频差 Δf,对于高精密频标,其频差是极小的,所以,直接测量是不可能的,因此,将被测频率 f_x 倍增,频差 Δf 扩大 M 倍后,对倍增后的信号频率 $f_m = f_s \pm M\Delta f$ 进行测量,获得较高精度的测量。

b)频差倍增器

在频差倍增技术的基础上,组成的倍增装置就是"频差倍增器"。频差倍增器是用来扩大被测频标相对于参考频标频率的频差 Δf 值的装置,该装置可简称为"倍增器"。

倍增器的功能是扩大频差,通常具有两种倍增原理:一种是倍频式倍增器;另一种是用分频的原理来实现倍增,称为分频式倍增器。

实现这些频差倍增的方式可以有以下三种方式:直接倍增;一级倍增;多级倍增。

不管是哪一种倍增方式,其目的都是将频差进行扩大,扩大后的信号频率再进行测量,这样,就能分辨出频标的频率的微弱起伏,实现高精度测量。

c)频差倍增器的倍增限度

频差倍增技术的基本原理分析表明,虽然在理论上,频差倍增过程可以无限制地进行下去,但是,由于频差倍增器第一级的噪声(即主要影响倍增器的本底噪声)或被测频标信号的随机相位抖动,使得频差倍增过程不可能无限地进行下去,而是有一定的限度,具体来讲,对于频差倍增器的倍增次数不宜太大。

若不考虑倍增器的本底噪声影响,当输入频标信号频率为 1 MHz,其相应起伏为 0.1°,如果倍增次数 M 为 10^4 时,将会观察到 1 000° 的相位起伏,相当于 2.7 周变化。如果这个相位起伏量在 0.1 s 内发生的,则"倍增器"输出将以 27 周的速率变化。由此表明,当输入信号稳定度较差,不宜采用高的倍增次数的倍增器。

对上述实例,输入频率为 1 MHz,倍增器的随机噪声引起的相位起伏为 0.1°,当倍增次数 M 为 10^4,倍增器输出信号相当于起伏 1 000°,即 2.7 周。这样,平均时间为 1 秒时,频差倍增器由于随机噪声引起的频率起伏为 $2.7 \times 10^{-10}/\mathrm{s}$。由此表明,利用频差倍增器来测量频率稳定度,要提高测量灵敏度,频差倍增器的本底噪声要求极低。

但是频差倍增器的设计和制造对噪声和精度的要求都很高。

2)倍增原理

倍频式倍增是利用倍频器的特性,将被测频标信号的频差和不稳定度进行扩大,扩大后的信号再进行测量,实现高精度测量。倍频式倍增的形式,通常有高次倍增、一级倍增和多级倍增,如图 4-22 所示。

a)直接倍增方法

直接倍增方法是利用高次倍频特性,将被测频标信号频率直接倍频,如图 4-22(a)所示。

被测频标经高次倍频,倍增了 M 次,倍频后的信号频率相对于被测频率扩大了 M 倍,同时,将输入信号的频差 Δf 和不稳定值 σ 也扩大了 M 倍。用直接倍频的方法,经高次倍频后的频率可达几百兆赫,甚至可达几千兆赫,这样高的频率再用高频或微波计数器测量,可实现高精度测量。

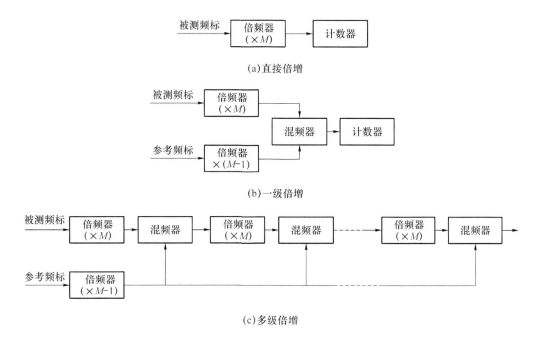

图 4-22　三种倍增形式框图

假定被测频标频率 f_x 为 $f_s \pm (\Delta f + \sigma)$，经倍增 M 次后，得

$$f_M = Mf_s \pm M(\Delta f + \sigma) \tag{4-41}$$

式中，为倍增 M 次后的信号频率；f_s 为输入标称频率。

式(4-41)表明，经倍增后，被测信号的频差 Δf 和不稳定值 σ 扩大了 M 倍。

例 4-2　若被测频标的标称频率 f_s 为 5 MHz，倍增次数 M 为 100，并且用一台 500 MHz 计数器测频。若计数器闸门 t_g 为 1 秒，计数器读数为 500.000 015 MHz，则得被测频标的频率相对于计数器内的频标偏高 3×10^{-8}。

根据上述测量条件，直接进行高次倍增，同时采用 500 MHz 计数器，当闸门时间 t_g 为 1 秒时，其测量分辨率可达 2×10^{-9}；若不采用倍增而直接测 5 MHz 频率，对闸门时间 t_g 为 1 秒时分辨率只不过是 2×10^{-7}。由此可见，采用了直接倍增分辨率可提高 M 倍。但是，这种形式的倍增方法需要一套低噪声倍频器和高频或微波计数器，这种倍增器需要配置较复杂的电路和仪器。

b)一级倍增方法

直接倍增必须采用微波计数器来进行测量，使测量系统复杂化。为了避免在微波频率上测量，可将倍增后的高频频率或微波频率经混频器变换成较低的频率，再用计数器来测量，如图 4-22(b)所示，这种倍增形式称为一级倍增测量方法。

假定参考(标准)频标信号频率为 f_s，被测频标信号频率为 f_x，因为 f_x 相对于 f_s 有一任意小的频差 Δf，则有下列关系式：

$$f_x = f_s \pm (\Delta f + \sigma) \tag{4-42}$$

当被测频标信号频率 f_x 倍乘 M 倍，而参考频标信号频率 f_s 倍乘 $(M-1)$，经混频后，得

$$f_M = Mf_x - (M-1)f_s = f_s \pm M(\Delta f + \sigma) \tag{4-43}$$

然后，经一级倍增后的信号频率由通用计数器测量。倍频后的信号频率很高，甚至达到

微波频率,经混频后的信号频率很低,故不需要配置高精度微波计数器,而选用低速或中速计数器测量,可实现较高精度的测量。

例 4-3 参考和被测信号频率分别为 5 MHz 和 5 MHz±($\Delta f+\sigma$),倍频次数 M 为 100,一级倍增输出频率 f_M 为 5 MHz±$10^2(\Delta f+\sigma)$。

若用 10 MHz 计数器测量倍增后的信号频率,当计数器闸门时间 t_g 为 1 秒时,计数器读数为 5.000 010 MHz,则被测频标信号频率相对于参考频标频率偏高 2×10^{-8}。

利用一级倍增原理,测量、比对频率稳定度具有以下特点:

- 测量分辨率(精度)提高 M 倍。

- 计数器可采用低速或中速计数器,可实现较高精度的测量比对。

- 一级倍增的倍增次数通常不宜太高,在计数器进行测量倍增后的频率,测量精度受到限制。若用多周期测量方法,测量倍增后的频率,同样可以实现高精度的测量。

c)多级倍增方法

在时频测量中,常采用倍频式的多级倍增器,如图 4-22(c)所示。多级倍增的基本原理是将被测频标信号通过多级倍频、混频及滤波,将其频差 Δf 和不稳定 σ 信号扩大,扩大后的信号再用计数器测量。若用计数器测频,借助于计数器闸门时间 t_g、控制取样时间 τ,利用这种方法可测量秒级频率稳定度和长期频率稳定度。

假如参考(标准)频标信号频率为 f_s,被测频标信号频率为 f_x,因为 f_x 相对于 f_s 有一任意小的频差即 Δf,则被测频标频率 $f_x=f_s\pm\Delta f$。图 4-22(c)所示的测量原理表明,参考频标信号频率 f_s 倍乘$(m-1)$次;被测频标信号频率 f_x 倍乘 m 次,经第一级混频后,得

$$f_{m1} = mf_x - (m-1)f_s = f_s \pm m\Delta f \tag{4-44}$$

经第一级倍增后的信号频率等于原来的信号频率加上 m 倍的频差,再经过第二级倍增后,又扩大了 m 倍的频差,得到第二级倍增输出倍增频率 $f_{m2}=f_s\pm m^2\Delta f$。以此类推,将得到:$f_s\pm m^3\Delta f,f_s\pm m^4\Delta f,\cdots$,经 n 级倍增输出,得

$$f_{mn} = f_s \pm m^n\Delta f \tag{4-45}$$

若每级倍增次数 m 为 10,倍增四级即 $n=4$。如果输入参考频率为 1 MHz,用计数器测量倍增后的输出信号频率,当闸门时间 t_g 为 1 秒时,计数器读数为 1.000 005 MHz。由此表明,被测频标的频率相对于参考频标的频率偏高 5×10^{-10}。如果在上述条件下,计数器读数为 999.997 kHz,那么,被测频标信号的频率相对于参考频标信号的频率偏低 3×10^{-10}。

多级倍增的方法,由于受倍增器里的倍频电路和混频电路自身的噪声、相位起伏因素限制,故不能无限地将频差扩大。根据目前技术水平,多级倍增方法的倍增次数,一般为 10^4 和 10^5,最高可达 10^6,不过做到这么高的倍增次数是较困难的。

多级倍增的方法,广泛应用于时、频测量领域,并且具有以下特点:

- 多级倍增可以在较低频率上进行倍增,易于实现。

- 利用多级倍增,可提高测量精度,若倍增次数达 10^4 或 10^5,这样,计数器测频时,测量精度可提高 10^4 倍或 10^5 倍。

- 多级倍增次数不能太高,最高可达 10^6,其原因主要是受倍频器的本底噪声限制,另外,电路调试比较困难。

- 多级倍增的方法广泛应用于时、频测量领域,用来测量频标的时域频率稳定度,包括短期频率稳定度和长期频率稳定度。

· 利用多级倍增的方法,可组成频率比对器,如 PO7 系列的频标比对器、CH745 频率比对器等。

为了实现较高倍增次数的多级倍增器,其性能主要决定于电子线路的形式、结构和电子元器件的质量。在实际的设计和调试中,必须采用低噪声倍增电路(倍频器和混频器)和低噪声元器件。同时,还必须具有良好的结构和电磁屏蔽,并且需要进行严格的设计和调试。这样,才能获得性能良好的多级频差倍增器。目前,性能较好的多级倍增器的测量灵敏度可达 $10^{-13}\sim10^{-12}\tau^{-1}$ 量级。

3. 时域测量方法

1)倍增-测频法

倍增-测频法是频率稳定度时域测量领域里应用较多的一种测量方法,用通用计数器测量频率源信号的频率特性的测量方法是一种比较测量方法,可用计数器作测量显示器,实现采样方差的测量。

若用通用计数器直接测量频率源信号的频率稳定度,如图 4-23 所示,只能测量 $10^{-6}\sim$ 10^{-7} 量级的频标信号。

为了提高测量精度,可采用"频差倍增技术",将被测频率源信号的频差不稳定值 Δf 经倍增器扩大,再用计数器直接测频,同时利用计数器闸门时间 t_g 来控制采样时间。该测量方法简单、直观、可靠,通常,作为高精度频标(如晶振)的频率准确度和频率稳定度的测量。

频差倍增-测频原理如图 4-24 所示。当频差倍增次数 M 为 10^4 时,相当于将被测频标信号的频差扩大了 10^4 倍。如果采用通用计数器测量,受计数器的末位 ±1 误差限制,对于采样时间 τ 为 1 s 时,可测量到 $1\times10^{-10}/s$ 的精度;对于 10 s 的采样时间,可测量到 $1\times10^{-11}/10$ s 的精度。用这种测量方法,可直观地测量频标的频率准确度,在计数器直接显示数据,并实时地判断被测频标信号的频率偏高还是偏低,同时,可获得测量频率准确度数据。

图 4-23　直接用计数器测频框图　　　　　图 4-24　倍增-测频法原理

例 4-4　用图 4-24 所示的频差倍增器,若计数器的闸门时间为 1 s,倍增次数 M 为 10^4,如果计数器的指示为 1 000 132 Hz,立即得到了被测频标的频率 f_x 相对于参考频标频率 f_s 偏高 1.32×10^{-8},即其准确度为 1.32×10^{-8}。

如果计数器显示的数据为 999 923 Hz,说明被测频标的频率 f_x 相对于参考频标的频率 f_s 偏低 7.7×10^{-9}。

利用倍增-测频测量系统,可测量长短期频率稳定度。如果测量日频率波动即日波动,只需每天隔半小时或一小时测量一次数据,测量一天,可以计算出每天的波动。在每测一次数据时,频标短期的跳动和外界干扰会影响测量的正确性。为此,每测一次时,应连续测量多个数据(一般取 10 个数据)再将测得的多个数据进行平均,得到一个数据。如果在一天里,每隔一小时测一次数据,总共测量 25 个数据,再用计算日波动的公式进行计算。

2)差拍法

倍增测频法测量误差主要是计数器的末位即 ±1 误差,也就决定了测量系统的测量精度的上限。为了减小末位误差,提高测量灵敏度,可采用所谓"差拍法"。差拍法通常有两种方式来实现。

a)倍增-差拍法

该法是将被测频标信号经频差倍增器,扩大被测频标信号的频率不稳定性,扩大后的信号再经混频器进行差拍,为了提高测量精度,用计数器测拍频的多周期。

b)直接差拍法

这种方法是不采用频差倍增器,直接差拍,再用计数器测量多周期,同时用高时钟信号作时标,实现高精度的测量。例如,HP5390 型频率稳定度分析仪就是采用这种方法。

差拍法测量频率稳定度,在时域测量技术领域里是一种较好的方法,尤其是直接差拍法,基于混频器的宽频带和低噪声的特性,可实现宽频带、高精度的测量。用直接测频法测量频率稳定度时,参考频标频率必须相对于被测频标进行偏调。差拍后的信号用计数器测量时间的变化,其实质是测量相位的累积值。例如,检定晶体振荡器时,若在 1 h 时间间隔内相位变化(即时间变化)为 20 μs,则 $\sigma(\tau)=5.5\times10^{-9}/\mathrm{h}$,也说明了在 1 h 内的频率稳定度,同时可以用来实现长期频率稳定度的测量。

为了实现短期频率稳定度测量,参考频标频率相对于被测频标有较大的频率偏调,一般拍频频率为 1 kHz 或 10 kHz。对于高精密晶体振荡器是不可能实现的,但是参考频标可采用高精度、低噪声的频率合成器用直接拍频的方法来测量频率稳定度。用差拍法来测量频率稳定度,其测量灵敏度(测量上限)决定于混频器的噪声,若选用低噪声混频器,用直接差拍法进行测量,测量上限优于 $1\times10^{-13}\ \tau^{-1}$。

倍增-差拍的测量方法是差拍法里的一种,该方法的基本出发点是将被测频标经频差倍增器,倍增后的信号再与参考频标频率相混频,混频输出的拍频信号,再用计数器测量周期或多周期,实现频率稳定度的测量。倍增-差拍的测量方法的测量原理,如图 4-25 所示。

图 4-25　倍增差拍法测量原理

为了获得所需的差拍信号频率 f_B,首先将被测频标信号的频率 f_x 相对于参考频标信号频率 f_s 调偏 σ。因为在差拍之前经频差倍增器,使得调偏 σ 和频差 Δf,同时进行了 M 次倍增,故混频器输出拍频信号频率为 $M(\sigma+\Delta f)$。经过零检波器变为前沿很陡的脉冲波,再用计数器测量 $T_B=\dfrac{1}{f_B}$ 周期或多周期 NT_B。在多周期测量时,$\tau=\dfrac{2\pi N}{w_B}=NT_B$。

频标信号的频率不稳定性是由随机噪声引起的,直接反映出 $\Delta\tau$ 变化量的大小。所以,用计数器测量 $\Delta\tau$ 变化量的大小,可以测量它的频率稳定度。根据对频率稳定度的分析,频率源里存在一种非平稳随机过程,为此,对 $\Delta\tau$ 值用阿仑方差定义、测量及数据处理。所以,对于倍增差拍法测量频率稳定度按下式计算:

$$\sigma_y(\tau)=\frac{f_B}{f_s}\cdot\frac{\Delta\tau}{NMT_B} \tag{4-46}$$

式中,

$$\Delta\tau = \sqrt{\frac{\tau_{i+1} - \tau_i}{2}}$$

采用这种测量方法测量频率源的频率稳定度时,应该对该测量系统提出如下要求:

- 被测频标信号的频率 f_x 相对于参考频标信号的频率 f_s 必须偏调;反之也可以,偏调大小取决于所需的拍频频率,同时与频差倍增器的倍增次数有关,应满足拍频频率 $f_B = M_\sigma$。

- 偏调的频率值 σ 应当远远大于被测频标信号的频率的 Δf 最大频率不稳定度值,至少是 σ 大于 10 倍的被测频标信号的频率不稳定值 Δf,即 $\sigma > 10\Delta f$。

- 测量时间 T_B 拍频周期,应大于计数器时基的时间分辨率。

- 倍增器里的倍频器必须具有低噪声和极小的相位起伏及漂移;对于混频器应是高隔离、低噪声以及高效率特性,才能实现高精度测量频率稳定度。

上述分析表明,在倍增差拍系统里实现如图 4-25 所示的测量系统,必须要调偏频标信号频率,这样对测量带来了困难,往往在测量比对频标的频率稳定度时不允许对被测或参考频标频率调偏。为了实现不调偏被测或参考频标频率的倍增差拍方法,可采用两种方法:一种是用内插多位数高稳定晶振,对倍增后的信号进行差拍,如图 4-26 所示;另一种是用频率合成器作为内插信号,并受参考频标信号控制,如图 4-27 所示。

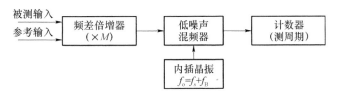

图 4-26 内插位数晶振的测量系统组成

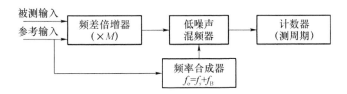

图 4-27 内插内插频率合成器的测量系统组成

例 4-5 假如被测频标频率为 5 MHz,倍增次数 M 为 20,差拍信号频率为 100 Hz,若 N 取 1,即采样时间 τ 为 10 ms,如果用计数器进行测量周期,测量的数据按阿仑方差计算出 $\Delta\tau$ 为 1.3 μs,则得 $\sigma_y(\tau) = 1.3 \times 10^{-10}/10$ ms。

又如 N 取 10,即采样时间 τ 为 100 ms,若 $\Delta\tau$ 为 2.2 μs,则得 $\sigma_y(\tau) = 2.2 \times 10^{-11}/100$ ms。

上述测量和计算说明,被测频标信号频率,采样时间 τ 为 10 ms,时频率稳定度为 $1.3 \times 10^{-10}/10$ ms;采样时间 τ 为 100 ms,时频率稳定度为 $2.2 \times 10^{-11}/100$ ms。

倍增差拍测量系统的测量上限灵敏度取决于倍增器的测量上限,即取决于倍频器的本底噪声。由于倍增器自身噪声的存在,较难实现 10^{-13} τ^{-1} 或更高的测量灵敏度,但混频器具有极低的噪声特性,为此,提出了一种直接差拍的测量方法。

一种直接差拍的测量方法如图 4-28 所示,该测量方法不采用倍增器,被测频标信号与

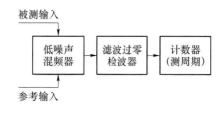

图 4-28　直接差拍的测量方法组成框图

参考频标信号直接经低噪声混频器出差拍,混频器输出的差拍信号用计数器测量周期,实现高精度测量频率稳定度。

采用直接差拍的测量方法测量频率稳定度时的要求与倍增差拍测量方法相同,同样要求被测频标信号频率相对于参考频标信号的频率偏调具有较大的偏调量,要满足拍频频率等于偏调频率,即 $f_B = \sigma$。用该法来测量高精度频率稳定度还必须对测量系统提出如下的要求:

- 选用低噪声、高隔离、高效率的宽频带混频器,可实现 $10^{-13}\ \tau^{-1}$ 的测量上限灵敏度。
- 为了减少触发误差,差拍信号应该经良好的过零检波器,使脉冲波具有很陡的前后沿。
- 因为不采用倍增器,所以,必须选用高分辨率的计数器,也就是选用高时钟频率的计数器。

根据如图 4-28 所示的测量系统,用计数器测量差拍信号的周期,可按下式计算:

$$\sigma_y(\tau) = \frac{f_B}{f_s} \cdot \frac{\Delta\tau}{NT_B} \tag{4-47}$$

例 4-6　假如被测频标频率为 5 MHz,因偏调频率,即差拍信号频率 f_B 为 10 Hz,若 N 取 10,即采样时间 τ 为 1 s,如果用计数器进行测量周期,测得的数据 $\Delta\tau$ 为 0.1 μs,则得 $\sigma_y(\tau) = 2 \times 10^{-13}/1$ s。该数据说明被测频标信号频率,当采样时间 τ 为 1 s 时其频率稳定度为 2×10^{-13}。

该测量方法除具有高精度、高分辨率的测量频率稳定度外,最大的特点是实现宽频带测量频率稳定度,频率扩展到 18 GHz。例如,对微波信号测量频率稳定度时,当被测信号频率为 1 GHz,差拍信号频率为 10 kHz,周期倍乘 N 为 10^4,即采样时间 τ 为 1 s。如果用计数器测量多周期,测得的数据 $\Delta\tau$ 为 0.1 μs,则得 $\sigma_y(\tau) = 1 \times 10^{-13}/1$ s。由此表明,利用直接差拍测量系统能够实现微波信号频率稳定度的高精度测量。

3）相位比较法

相位比较测量方法的基本出发点是利用比相器进行相位比较,因为频差是正比于相位随时间的变化率,利用相位随时间的变化率的变化程度来比对和测量频标的频率稳定度。相位比较测量方法的原理和波形图,如图 4-29 所示。

相位比较器是由成形器 A、成形器 B、触发器和积分器等组成,被比较的两个频标信号输入至比相器,被测频标通过成形器 A、参考频标通过成形器 B,两个输出的脉冲相对相位取决于被测频标和参考频标之间相位差。触发器输出的矩形波脉宽是正比于两路信号的相位差,经积分器将一定脉宽的矩形波转换为直流电压输出,再至记录器记录数据。因为积分器输出的直流信号是正比于矩形波脉宽的,则输出是正比于被测频标和参考频标之间的相位差。因为触发器输出的矩形波将相应地改变其空度比 T_0/τ,其中,τ 为两信号的相位时间差;T_0 为信号的周期。空度比大,积分器输出小;空度比小,则积分器输出大。故积分器输出电压的变化与信号之间的相位变化成比例。

实际上,两输入信号(被测和参考频标)之间存在频差,因此,相位差随时间的变化呈锯齿波,相应积分器输出电压也为一锯齿波形,其斜率与频差成正比。

当两输入信号之间的频差为一常数时,说明两频标信号的频率极其稳定,且每个周期锯

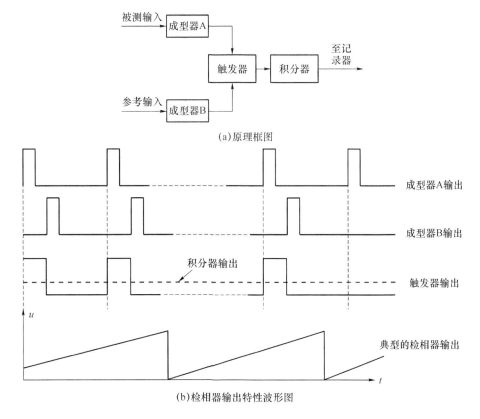

(a)原理框图

(b)检相器输出特性波形图

图 4-29　相位比较法的测量原理框图和波形图

齿波形具有相同的斜率。

　　当两频标的输入信号存在频率不稳定性时,两输入信号之间的频差不是常数,而是随时间在变化。积分器输出直流电压(或电流)的锯齿波的斜率,对各个周期是不相同的。在一个周期内斜率也在变化,可以利用这种原理来测量比对频标的频率稳定度。这种鉴相器具有 0~360°的鉴相,也称为线性相位检波器。

　　设 $\varphi(t)$ 为成形器 A 和 B 输出的脉冲相位偏差,u 为至记录器的积分器输出电压,因为 $u(t)$ 正比于 $\varphi(t)$,$f_A \cong f_B \cong f_0$ 时,输出电压的零点和最大值相应于 $\varphi = 0°$ 和 $\varphi = 360°$,可称为鉴相频率,$T_0 = 1/f_0$ 为鉴相周期。

　　若两输入信号在 1 MHz 上鉴相,则有 $T_0 = 1\ \mu s$。在使用记录器时,可调节积分器输出电压和记录器,使其最小点和最大点正好与记录器的零位和满度相对应。这样,在记录器所记录的相位曲线中,与零位置和满度位置相应的相位时间差是 T_0,相位-时间曲线的变化一个周期为鉴相周期 T_0。相对频率偏差 $y(t)$ 与相位时间的关系为

$$y(t) = \frac{f_x - f_0}{f_0} = \frac{x(t+\tau) - x(t)}{\tau} \tag{4-48}$$

$$y(t) = X(t) \tag{4-49}$$

　　利用式(4-48)和式(4-49),很容易从比相曲线求出被测频标信号 A 和参考频标信号 B 的相对频差,相位记录曲线图,如图 4-30 所示。

　　图 4-30 曲线表明,若读数时刻 t_1,t_2,时间间隔为 $\tau = t_1 - t_2 = 24$ h,记录器满度相位的

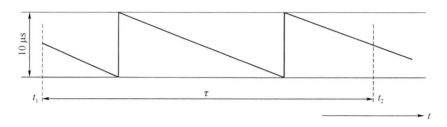

图 4-30 相位记录曲线图

相位时间为 10 μs(相当于在 100 kHz 上直接鉴相)。

若 $x(t_1)=5.75\ \mu s$,$x(t_2)=20\ \mu s+3.4\ \mu s=23.4\ \mu s$,按照式(4-48)求得相对频率差为

$$y(t)=\frac{x(t_2)-x(t_1)}{t_2-t_1}=\frac{23.4-5.75}{86\ 400}=2.04\times10^{-10}$$

上述计算数据可以表明,被测频标的频率相对于参考频标的频率在一天(24 h)内相对频率差为 2.04×10^{-10}。

相位比较器通常是采用线性相位检波器,该检相器的核心是触发器的触发速度与频率上限(指的是鉴相频率上限),为了实现较高频率鉴相必须采用高速的触发器。

4)时差(双混频时差)测量方法

直接测时差时测量精度低(测量精度只取决于计数器精度),为了提高测量精度,可采用双混频时差测量方法。双混频时差测量系统是由美国国家标准局阿仑建立的,该系统在全球定位系统(GPS)的卫星钟时域测量中起了重要作用。在 1976 年时,该双混频时差测量系统的测量灵敏度可达 $1\times10^{-13}\tau^{-1}$。近年来,5110A 型频率稳定度分析仪基于双混频时差测量原理组成的高精度频率稳定度测量装置,其测量灵敏度在频率为 5 MHz 时 $S<5.0\times10^{-14}/s$;频率为 10 MHz 时 $S<2.5\times10^{-14}/s$。

双混频时差测量原理框图,如图 4-31 所示,被测频标和参考频标经混频变换为两个差拍信号,再经低通滤波器,过零检波器后,馈送到时间间隔计数器测量时差。其目的是测量被测频标和参考频标之间的相对频率偏差,当被测频标和参考频标同频时,很小的频率偏差表现为相位差,相对于平均频率来说,就是时间差,如图 4-32 所示。经过混频后,要测的相位差不变,而相对的平均频率由原来的高频变为现在较低的差频,相当于要测的时间差比原来相对倍增了 f_c/f_b 倍。这样,分辨力改善了 f_c/f_b 倍(f_c 为载波频率,f_b 为差拍频率,f_L 为本振频率,$f_b=f_c-f_L$)。

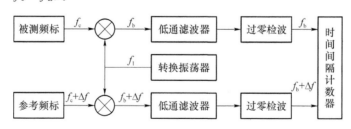

图 4-31 双混频时差测量原理

假设第 i 次测量,时差小于拍频一个周期,则两个频率源的过零拍频之间的时间差为

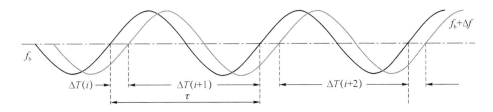

图 4-32 两个频率源的过零拍频之间的时间差

$$X(i) = (T_1 - T_2)\frac{f_b}{f_c} + \frac{\varphi}{2\pi f_c} \tag{4-50}$$

式中，$T_1 - T_2 = \Delta T$ 为差拍信号 1 相对于差拍信号 2 的时差（计数器读数），φ 是差拍信号 2 相对于差拍信号 1 由混频到计数器之间的相位差。

若延迟 τ（差拍周期的整数倍）时间后第 $i+1$ 测量的时差为 $X(i+1)$，则在这段时间间隔内的平均相对频差为

$$Y(i) = \frac{X(i+1) - X(i)}{\tau}$$

也可表示为

$$Y(\tau) = \frac{f_b}{f_c} \times \frac{\Delta T_2 - \Delta T_1}{\tau}$$

稳定度由下式计算：

$$\delta_y{}^2(\tau) = \frac{1}{2(m-1)}\sum_{i=1}^{m-1}\left[Y(i+1) - Y(i)\right]^2$$

$$= \frac{1}{2(m-1)\tau^2}\sum_{i=1}^{m-1}\left[X(i+2) - 2X(i+1) + X(i)\right]^2 \tag{4-51}$$

也可以从时间间隔计数器中读出的 ΔT 直接计算：

$$\delta_y(\tau) = \frac{f_b}{\sqrt{2(m-1)}f_c}\left\{\sum_{i=1}^{m-1}\left[\Delta T(i+2) - 2\Delta T(i+1) + \Delta T(i)\right]^2\right\}^{1/2} \tag{4-52}$$

如果频标的标称频率为 10 MHz，拍频频率为 10 Hz，第 i 次测量时差为 15 ns，第 $i+1$ 次测量时差为 16 ns，若第 $i+1$ 次测量相对于第 i 次测量延迟时间 τ 为 1 s（100 个拍频周期），则相对频差为

$$Y(i) = \frac{10}{1 \times 10^7} \times \frac{(16-15) \times 10^{-9}}{1} = 1 \times 10^{-15}$$

由此表明，采用双混频时差测量方法可实现高精度的频率偏差测量。由于采用双混频，将被测频率变换为较低的拍频频率，这样，实现时差放大，亦即相当于实现了频差倍增。若输入频率为 10 MHz，拍频频率为 10 Hz，那么相当于倍增了 10^6 倍。当频率为 10 MHz 时，时间间隔计数器测量时差只需满足 $2.5 \times 10^{-8}/s$，系统的比对不确定度即可达到 $2.5 \times 10^{-14}/s$。

4.4.3 频率稳定度的频域测量方法

1. 概述

频率源的频率稳定度频域测量方法基本上是采用零拍法，实际上是通过载频抵消原理，

经高灵敏度,低噪声的鉴相器,检出待测频率源的相位起伏即相位噪声。检出的噪声电压,可用波形分析仪进行测量,求得频域的表征量。

美国 F. L. Walls,S. R. Stein 等人提出一种称为"相关零拍法"的方法测量相位噪声谱,这种相关系统要比单通道(零拍系统)改善 20～40 dB。该测量方法是近几年测量相位噪声谱密度的有效方法。

近几年来,计算计数器和频率稳定度分析仪的研制成功,开辟了频域测量新的领域。采用时域的测量获得频域量,可用哈达马方差基本概念来实现。这是一种极其有用的方法,可以分析解决很低的傅里叶频率问题。HP5360A 型计算计数器和 HP5390A 型频率稳定度分析仪除了作时域测量外,还可用哈达马方差来测量频域量。

快速傅里叶变换(F. F. T)是频域分析的一种新方法,其方法不是简单的变换,而是较复杂的过程。可以采用计算机进行 F. F. T 处理。由于应用计算机和微处理技术很容易实现快速傅里叶变换,获得傅里叶频率高达 100 kHz 的功率谱密度。

上述几种测量方法,实际是比较的方法,在测量时,必需配备高质量的参考频率标准,这给实际应用带来了困难。利用自相关原理,不需要参考(标准)源的一种自身相位噪声测量,这是一种新的设计思想建立的相位噪声测量系统,该系统在被测通道里插入窄带晶体滤波器,被测信号的大部分噪声经晶体滤波器滤去,可作为参考信号再与被测信号比较,实现了信号源自身相位噪声测量的一种有效途径。

频率源的频率稳定度频域测量方法通常有以下几种测量方法:
- 零拍法测量相位噪声谱密度;
- 差拍法测量相位噪声谱密度;
- 自身相位噪声测量;
- 相关零拍法测量相位噪声谱密度;
- 差拍-零拍法测量相位噪声谱密度;
- 时域分析法。

2. 频域测量方法：零拍法(鉴相法)

图 4-33 表明,用一个双平衡混频器作为鉴相器。混频器的输出电压 $u(t)$ 正比于两输出信号间的相位起伏,当相位差等于 90°(相位正交)时得到最大鉴相灵敏度和良好的线性工作范围。引入锁相环路是为了使参考源频率对被测源频率有效跟踪,从而确保测量过程中,始终满足相位正交条件和松锁条件。

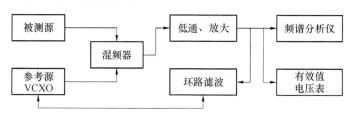

图 4-33　零拍法测量原理

根椐零拍法测量原理,采用低噪声鉴相器,直接将参考频率源和被测频率源进行相位比较,为了保证鉴相器高灵敏,而又不反映出被测频率源的幅度起伏,通常,该测量系统保证如下三个基本条件:

- 测量系统必须低噪声、高效率；
- 必须满足被比较的两个信号在相位上要正交即 90°相差；
- 相位锁定必须保证松锁。

1)测量单边带相位噪声谱密度 $L(f_m)$

设混频器两输入端 L、R 的输入信号为

$$u_L(t) = U_L \cos \omega_K t \tag{4-53}$$

$$u_R(t) = U_R \cos [\omega_K t + \varphi(t)] \tag{4-54}$$

则混频器输出电压 $u_{IT}(t)$ 为两输入电压之乘积，因此有

$$u_{IF}(t) = K_L U_R \cos [(\omega_R - \omega_L)t + \varphi(t)] + K_L U_R \cos [(\omega_R + \omega_L)t + \varphi(t)] + \cdots \tag{4-55}$$

低通滤波器滤除高频分量后,得

$$u_{IF}(t) = K_L U_R \cos [(\omega_R - \omega_L)t + \varphi(t)] \tag{4-56}$$

令 $U_{bp} = K_L U_R$,它表示 $u(t)$ 的峰值电压,K_L 为混频器效率,得

$$u(t) = U_{bp} \cos [(\omega_R - \omega_L)t + \varphi(t)] \tag{4-57}$$

当混频器作为鉴相器工作时,两输入信号必须同频且相位正交,即

$$\omega_R = \omega_L, \quad \varphi(t) = (2K+1)90° + \Delta\varphi(t)$$

此时,混频器输出为

$$\Delta u(t) = \pm U_{bp} \sin \Delta\varphi(t) \tag{4-58}$$

此处,$\Delta u(t)$ 的意义是以 0 V 为中心电压起伏,$\Delta\varphi(t)$ 是相应的瞬时起伏(以 90°相差为中心)。

当 $\Delta\varphi_{peak} \ll 1$ rad 时,可简化为

$$\Delta u(t) = \pm U_{bp} \Delta\varphi(t)$$

或

$$\Delta u = K_\varphi \Delta\varphi(t) \tag{4-59}$$

式中,K_φ 为鉴相常数或鉴相斜率(V/rad),即 $K_\varphi = U_{bp}$,它等于混频器输出拍频信号过零点的斜率。

式(4-59)表明,混频器输出电压起伏与输入信号相位起伏之间呈线性关系。因此,相位噪声的测量转化为混频器输出电压起伏的分析,作为频率的函数,得

$$\Delta u(f_m) = K_\varphi \Delta\varphi(f_m) \tag{4-60}$$

频谱仪上测得的是 $\Delta U_{rms}(f_m)$,即有效值电压,因此得

$$\Delta\varphi_{rms}(f_m) = \frac{1}{K_\varphi} \Delta U_{rms}(f_m) \tag{4-61}$$

相位噪声谱密度为

$$S_{\Delta\varphi}(f_m) = \frac{\Delta\varphi_{rms}^2(f_m)}{B_n} \tag{4-62}$$

式中,B_n 为测量 $\Delta\varphi_{rms}(f_m)$ 用的带宽。得

$$S_{\Delta\varphi}(f_m) = \frac{1}{K_\varphi^2 B_n} \Delta U_{rms}^2(f_m) \tag{4-63}$$

当 $\Delta\varphi \ll 1$ rad 时,得单边带相位噪声谱密度为

$$L(f_m) = \frac{1}{2K_\varphi^2 B_n} \Delta U_{rms}^2(f_m) \tag{4-64}$$

若环路是引入低噪声放大器,已知增益为 A,则

$$L(f_\mathrm{m}) = \frac{1}{2K_\varphi^2 A^2 B_\mathrm{n}} \Delta U_\mathrm{rms}^2(f_\mathrm{m}) \tag{4-65}$$

以 dB 来表示,得

$$L(f_\mathrm{m})_\mathrm{dB} = 20\lg \frac{\Delta U_\mathrm{rms}(f_\mathrm{m})}{(2B_\mathrm{n})^{1/2} K_\varphi A} \tag{4-66}$$

式中,$\Delta U_\mathrm{rms}(f_\mathrm{m})$ 为用调谐到 f_m 上的频谱分析仪测出的有效值电压,B_n 为频谱分析带宽,K_φ 和 A 是测量系统的已知参数。因此,只需测 $\Delta U_\mathrm{rms}(f_\mathrm{m})$ 的值,就可按式(4-66)计算单边带相位噪声谱密度 $L(f_\mathrm{m})_\mathrm{dB}$ 值。

利用零拍法测得的噪声功率,实际上是参考源噪声功率与被测噪声功率的组合,只有在参考频率源的噪声功率电平与被测频率源噪声功率电平相比要小到可以忽略不计时,才能将测得的结果看成是被测频率源的实际的噪声功率电平。所以,这种测量方法,必须配置参考源(标准源)。

2)测量 $\dfrac{S}{N}(f_\mathrm{L}, f_\mathrm{h})$

测量 $\dfrac{S}{N}(f_\mathrm{L}, f_\mathrm{h})$ 的方法与测量 $L(f_\mathrm{m})$ 值基本原理相同,不同的是指示器选用有效值电压表来测量一定带宽的信噪比,测量原理如图 4-33 所示。

因为

$$\frac{S}{N}(f_\mathrm{L}, f_\mathrm{h}) = \frac{1}{\langle \varphi^2(t, f_\mathrm{L}, f_\mathrm{h}) \rangle} \tag{4-67}$$

得

$$\frac{S}{N}(f_\mathrm{L}, f_\mathrm{h}) = 20\lg \frac{K_\varphi A}{U_\mathrm{rms}(f_\mathrm{L}, f_\mathrm{h})} \tag{4-68}$$

式中,$U_\mathrm{rms}(f_\mathrm{L}, f_\mathrm{h})$ 为有效值电压表测得的电压值。

根椐有效值电压表测得的 $U_\mathrm{rms}(f_\mathrm{L}, f_\mathrm{h})$ 值和测量系统已知的 K_φ,A 值,可用式(4-68)进行计算。

4.5 频 率 标 准

4.5.1 晶体频标

1. 晶体振荡器的工作原理

1)石英谐振器

石英谐振器是晶体振荡器的核心元件,由石英晶体、电极、支架及其他辅助装置组成。石英晶体具有很高的 Q 值以及稳定的物理、化学、机械性能,将它用于电振荡电子电路里,具有高度稳频的能力。振荡器的频率主要取决于石英晶体。

石英晶体的基本特性:频率温度特性、频率电流特性和阻抗频率特性。

2)晶体频标(晶体振荡器)的类型

晶体频标是一种受石英谐振器控制的振荡器,常称为"晶振",晶振是利用石英晶体的压电效应制成的振荡器。它能获得高稳定度的振荡频率,关键在于采用了石英谐振器和稳定

的振荡电路以及相应的温度控制电路。

a）通用晶体控制振荡器

图 4-34 所示是晶体振荡器里最简单的一
种通用晶体控制振荡器。该振荡器主要控制单
元是石英晶体，它与放大器组成简单的晶体振
荡器，输出端接入隔离放大器。晶振的频率稳
定度主要受温度影响。若应用 AT 切型的高频
率晶体，预计在 $-55\sim+105$ ℃的温度范围内，

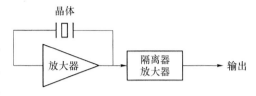

图 4-34　通用晶体控制振荡器原理

频率稳定度为 $\pm0.002\%$；若在 $-20\sim+70$ ℃的温度范围内，频率稳定度为 $\pm0.0005\%$。

b）温度补偿晶体振荡器

为了满足在宽温度范围内晶体振荡器的频率稳定度有所改善，采用温度补偿方法来提
高晶体振荡器的频率稳定度。温度补偿晶体控制振荡器如图 4-35 所示。

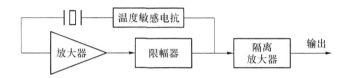

图 4-35　温度补偿晶体控制振荡器示意原理

所谓温度补偿，就是用某种方法对石英谐振器频率——温度曲线（对 AT 切型晶体具有
三次曲线）进行温度补偿。其方法有三种：热敏电阻补偿、电容器补偿和微处理器控制补偿。

一种简单的热敏电阻补偿电路，如图 4-36 所示。这种温度补偿电路有三个显著的优
点：①很少需要或不需要附加的功率；②晶体单元处于环境条件下，老化率较低；③不需要预
热时间。

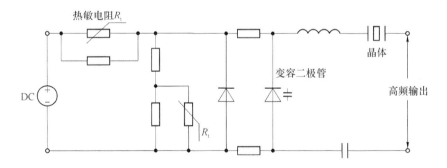

图 4-36　带有一个变容二极管和两个热敏电阻的温度补偿电路

通常，采取近似的"三点式"补偿（不可能全补偿）后，宽温度的频率稳定度大约为 $1\times$
10^{-6}（$-40\sim+70$ ℃）。

如果采用多个"三点式"热敏网络和分段补偿方法，可以进一步提高温补精度，可达到
1×10^{-7}（$-40\sim+70$ ℃）频率稳定度。

c）电压控制晶体振荡器

图 4-37 所示的是一种晶体振荡频率受外部电压控制的振荡器（VCXO）。通过改变串
联于晶体谐振器的变容二极管的电容（电压敏感电抗），如调制电压加到变容二极管的两端

时,晶振频率就随调制电压而变化。

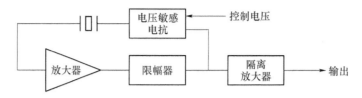

图 4-37 电压控制晶体振荡器的示意原理

d)精密晶体振荡器

精密晶体振荡器,通常采用精密石英晶体谐振器、稳定的振荡电路以及完善的结构和良好的温控电路,如图 4-38 所示。

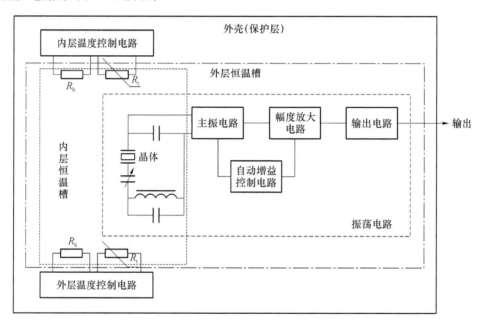

图 4-38 精密晶体振荡器的组成原理

高稳定晶体振荡器-晶体频标,通常由下面三部分组成:

①高精密石英晶体谐振器。采用具有高稳定度和低漂移率的精密 AT 切型 2.5 MHz、5 MHz 五次泛音石英晶体谐振器及恒温控制电路。其中 2.5 MHz 晶体的 Q 值高、老化率低,长期频率稳定度高;而 5 MHz 晶体具有较高的短期频率稳定度,同时具有较好的长期频率稳定度。随后,SC 切型石英谐振器问世,并得到了广泛应用,它是具有综合优良性能的晶体,其频率是 10 MHz。

②稳定的振荡电路。在振荡电路中,除了有稳定的主振级以外,还要有将主振级控制在低电平线性状态的自动增益控制电路,以及提供一定输出电平起隔离作用的放大、输出电路。

③结构完善、温控良好的精密恒温系统。精密恒温系统是由恒温槽、单层或双层温度控制电路、感温元件和其他辅助装置组成。例如,晶体在拐点温度附近±2 ℃的平均温度系数为 $5 \times 10^{-8}/℃$,若要将温度变化引起的频率变化在 5×10^{-11} 以内,则要求槽内温度波动必

须保持在 0.001 ℃ 以下，必须使用精密恒温系统。

3）晶体振荡电路的组成

高稳定晶体振荡器的振荡电路，通常是由主振电路、幅度放大器、自动增益控制电路和输出电路等组成，如图 4-39 所示。

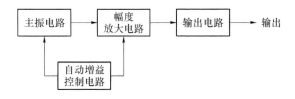

图 4-39　晶体振荡电路的组成

a）主振电路：将直流能量转换成交流（高频信号）能量，而高频信号的频率主要取决于石英谐振器。

b）幅度放大电路（也称为自动增益放大级）：将主振级输出的微弱信号定量地放大，供给输出级，并推动自动增益控制电路，此外，还有一定隔离负载的作用。

c）自动增益控制电路：控制主振级的工作，使晶体管工作于小信号线性放大状态，晶体工作于低电平，并保持其恒定，以提高振荡器的频率稳定度。

d）输出电路：用于隔离输出，减小输出端负载变化对频率稳定度的影响，并在一定负载上取得一定幅度的无失真电压。

2. 晶体频标产品：DP4A 晶体频率标准

图 4-40 所示为 DP4A 晶体频率标准整机图，它是一台高精度、高稳定度的恒温晶体振荡器。该晶体频标的主要技术指标有：

- 输出频率：1 MHz、5 MHz、10 MHz
- 日频率波动：3×10^{-10}
- 老化率：$2 \times 10^{-10}/d$
- 秒级频率稳定度：$1 \times 10^{-11}/s$

图 4-40　DP4A 晶体频率标准整机

4.5.2　原子频标

1. 原子能级跃迁现象和频标信号的产生

原子频标也称量子频标，它是基于量子力学的原理研制成的。当原子或分子由一个能级 E_2 向另一个能级 E_1 跃迁时，可以观测到电磁波谱线的吸收或辐射现象，其电磁波的频率由波阿（Bohr）条件决定，它所对应的频率为

$$f_s = \frac{E_2 - E_1}{h} = \frac{\Delta E}{h} \tag{4-69}$$

式中,ΔE 为跃迁前后原子能量的改变值;f_s 为与跃迁相联系的电磁波频率;h 为普朗克常数。

当 E 以 ev(电子伏)为单位,f_s 以 Hz 为单位时,有

$$\frac{h}{2\pi} = 6.582\,183 \times 10^{-16} (\text{ev} \cdot \text{s})$$

原子在两个能级之间的跃迁将吸收或放出能量 ΔE,它的原子跃迁是非常稳定的,再来控制晶体振荡器,获得频标信号,这样就产生了所谓"原子频标信号"。

控制过程是这样的,将原子系统置于相应的微波腔中,两个能级上原子数相差很大,若全部原子都处在 E_2 能级,则当微波腔内的变化正好为 $\frac{\Delta E}{h}$ 时,这些原子就通过诱导发射而跃迁到 E_1 能级,这个跃迁变化的微波振荡完全同步于原子跃迁。

2. 铷原子频标

铷原子频标是用铷同位素 Rb87 原子超精细能级跃迁微波吸收谱线作为频率基准,对晶振的频率进行自动控制,从而得到高稳定度的时间频率标准仪器。

铷原子频标具有较高的频率准确度和频率稳定度,其频率漂移等指标比晶振高,并且,具有较好的短期频率稳定度,尤其是结构轻便,便于小型化,使用方便,所以常作为二级频率标准,得到广泛应用。

铷气泡频标的频率为

$$f = f_0 + 573H_0^2 \tag{4-70}$$

式中,f_0 为铷原子不受外场影响的跃迁频率(6 834 682 614 Hz);H_0 为静磁场强度。

1)基本工作原理

铷原子频标是由量子部分和压控晶体振荡器组成。压控晶体振荡器的频率经过倍频和频率合成送到量子系统与铷原子跃迁频率进行比较。误差信号送回压控晶体振荡器,对其频率进行调节,使其锁定在铷原子特定的能级跃迁所对应的频率上。铷气泡型原子频标的原理如图 4-41 所示。

在铷气泡型原子频标中,利用的是基态超精细能级($F=2, m_F=0$)和($F=1, m_F=0$)之间的跃迁,相应的跃迁频率 6 834.682 614 MHz。铷原子谐振器由 Rb87 放电光源、Rb85 滤光泡、Rb87 谐振泡、微波谐振腔以及光敏管检测器组成。

由图 4-41 看出,铷原子频标包括量子部分(物理部分)和线路部分的功能和相互间的关系。

a)铷原子频标量子部分(物理部分)的功能:

①创造原子超精细能级跃迁的条件;

②在外部输入信号的激发下,产生能级跃迁;

③随着能级跃迁,产生变化的光或电信号作为参考,构成对外部压控晶体振荡器的锁定条件。

b)铷原子频标线路部分的功能:

① 以压控晶体振荡器为核心,经过频率合成,产生一个稳定的 6 834.687 5 MHz 的频率信号并送入量子部分;

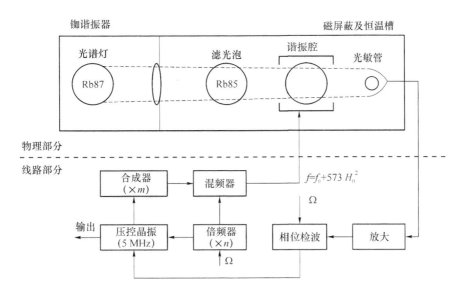

图 4-41 铷气泡型原子频标的原理

②接收由量子部分输出的,含有原子超精细能级跃迁的光、电信息,通过放大、相检等处理,锁定压控晶体振荡器的频率。

c)铷原子谐振器的工作原理

利用高频放电把铷原子(Rb87)激发到 $5P_{1/2}$ 或 $5P_{3/2}$ 态,随后,受激原子自发辐射放出波长为 794.7 nm 或 780 nm 的光。经透镜聚焦的光束通过滤光泡时,由于 Rb85 原子谱线结构中的 A 线与 Rb87 光谱中的 a 线部分重叠的特殊情况如图 4-41 所示,Rb87 光中的 a 线将被 Rb85 吸收,于是通过滤光泡的铷(Rb87)光只有 b 线,这是一个近乎单色的光,以至当其到达谐振腔时,将只抽运 Rb87 的基态超精细能级 $F=1$ 上的原子到激发态 $5P_{3/2}$。由于原子在激发态的弛予时间很短,很快就通过自发辐射以相等的几率跃迁到基态 $F=1$ 和 $F=2$ 两能级上去。于是多次重复这一过程的结果,$F=1$ 能级上的原子将完全被抽运到 $F=2$ 能级上去。这就完成了通过光抽运方法进行态选择的过程。此后,继续入射的光就不再被吸收了。这样,图 4-41 中照射到光敏管的光就最强。但是,如果同时还向谐振腔馈入微波激励信号,则当该信号频率等于 Rb87($F=2$, $m_F=0$)←→($F=1$, $m_F=0$)之间的能级跃迁频率时,Rb87 将发生微波谐振。与之相应,原子从能态($F=2$, $m_F=0$)过渡到($F=1$, $m_F=0$),入射的光又将继续被吸收。这就出现了照射到光敏管的光的减弱。光敏检测器将检测到这一吸收信号。这样,光敏检测器上吸收信号的大小与 Rb87 谐振泡中原子的微波跃迁几率成比例。鉴于这种跃迁几率与激励信号频率的关系具有一般谐振器那种谐振线性,所能看到的吸收信号的频率响应也与一般谐振器相似。为了准确地搜寻能级跃迁造成的光信号变化,又将之与微波激励信号和跃迁频率有一定偏移时的光强减弱有所区别,对于微波激励信号采用了调频处理的方法。铷频标的典型锁频环路,如图 4-42 所示。

受控晶振输出 5 MHz 信号,一路经 18 次倍频到 90 MHz,另一路经综合器得到 5.312 5 MHz 的正弦信号。它们同时送到微波阶跃倍频器。对 90 MHz 信号 76 次倍频得到 6 840 MHz 信号,并与 5.312 5 MHz 信号相减得到 6 834.687 5 MHz 信号。在倍频器第

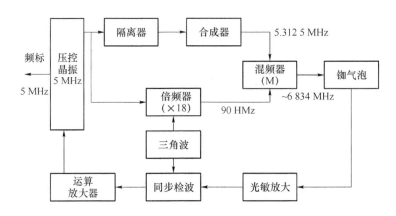

图 4-42　铷原子频标的典型电路框图

一倍频级回路中加入一个变容二极管,可用 80 Hz 信号调制变容二极管偏压,使最后输出的微波信号调相。

经射频电缆送入铷原子谐振器内,激励原子跃迁。在铷谐振泡中充加适当的缓冲气体可以使(0-0)线跃迁的频率调节到 6 834.687 5 MHz。当 6 834.687 5 MHz 信号激励铷原子谐振器时,引起 Rb87 (0-0)线共振跃迁,使穿过铷吸收泡的光强发生变化。光检测器将此光信号转换为低频电信号,再经前置放大、选频放大和同步检相产生误差信号,纠正晶振的频偏,实现了铷原子谐振器对晶体振荡器频率的自动控制,即"锁频"。

锁频时,纠偏电压大小正比于由晶体振荡器控制微波频率与原子(0-0)跃迁频率之间的频差。原子跃迁频率的高稳定度,使被锁晶振的频率稳定度相应提高。

3. 铷原子频率标准产品

PRS10 铷原子频率标准产品如图 4-43 所示。

图 4-43　PRS10 铷原子频率标准产品

1)RPS10 铷原子振荡器具有低相噪、低漂移、稳定度高等特点。可广泛应用于电信、时统、雷达、计量标准等领域。

2)技术指标

a)输出频率:10 MHz,正弦。

b)输出幅度:0.5 V±10%,有效值。

c)准确度:$\pm 5 \times 10^{-11}$(在发运时)。

d)频率稳定度:优于 $1 \times 10^{-11}/s$,$1 \times 10^{-11}/10s$,$2 \times 10^{-12}/100$ s。

e)频率-温度稳定度:$\pm 5 \times 10^{-11}$,温度范围$-20 \sim +65$ ℃。

f)对磁场变化的稳定度:$< 2 \times 10^{-10}$,对于 1 Gs 的磁场变化。

g)频率重现性:$\pm 5 \times 10^{-11}$,关机 72 h 再开机 72 h 之后与关机前的比较。

h)开机特性:开机后少于 5 min 锁定,少于 6 min 准确度达到 1×10^{-9}。

i)频率调整范围:$\pm 2 \times 10^{-9}$。

4.6 时间频率测量仪器

N8262A 频率计(图 4-44)是一款为支持基于 LAN 的 ATE 系统而设计的双通道,符合 LXI C 类标准的功率计。由于其超薄、半机架高的外形,N8262A 不仅可以减小测试系统体积,而且更便于部署。Agilent N8262A P 系列模块化功率计能够通过局域网自动测量峰值、峰均比和平均功率,还能快速、经济、高效地创建和重新配置 ATE 系统。由于 LXI 测试实现了标准化,并且能够与现有的测试设备进行互操作,系统可以随时投入测试。N8262A 带有局域网接口,与基于 PXI 或 VXI 的接口有很大差异,有利于降低成本。其他特性包括 30 M 视频带宽,代码与 P 系列和 EPM-P 功率计相兼容。

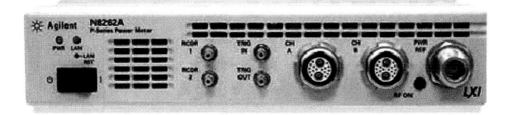

图 4-44 N8262A 频率计

N8262A 频率计性能特点如下。

1)尺寸

1U 半机架高度。

2)指标

30 MHz 视频宽带;

100 MSa/s 连续采样率。

3)测量类型

峰值、平均值、峰均比功率测量;

时间选通和自由运行测量模式。

4)CCDF 统计分析

上升时间、下降时间、脉冲宽度;

包括 WLAN、雷达和 MCPA 的预定义配置。

5）校准

EEPROM 中的校准和校正因子；

（P 系列和 E 系列传感器）

内部调零和校准（P 系列传感器）。

6）远地编程能力

SCPI 标准接口命令。

7）频率范围

- 10/100BaseTLAN 接口；

- N8480 传感器 100 kHz～50 GHz；

  8480 传感器 10 MHz～50 GHz；

- Q/R/V/W8486A 传感器 26.5～110 GHz；

  E441XA CW 传感器 10 MHz～33 GHz；

  E9300 传感器 9 kHz～24 GHz；

- E9320 传感器 50 MHz～18 GHz；

  N192X 传感器 50 MHz～40 GHz。

8）速度

高达 1 500 个读数/秒。

9）功率范围

- N1920 传感器－35～＋20 dBm；

- E9300 传感器 －60～＋44 dBm；

- E441XA 传感器－70～＋20 dBm；

- 8480 传感器－70～＋44 dBm；

- Q/R/V/W8486A 传感器－30～＋20 dBm。

N8262A 频率计前面板如图 4-45 所示，后面板如图 4-46 所示。

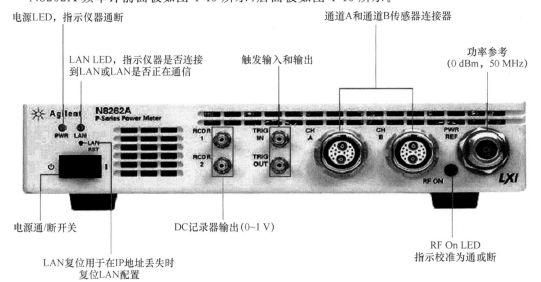

图 4-45　N8262A 频率计前面板

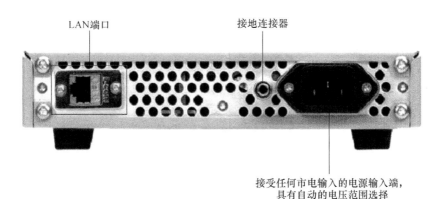

图 4-46 N8262A 频率计后面板

N8262A 频率计优点如下：

- 部署测试系统更容易；
- 减少测试系统建立系统；
- 易于集成至现有系统；
- 可以任何地方实现远地访问和控制。

本 章 小 结

本章介绍的主要内容是频率和周期的基本概念及其测量方法。

所谓频率，就是信号在单位时间内变化的次数。现代测频和测周的主要仪器是计数器，主要是通过在一个周期内计数。测频是通过在标准时间内对被测信号频率进行计数完成的，通过输出计数脉冲给计数器直接计数。测周是将信号经分频或倍频之后产生时标信号至计数器进行计数完成的，而在测周时，会受到测量精度的限制，因此经常采用多周期测量法、多周期同步计数法。

计数器在测频和测周时不可避免地会产生误差："±1"误差，这种误差的根源是数字化仪器的基本测量方法；时基误差和触发误差，由于晶体振荡器的标准频率不稳定性和不准确性引起的误差。为了减小这些误差对测量结果精度的影响，现代技术已经研究出新的方法。

安捷伦计数器是利用数字电路技术在给定时间内所通过的脉冲数并显示计数结果的数字化仪器，它具有测量精度高、量程宽、速度快等特点。掌握计数器的计数方法是十分重要的。

功率计由功率传感器和功率指示器两部分组成。功率传感器也称功率计探头，它把高频电信号通过能量转换为可以直接检测的电信号。功率指示器包括信号放大、变换和显示器。显示器直接显示功率值。功率传感器和功率指示器之间用电缆连接。为了适应不同频率、不同功率电平和不同传输线结构的需要，一台功率计要配若干个不同功能的功率计探头。

第5章 电压测量技术

5.1 概　　述

1. 电压测量的意义

大多数电子技术参数的量值都与电压参数的测量有关。例如,阻抗、功率、衰减、增益、失真度、噪声、驻波、Q 值和频谱等参量都可以通过电压的直接或间接测量求得。这些参量的测量准确度与电压的精确测量有着密切的关系。电子电压表或电压测量系统几乎成为所有电子测量仪器的一个组成部分,如标准信号发生器、示波器、失真度仪、Q 表、频谱分析仪等,常用的电子测量仪器里都具备电压测量部分,所以电压测量的准确度在这些仪器的技术指标中占有重要的地位。

在非电量测量中大多数物理量(如温度、压力、振动、速度等)的传感器也都是以电压作为输出。因此,电压测量是其他许多电参量、非电参数测量的基础。

2. 电压测量的基本要求

在电子电路、电子设备的特性测量中需要测量电压时,通常测量低频电压和高频电压,测量小幅度、大幅度电压值,还要测量不同波形的电压,如正弦波信号电压、脉冲幅度、噪声电压等。在测量电压时,要求必须具有一定的准确度。为此对电压测量提出了一系列的要求。

(1)应具有足够宽的频率范围

通常,在集中参数电路里,交流电压的频率范围从几 Hz 或几十 Hz 到几百 MHz,甚至达到 GHz。根据频率范围测量电压分为:低频电压、高频电压和超高频电压测量。

(2)应具有足够宽的电压测量范围

电压测量范围:被测电压的下限在十分之几 μV 至几 mV,上限可达几十 kV 左右。要求测量非常小的电压值时,电压测量仪器具有非常高的灵敏度。目前,已有灵敏度高达 1 nV 的数字电压表。

(3)应具有较高的测量准确度

电压测量仪器的测量准确度的表示方式一般可用下列三种方式之一表示。

①满度值的百分比,即记为 $\beta\%U_m$

这是一种最通用的电压表测量准确度的表示方法,一般具有线性刻度的模拟电压表中都采用这种方式。

②读数值的百分比,即记为 $\alpha\%U_x$

这种表示方法通常在具有对数刻度的电压表中用得最多。

③读数值的百分比加上满度值的百分比,即记为 $\alpha\%U_x+\beta\%U_m$

目前,这种表示方法是在具有线性刻度的电压表中一种较严格的准确度表征,数字式电压表都采用这种方式表示测量准确度。

由于电压测量的基准是直流标准电池,同时在直流测量中各种分布参量的影响最小,为此直流电压的测量可获得最高的准确度。例如,目前数字式电压表测量直流电压的准确度可达$\pm(0.000\,5\%U_x + 0.000\,1\%U_m)$,即可达$10^{-6}$量级,而模拟电压表一般只能达到$10^{-2}$量级。

对于交流电压的测量,一般需要通过交流/直流(AC/DC)变换(检波)电路,再测量直流电压。在高频电压测量时,还受分布参量的影响,再加上波形误差,交流电压的测量准确度只能达到$10^{-4} \sim 10^{-2}$量级。

(4)应具有高的输入阻抗

电压表的输入阻抗就是被测电路的额外负载,它直接影响测量效果,为了使仪器接入电路时尽量减小它的影响,要求电压表具有高的输入阻抗。

对于直流数字式电压表的输入电阻在小于 10 V 量程时,可高达 10 GΩ,甚至更高可达 1 000 GΩ,高量程由于分压器的接入,一般可达 10 MΩ。

对于交流电压的测量,由于需通过 AC/DC 变换电路,其输入阻抗不高,通常交流电压表的输入阻抗的典型值为 1 MΩ//15 pF。

(5)应具有高的抗干扰能力

电子测量工作,通常都是在各种干扰的环境下进行,当电压测量仪器的测量灵敏度较高时,干扰将会引入测量误差。这种抗干扰能力对数字式电压表来说更为重要。

5.2 电压测量仪器的分类

1. 按电路形式分类

①模拟式电压表:模拟式电压表是指针式的,常用磁电式电流表作为指示器,并在电流表表盘上以电压(或 dB)刻度。

②数字式电压表:数字式电压表,首先将模/数(AC/DC)变换器变成数字量,然后用电子计数器计数,并以十进制数字显示被测电压值。

2. 按频率范围分类

有直流电压表和交流电压表两种。而交流电压测量按频段范围又分为低频电压测量、高频电压测量和超高频电压测量。

3. 按检波形式分类

可分为峰值电压表、均值电压表和有效值电压表。

5.3 模拟式直流电压的测量

5.3.1 三用表直流电流和电压测量

1. 表头

在三用表(万用表)中,直流电流、电压通常是由磁电式高灵敏度直流电流表作为指示。

直流电流表称为表头。它的满刻度电流为几十 μA 到几百 μA。满刻度电流越小,其灵敏度就越高,测量电压时的内阻也就越大,表头的特性就越好。例如,国产 MF 型系列万用表的表头满刻度电流均为 $10\sim100\ \mu$A。

2. 电流表量程的扩展

表头的等效电路,如图 5-1 所示。它允许通过的最大电流值称为量程 I_M,如 50 μA、100 μA、1 mA 等,由于电流线圈匝数很多,因此其内阻较大。

电流量程扩展,如图 5-2 所示,需要在表头并联分流电阻 R_S,以扩展量程。因为两路电压相等,即

$$I_M r = (I - I_M)R_S \tag{5-1}$$

$$R_S = \frac{I_M}{I - I_M}r = \frac{1}{\dfrac{I}{I_M} - 1}r = \frac{1}{n-1}r \tag{5-2}$$

式中,n 称电流量程扩大倍数,也可称分流系数。

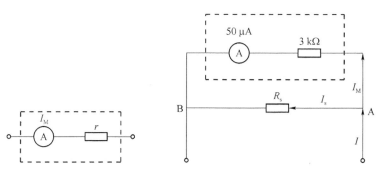

图 5-1　表头等效电路　　　　图 5-2　电流量程扩展

例 5-1　电流表量程的扩展的实例。设现有一表头,$I_M = 50\ \mu$A,$r = 3$ kΩ。问要测量 500 μA 电流,要并联一个多大的电阻?

解:$R_S = \dfrac{I_M}{I - I_M}r = \dfrac{50\ \mu A}{500\ \mu A - 50\ \mu A} \times 3\ k\Omega = \dfrac{1}{3}\ k\Omega$。

所以要并联一个 $R_S = \dfrac{1}{3}$ kΩ 的电阻。

3. 直流电压测量

用电流表头直接测量电压时,由于表头的内阻是一定的,若在表头两端加上不同电压时,表头偏转角也不同,因此经过校准,在表盘上按电压数值刻度后,就可用来测量电压。不过由于表头内阻较小,容许通过的电流又很小,所以它能测量的电压范围也很小。

(1)用表头直接测量电压

用表头直接测量电压,以 $I_M = 50\ \mu$A,$r = 3$ kΩ 表头为例,如图 5-3 所示,在指针指示满度刻度时,它两端的电压为 $U_M = I_M \times r = 50 \times 10^{-6} \times 3 \times 10^3 = 0.15$ V,即它所能测量的最大电压为 0.15 V。为了能测量较高的电压,需串联倍压电阻 R_{RP} 来扩展量程。由 $U = I_M(r + R_{RP})$ 得

$$R_{RP} = \frac{U}{I_M} - r \tag{5-3}$$

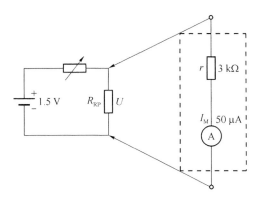

图 5-3　用表头直接测量电压

这时,电压表的内阻为

$$R_V = r + R_{RP} = \frac{U_M}{I_M}$$ (5-4)

(2)三用表直流电压挡量程扩展

常用的三用表直流电压挡量程扩展的原理电路图,如图 5-4 所示。图中除最小量程 $U_0 = I_M \times R_0$ 外,又增加了 U_1、U_2、U_3 三个量程。

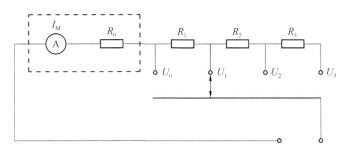

图 5-4　三用表直流电压挡量程扩展的原理电路图

根据所需扩展的量程,不难算出 3 个倍压电阻分别为

$$R_1 = \frac{U_1}{I_M} - R_0; \quad R_2 = \frac{U_2 - U_1}{I_M}; \quad R_3 = \frac{U_3 - U_2}{I_M}$$

通常,把电压表内阻 R_V 与量程 U_M 之比定义为电压表的电压灵敏度 $K_V(\Omega/V)$:

$$K_V = \frac{R_V}{U_M} = \frac{1}{I_M}$$ (5-5)

"Ω/V"数越大,表明为使指针偏转同样角度所需的驱动电流越小。"Ω/V"数一般标在磁电式电压表表盘上,可依据它推算出不同量程时的电压表内阻,即

$$R_V = K_V \times U_M$$ (5-6)

例 5-2　某电压表的 Ω/V 数为 20 kΩ/V,则 5 V 量程和 25 V 量程时,电压表内阻分别为 100 kΩ 和 500 kΩ。

磁电式直流电压表的结构简单,使用方便,其误差除来源于读数误差外,主要取决于表头本身和扩展电阻的准确度,一般在 ±1% 左右,精密电压表可达 ±0.1%。其主要缺点是灵敏度不高和输入电阻低。在量程较低时,输入电阻更小,其负载效应对被测电路工作状态及测量结果的影响不可忽略。

(3)用普通直流电压表测量高输出电阻电路的直流电压

图 5-5 表示用普通直流电压表测量高输出电阻电路的直流电压。设被测电路输出电阻为 R_O,被测电压实际值为 E_O,电压表内阻为 R_V,则电压表读数值为

$$U_O = \frac{E_O}{R_O + R_V} \times R_V = \frac{E_O}{R_O + R_V} \times \frac{U_M}{I_M} \tag{5-7}$$

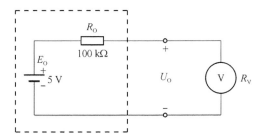

图 5-5 用普通直流电压表测量高输出电阻电路的直流电压

读数相对误差为

$$\gamma = \frac{U_O - E_O}{E_O} = -\frac{R_O}{R_O + R_V} \tag{5-8}$$

由式(5-4)、式(5-8)可见,低压挡时,R_V 更小,对测量结果影响更大。为了消除这一影响,可使用两个不同量程挡 U_1、U_2 进行测量。将电压表的两次读数值 U_{01}、U_{02} 代入下式,计算出被测电压的近似值:

$$E_O \approx \frac{(K-1)}{K - \dfrac{U_{02}}{U_{01}}} \times U_{02} \tag{5-9}$$

式中,

$$K = \frac{U_2}{U_1} \tag{5-10}$$

例 5-3 在图 5-5 中,电压表的"Ω/V"数为 20 kΩ/V,先后用 5 V 量程和 25 V 量程测量端电压 U_O 的读数分别为 2.50 V 和 4.17 V,代入上式,计算得 $E_O = 5.01$ V。

虽然用上式方法可消除 R_V 对测量结果的影响,但测量较麻烦。所以在工程测量中,为了满足测量准确度的要求,常用的方法是用直流电子电压表进行测量。

5.3.2 直流电子电压表

直流电子电压表,通常是由磁电式表头加装跟随器(以提高输入阻抗)和直流放大器(以提高测量灵敏度)构成的。当需要测量直流高电压时,在输入端接入由高阻值电阻构成的分压电路。电子电压表组成框图如图 5-6 所示,集成运放型电子电压表(MF-65)的原理图如图 5-7 所示。

在理想运放情况下,$U_F \approx U_I$,$I_F \approx I_O$,所以得

$$I_O = \frac{U_I}{R_F} = \frac{KU_X}{R_F} \tag{5-11}$$

式中,K 为分压器和跟随器的电压传输系数。

即流过电流表的电流 I_O 与被测电压 U_X 成正比。为保证该电压表的准确度,各分压电

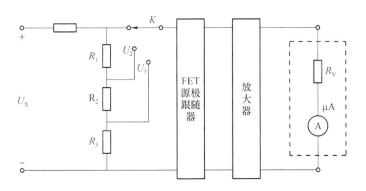

图 5-6 电子电压表组成框图

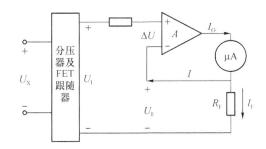

图 5-7 集成运放型电子电压表的原理图

阻和反馈电阻 R_F 都要使用精密电阻。

在上式使用直流放大器的电子电压表中,直流放大器的零点漂移限制了电压灵敏度的提高,为此,电子电压表中常采用斩波式放大器或称调制式放大器,可抑制零点漂移,使电子电压表能测量 μV 级的电压。

5.3.3 三用表的正确使用

三用表是由磁电系测量机构和不同形式的测量电路组合而成的,通过转换开关实现各种电参数的测量。该表得到非常广泛的应用,所以合理选择与正确使用是极其重要的,为此,使用三用表时应注意下面几个问题。

①三用表使用完毕后应把转换开关旋到最高电压挡上(交、直流电压都可以),绝不能放在欧姆挡上,防止两根表笔接触短路,使表内电池放电而损坏。长期不用应将干电池取出,以防干电池变质。

②测量前,先要明确被测量的种类和大小(量程),然后将转换开关转到相应的位置。若转换开关在欧姆挡或电流挡位置去测量电源电压(如 220 V)必将烧毁三用表。

③在测量高电压或大电流时,不允许带电旋转开关,以防转换开关接触点间产生电弧,烧毁开关。

1. 三用表欧姆挡的正确使用

(1)选好倍率挡

测量电阻时,适当选择欧姆倍率挡,使三用表指示在欧姆中心值附近(1/10 ~10 Ω),以保证读数有较高的准确度。

（2）调好零点

首先将两根表笔"短接"。转动零欧姆调节旋钮使指针指在零欧姆。每当切换倍率挡都要重新调零,这是保证测量准确可靠的重要环节。如果转动调零旋钮指针不能到达零欧姆时,这说明干电池电压太低,必须更换电池。

（3）不能带电测电阻

在测量电阻之前,必须切断电源,使被测电阻中没有电流通过,然后再去测量。否则被测电阻的压降引入表内,不仅会严重歪曲测量结果,甚至会烧毁表头。

（4）被测电阻不能有并联支路

有并联支路的被测电阻应将并联支路断开,分别进行测量,否则测量结果将是这两个电阻并联后的等效电阻。决不能人为造成被测电阻的并联支路。假如用两手分别握住表笔的金属部分,然后将表笔接触被测电阻两端。这样会使人体电阻并联到被测电阻上,给测量结果带来很大误差。应特别注意手不要接触表笔的金属部分。

2. 交流电压挡的正确使用

测量交流电压时,除要注意测量直流电压时应注意的各点之外,还应注意下列两点。

（1）波形误差

整流系仪表是按正弦波刻度的,而它的测量机构响应对应于平均值。内测电压波形失真或者是非正弦波时,测量结果会引入波形误差。

（2）频率误差

一般万用表只适合于 1 000 Hz 以下的交流电压（或电流）的测量。频率高于此频率的电压或电流,会使测量误差增大。使用前应注意三用表的标牌上的频率范围。

5.4　交流电压的测量

5.4.1　电压及其概念

电信号的交流电压 $u(t)$ 的大小,可以用交流电压的峰值 U_p、平均值 $\bar{U}$ 或有效值 U 来表征。在交流电压表中,交流电压的测量都采用检波器来完成交流/直流（AC/DC）变换,其原理是把被测交流电压变换成直流电流,然后驱动直流电流偏转,根据被测交流电压大小与直流电流的关系,表盘直接以电压刻度。现代的交流电压表的指示器是采用数字显示,将检波器输出的直流电流（电压）,通过 A/D 变换,再进行数字显示。

为了对电流表进行刻度,必须首先知道检波器的输出直流电流 I_0 与被测电压大小的关系,即电流表的刻度特性 $I_0 = f(u_x)$。因为,电流表的刻度特性与检波器对交流电压的响应密切相关,根据上述交流电压的三种表征,分别有峰值响应、平均值响应和有效值响应三种检波器,与此相应有峰值电压表、平均值电压表和有效值电压表。

电信号的交流电压 $u(t)$ 的大小,可以用交流电压的峰值 U_p、平均值 $\bar{U}$、有效值 U,以及波形因数 K_f 和波峰因数 K_p 等表征。若被测电压的瞬时值为 $u(t)$,则得。

①峰值电压:峰值电压 U_p 是电压 $u(t)$ 在一个周期 T 内达到的最大值。

②平均值:电压 $u(t)$ 在一个周期 T 内的平均值 $\bar{U}$,可用下式表示

$$\bar{U} = \frac{1}{T} \int_0^T |u(t)| \, \mathrm{d}t \tag{5-12}$$

③有效值:电压 $u(t)$ 在所观测的时间内的均方根值,可用下式表示

$$U = \sqrt{\frac{1}{T} \int_0^T u^2(t) \, \mathrm{d}t} \tag{5-13}$$

④波形因数:
$$K_F = \frac{\text{有效值}}{\text{平均值}} = \frac{U}{\bar{U}} \tag{5-14}$$

⑤波峰因数:
$$K_p = \frac{\text{峰值}}{\text{有效值}} = \frac{U_p}{U} \tag{5-15}$$

根据理论分析,不同波形的电压加至不同检波特性的电压表时,要由电压表读数确定被测电压的峰值 U_p、平均值 $\bar{U}$、有效值 U,通常,可根据表5-1的关系计算。

表5-1 电压的峰值 U_p、平均值 $\bar{U}$、有效值 U 换算关系。

表 5-1　不同波形的电压加至不同检波特性的电压表时的计算

电压表类型	平均值检波				有效值检波			
波形	正弦	锯齿	三角	方波	正弦	锯齿	三角	方波
读数	A_1	A_2	A_3	A_4	A_1	A_2	A_3	A_4
U_p	$\sqrt{2}A_1$	$\frac{4\sqrt{2}}{\pi}A_2$	$\frac{4\sqrt{2}}{\pi}A_3$	$\frac{2\sqrt{2}}{\pi}A_4$	$\sqrt{2}A_1$	$\sqrt{3}A_2$	$\sqrt{3}A_3$	A_4
U	A_1	$\frac{4\sqrt{2}}{\pi\sqrt{3}}A_2$	$\frac{4\sqrt{2}}{\pi\sqrt{3}}A_3$	$\frac{2\sqrt{2}}{\pi}A_4$	A_1	A_2	A_3	A_4
$\bar{U}$	$\frac{2\sqrt{2}}{\pi}A_1$	$\frac{2\sqrt{2}}{\pi}A_2$	$\frac{2\sqrt{2}}{\pi}A_3$	$\frac{2\sqrt{2}}{\pi}A_4$	$\frac{2\sqrt{2}}{\pi}A_1$	$\frac{\sqrt{3}}{2}A_2$	$\frac{\sqrt{3}}{2}A_3$	A_4

5.4.2　电压表及其原理

1. 峰值电压表

(1)峰值电压表的组成和特点

峰值电压表的组成,如图5-8所示,这种电压表称为检波-放大式电子电压表,被测交流电压先检波后放大,然后驱动直流表。

在峰值电压表中,都采用二极管峰值检波器,即检波器是峰值响应。图5-8(a)中,即由于采用桥式直流放大器,增益不高,故这类峰值电压表的灵敏度不高,最小量程一般约为1 V。电压表的工作频率范围取决于检波器的检波二极管的高频响应,一般可达几百 MHz。

为了提高检波-放大式电压表的灵敏度,目前,普遍采用斩波式直流放大器,以解决一般直流放大器的增益与零点漂移之间的矛盾。斩波式直流放大器是利用斩波器是把直流电压变换成交流电压,并用交流放大器放大,最后再把放大的交流电压变换成直流电压,故称为直-交-直放大器。

如图5-8(b)所示的电压表,是一种用斩波交流放大器的检波-放大式电压表。由于采用斩波式交流放大器,其增益高,而且噪声和零点漂移都很小,该电压表的灵敏度可高达几十 μV,这种电压表称为超高频电压表,典型产品有 HFJ-8 型超高频毫伏表,最低量程为 3 mV,

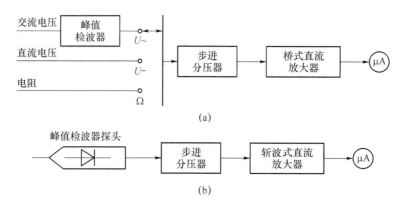

图 5-8 峰值电压表的组成框图

最高工作频率为 300 MHz 或更高。近年来,一种智能化数字射频毫伏表问世,如 WY2288 型智能化数字射频毫伏表/小功率计,能测量频率为 1 kHz～1 500 MHz 的正弦电压有效值和相应的功率值。它采用检波放大原理,具有频响宽,驻波系数小,灵敏度高,测量准确度高的特点。由于是基于 CPU 控制的数字化仪器,可实现量程自动控制与遥控功能,也可测量射频信号的电压和功率。

（2）刻度特性

峰值电压表的表头偏转正比于被测电压(任意波形)的峰值,但是,除特殊测量需要(例如,脉冲电压表)外,峰值电压表是按正弦有效值来刻度的,即

$$a = U = \frac{U_\mathrm{p}}{K_\mathrm{p}} \tag{5-16}$$

式中,a 为电压表读数;U 为正弦电压有效值;K_p 为正弦波的波峰因数;U_p 为被测电压的峰值。

例 5-4 用具有正弦有效值刻度的峰值电压表测量一个方波电压,读数为 10 V,问该方波电压的有效值多少?

解：被测方波电压的峰值为

$$U_\mathrm{p} = \sqrt{2} \times 10 \approx 14.1 \text{ V}$$

从表 5-2 中查得方波电压的波峰因数 $K_\mathrm{p} = 1$,故被测方波有效值为

$$U_\mathrm{x} = \frac{U_\mathrm{p}}{K_\mathrm{p}} = 14.1 \text{ V}$$

表 5-2 常见波形的波形因数 K_F 及波峰因数 K_P

序号	波形名称	波形因数 $(K_\mathrm{F}=U/\bar{U})$	波峰因数 $(K_\mathrm{P}=U_\mathrm{P}/U)$	用峰值表达的有效值 (U)	用峰值表达均值 $(\bar{U})$
1	正弦波	1.11	1.414	$U_\mathrm{P}/1.414$	$0.637U_\mathrm{P}$
2	正弦半波整流	1.57	2	$U_\mathrm{P}/2$	$0.318U_\mathrm{P}$
3	正弦全波整流	1.11	1.414	$U_\mathrm{P}/1.414$	$0.637U_\mathrm{P}$
4	三角波	1.15	1.73	$U_\mathrm{P}/1.73$	$0.5U_\mathrm{P}$
5	锯齿波	1.15	1.73	$U_\mathrm{P}/1.73$	$0.5U_\mathrm{P}$

续表

序号	波形名称	波形因数 ($K_F=U/\bar{U}$)	波峰因数 ($K_P=U_P/U$)	用峰值表达 的有效值(U)	用峰值表达 均值($\bar{U}$)
6	方波	1	1	U_P	U_P
7	梯形波	$\sqrt{1-\dfrac{4\varphi}{3\pi}}\Big/\left(1-\dfrac{\varphi}{\pi}\right)$	$1\Big/\sqrt{1-\dfrac{4\varphi}{3\pi}}$	$\sqrt{1-\dfrac{4\varphi}{3\pi}}U_P$	$\left(1-\dfrac{\varphi}{\pi}\right)U_P$
8	脉冲波	$\sqrt{\dfrac{T}{\tau}}$	$\sqrt{\dfrac{T}{\tau}}$	$\sqrt{\dfrac{T}{\tau}}U_P$	$\dfrac{\tau}{T}U_P$
9	高斯白噪声	1.25	3	$\dfrac{1}{3}U_P$	$\dfrac{1}{3.75}U_P$

上述计算过程表明,当用峰值电压表测量非正弦电压时,若不换算,将产生很大的误差,这种误差称为"波形误差"。上述例子方波电压实际的有效值为 14.1 V,而若直接从表头读数只有 10 V,波形误差竟达$(14.1-10)/14.1\approx29\%$。

峰值电压表的特点是可以将检波二极管及其电路置于探头内。这样,对高频电压的测量特别有利,因为可把探头的探针直接接触到被测点,可减少由于测试引线的分布参数的影响。尤其是测量频率较高的电压时,特别重要。但是,峰值电压表的一个缺点就是对被测信号波形的谐波失真所引起的波形误差非常敏感。这种失真的正弦波极难确知其波峰因数K_p,故对读数无法换算,所以使用时应特别小心。

(3)峰值检波电路

峰值检波器是峰值交流-直流变换器,它使检波器的输出直流电压与输入电压的峰值成正比。由于峰值检波常用于较高频率电压的测量,为了避免干扰及分布参数的影响,检波电路常被放在电压表前端的探头内,所以峰值检波电路是峰值电压表的重要部件。

峰值检波电路通常有 3 种形式,即输出中包含被测直流成分的串联式电路、不包含被测直流成分的并联式电路和输出被测峰至峰值的倍压检波电路等。在峰值检波电路中运放的应用日益普遍。一种典型的峰值检波电路及波形,如图 5-9 所示。

①串联式峰值检波电路

串联式峰值检波电路的原理图,如图 5-9(a)所示。它是由检波二极管和 RC 组成的。要求该图中信号源 u_X 的内阻和二极管的导通电阻很小,在正半周能很快给电容 C 充电,电容上的电压即输出电压基本上能跟踪 u_X 的变化。在 u_X 峰值以后,当 u_X 小于 u_c 后二极管截止,电容通过电阻 R 放电。选择 RC 时间常数很大,电容放电很慢,在下一次充电之前 C 上电压下降不多,则输出近似等于被测电压峰值,其工作波形,如图 5-9(c)所示。

②并联式峰值检波电路

图 5-9(a)串联峰值检波是直接从电容上输出近似于峰值的直流电压,如果被测电压中有直流成分,那么它将被反映到输出电压中去。在图 5-9(b)中并联式峰值检波电路,虽然电容上的电压仍被充至被测电压的峰值,即包含了被测电压中可能存在的直流成分,但输出电压 u_0 为电容上与充电电流方向相反的电压与被测电压相叠加的结果。电容上的电压包含被测中的直流分量和近似被测峰值的直流电压两部分,被测电压包括直流分量和交流分量两部分。在输出电压上存储的被测直流分量与存在于被测信号中的直流分量相互抵消

了,所以 u_O 中仅仅包含了近似被测峰值的直流电压和被测中的交流成分。经滤波,去掉交流电压后,得到峰值检波的结果为不包含被测直流成分,只近似于被测交流峰值的负直流电压。

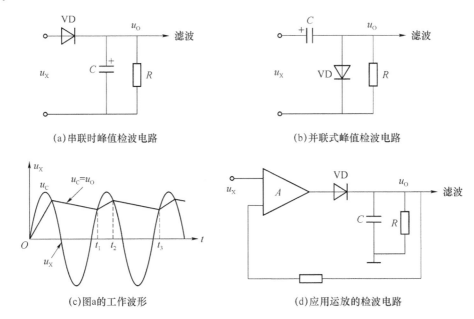

(a)串联时峰值检波电路　　　　　　　　(b)并联式峰值检波电路

(c)图a的工作波形　　　　　　　　(d)应用运放的检波电路

图 5-9　一种典型的峰值检波电路及波形图

图 5-9(b)中的电容可以理解为隔直流电容,因而输出部分不包含被测中的直流成分,检波后的直流电压只近似等于被测峰值。图 5-9(a)(b)中的元件 R 和 C 之积均应足够大,以使放电足够缓慢,检波器输出就会明显小于被测峰值。如果 VD 常数过小,电容放电过快,检波器输出值就会明显小于被测峰值,甚至形成均值检波。

图 5-9(a)(b)两种峰值检波电路均存在类似的缺点。以图 5-9(a)为例,图 5-9(c)所示的工作波形表明,一个充放电周期分为 $t_1 \sim t_2$ 充电阶段和 $t_2 \sim t_3$ 放电阶段两部分。在充电阶段由于被测信号内阻与二极管导通电阻相加往往还不够小,致使充电还不够快,使得 u_c 不能完全跟上 u_X 的变化,或者说电容上的电压往往充不到被测电压的峰值。在放电阶段,虽然选 RC 很大,放电应该非常缓慢,但在 u_c 大于 u_X 的电压不够大时,即 $t_2 \sim t_3$ 的两个边缘部分,二极管的反相电压很小,它没有做到完全截止,这就加快了电容的放电,造成输出电压的波动。

③应用运放的检波电路

图 5-9(d)与图 5-9(a)的电路和工作波形都十分类似,充、放电过程也是基本相同。但是,图 5-9(d)中加入了运放,把被测电压接至运放的同相输入,并从检波输出端反馈 u_O 至运放反相输入端。这样在充电阶段,二极管 VD 导通,电路闭环工作。对于运放闭环工作良好时可认为两输入电压相等,即 u_O 与 u_X 相差极小,充电值基本上与 u_X 同时达到峰值。而在放电阶段,二极管 VD 截止,电路变为开环。运放的开环增益极高。相当于图 5-9(c)中的 $t_2 \sim t_3$ 的边缘,如果 u_c 即 u_O 只比 u_X 大一小点,经运放开环放大后的信号也足以使二极管 VD 完全截止。这样只要 RC 时间常数够大,放电就十分缓慢。由此可见,应用运放的检波电路克服了串联式峰值检波电路的主要缺点,能实现良好的峰值检波效果。

将图 5-9 中的电路加以变更,还可达到不同峰值检波的目的。例如,改变二极管极性,可得负峰值检波,将正负峰值检波结果叠加,可得峰-峰检波等。

2. 均值电压表

(1)均值电压表的组成和特点

均值电压表的组成,如图 5-10 所示,该电压表称为放大—检波式电子电压表,即先放大,后检波。

在均值电压表中,检波器对被测电压的平均值产生响应,通常采用二极管全波或桥式整流电路作为检波器。这种电压表是一种所谓的"宽带毫伏表",其频率范围主要受宽带放大器带宽的限

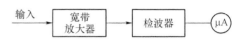

图 5-10 均值电压表的组成框图

制,而灵敏度受放大器内部噪声的限制,一般可做到 mV 级,典型的频率范围为 20 Hz～10 MHz,常称为"视频毫伏表"。

(2)刻度特性

均值电压表是均值响应,但是仍以正弦电压有效值刻度。用波形因数 K_F 来表示信号电压的有效值与平均值之比的关系。信号电压波形不同,波形因数 K_F 也不同。对于正弦电压来说,波形因数 K_F 为

$$K_F = \frac{有效值}{平均值} = \frac{U}{\overline{U}} = \frac{\pi}{2\sqrt{2}} \approx 1.11 \qquad (5\text{-}17)$$

对于具有正弦有效值刻度的平均值电压表,其读数为

$$\alpha = U = K_F \overline{U} = 1.11\overline{U} \qquad (5\text{-}18)$$

式中,α 为电压表读数;U 为电压表所刻的正弦电压有效值;$\overline{U}$ 为被测电压(对正弦电压)平均值。

由此可知,平均值电压表,实际上是按式(5-18)刻度的,所以只有测量正弦电压,从电流表上读数(有效值)才是正确的。由于不同电压波形其 K_F 不同,故当测量非正弦信号电压时,其读数 α 就没有直接的物理意义,只有把读数 α 乘以 $1/K_F$ 等于 0.9,才表示被测电压的平均值 $\overline{U}$。

(3)波形误差分析

考虑交流电压表的波形误差,包括两个方面的含义。

①当测量可用数学关系式表达的非正弦波电压(如方波、三角波等电压)时,如何对读数进行解释和换算。关于读数的换算,可举例来说明分析。

例 5-5 用平均值电压表测量一个三角波电压,读得测量值为 1 V,试求有效值电压为多少。

换算:正如上述,对一个三角波电压来说,读数 1 V 毫无物理意义,所以,首先从 $\alpha =$ 1 V 换算成平均值,即

$$\overline{U_x} = \frac{\alpha}{K_F} = \frac{1\ V}{1.11} \approx 0.9\ V$$

查表 5-2 得三角波的 $K_F = 1.15$,故被测三角波的有效值为

$$U_x = K_F \overline{U_x} = 1.15 \times 0.9\ V = 0.94\ V$$

②当测量失真的正弦波电压时,如何估计测量误差?当用均值电压表测量含有谐波成分的失真正弦电压的有效值时,其测量误差不仅取决于各次谐波的幅度,而且取决于它们的相位。因为,一个失真的正弦电压的波形不仅取决于各谐波成分的幅度,而且与它们的相位有关。波形不同,其波形因数偏离 $K_p = 1.11$ 的程度也不一样,而平均值电压表是按 $K_p = 1.11$ 刻度的,这样,若直接从电压表读数,会产生不同程度的误差。

(4)均值检波电路

均值检波器是均值交流-直流变换器。由于很多交流电压的波形都是上下对称的,其瞬时值的平均值常为 0,不能用来表征被测电压的大小。所以,电压均值的定义可用式(5-12)来表示,即

$$\bar{U} = \frac{1}{T} \int_0^T |u(t)| \, dt$$

式中,$|u(t)|$ 可以是完整被测波形的绝对值,即被测全波整流波形,也可以先把被测波形削去一半,成为半波整流波形。整流后的波形在一周内平均,可得到全波或半波均值检波的结果。整流后波形的平均可用滤波器来完成,滤波器可以简单到只并联一个电容,也可以采用较复杂的滤波电路。均值电压表的均值检波电路,如图 5-11 所示。

①一种简单的未应用运放的均值半波检波电路

图 5-11(a)是一种简单的未应用运放的均值半波检波电路。该检波电路的工作原理:当 u_X 为正半周时,二极管 VD$_1$ 导通,VD$_2$ 截止,可在输出电阻 R 上获得近似电压 u_X 正半周的波形。当 u_X 为负半周时,二极管 VD$_1$ 截止,VD$_2$ 导通,输出电压近于零。即经过正负半周后获得半波整流波形,再经滤波平均,得到半波检波均值。但是,图 5-11(a)的检波电路存在两方面的问题。其一,二极管有一定的开通电压,通常为 0.3~0.7 V。这样,当 u_X 虽然为正,但未大于开通电压时,VD$_1$、VD$_2$ 均不导通,输出电压近似于零,这时该检波电路不能检测小信号。其二,二极管有一定的内阻,这就使得实际输出电压在这个内阻与输出电阻 R 之间分压。当二极管是非线性元件,内阻会随电流变化,使得整流输出中存在非线性。

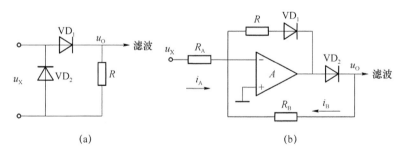

(a)   (b)

图 5-11 均值电压表的均值检波电路

②应用运放的均值检波电路

图 5-11(b)是应用运放的相应均值检波电路。输入信号通过电阻 R_A 接至运放的反相输入端,运放的同相输入端接地。当 u_X 为正半周时,二极管 VD$_1$ 导通,VD$_2$ 截止,输出电压 u_O 为零。当 u_X 为负半周时,二极管 VD$_1$ 截止,VD$_2$ 导通,输出电压 u_O 输出正的半波信号。

从表面上看,图 5-11(a)和图 5-11(b)的工作原理十分相似,但图 5-11(b)却克服了图 5-11(a)的检波电路的两个缺点。第一,虽然二极管仍有开通电压,但当 u_X 为负半周的

极小电压时,若 VD$_1$、VD$_2$ 均未导通,则运放处于开环放大状态。这时运放有极高的增益,甚至有可能高至百万倍。这样即使 u_X 是很小的负值,运放的正输出也足以使 VD$_2$ 导通,构成闭环反馈电路,所以图 5-11(b) 的检波电路可检测出很小的信号。第二,通常可以认为运放输入阻抗近似无穷大,输入电流近于零,当同相端接地时反相端可视为虚地。这样在 u_X 的负半周时,若略去极性只看数值,则存在如下关系:$u_X = i_A R_A$,$u_O = i_B R_B$,且 $i_A = i_B = i$,最后可得输出电压 $u_O = i R_B = \dfrac{R_B}{R_A} u_X$。

即在 u_X 的负半周时,输出电压在数值上与输入电压成正比,克服了二极管带来的非线性问题。输出电压再经过滤波平均,即可得到与输入负半周平均值成正比的电压,并使检波特性比图 5-11(a) 的检波电路有很大的改善。

现在的均值检波电压表一般做成放大-检波结构形式的,即先对被测电压进行交流电压放大,再通过均值检波变为直流电压,最后经 A/D 进行数字显示。也可以变成直流电压后,可直接模拟显示。目前,对电压表的分辨率或者灵敏度的要求越来越高,即使是经济型的手持式交流表也能测量 0.1 mV 甚至更小的交流电压。

放大-检波式电压表中的放大器使电压表的灵敏度提高的同时,也对电压表的带宽有所损害。由于要求放大器对各种频率的信号都有足够增益的均匀放大,还要求电路内部噪声较小,这样的放大器带宽不容易很宽。通常,放大-检波式均值电压表的上限频率从 1 kHz 左右至十几 MHz。

3. 有效值电压表

(1)有效值测量的概念

交流电压的有效值 U_{rms} 是指在一个周期内,通过某纯阻负载所产生的热量与一个交流电压的数值在同一个负载产生的热量相等时,则该交流电压的数值就是交流电压的有效值。从做功相同的定义出发,可知有效值实际上就是均方根值,如式(5-13)所示。

由式(5-13)表明,有效值定义为一个周期内交流电压平方的平均值再开方。平均是通过一个周期的积分再除以周期 T 得到的。但是如果积分时间远大于交流电压的周期,平均结果就是一个周期的平均值,因此在有效值 AC/DC 的变换中,若对 u_X^2 的平均时间够长,平均值能够稳定,可以认为它与信号在一个周期内的平均值没有明显差别。

(2)有效值交流-直流变换的原理

真有效值交流-直流(AC/DC)变换常用的方法有 3 种,即模拟运算法有效值变换、数字采样式有效值变换和热电转换式有效值变换。

①模拟运算法有效值变换

模拟运算法有效值变换是直接根据式(5-16)或工作中利用该式的定义,用模拟运算电路完成变换。直接根据式(5-16)的模拟运算有效值变换器,如图 5-12 所示。

图 5-12(a)是模拟运算有效值变换器组成的示意图,在它的乘法器的两输入端均加了被转换信号,它通常就是电压表经信号调理后的被测信号 u_X。这样乘法器就完成平方功能,经积分和开方能够转换为有效值。

开方功能常用乘法器完成,其示意图如图 5-12(b)所示。乘法器的两输入端接入整个变换器的输出电压 U_o,乘法器输出电压为 U_o^2,将其反馈至运放的输入端。当电路平衡后,$u_I = U_o^2$,这样开方器输出等于它输入的开方,即 $U_o = \sqrt{u_I}$。

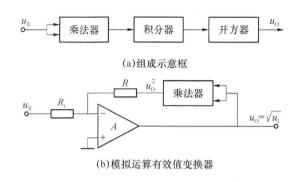

(a)组成示意框

(b)模拟运算有效值变换器

图 5-12　模拟运算有效值变换器

图 5-12(a)中,为使电路工作方便,常先将 u_X 取绝对值,这只要对 u_X 进行全波整流就可做到。

②数字采样式有效值变换

根据式(5-13)有效值的定义,若把式中的连续积分变为在信号周期内有足够多的采样值平方的代数和,则可得交流电压的有效值的另一个表达式:

$$U_{rms} = \sqrt{\frac{1}{N}\sum_{i=1}^{N} u_X^2} \qquad (5-19)$$

数字采样方式与数字示波器的采样方式相同,采样可以使用实时采样和非实时采样。非实时采样可将高频信号变为低频信号。利用非实时随机采样可以使电压表测量高至几十 GHz 的交流信号电压。

③热电转换式有效值变换

· 采用热电偶进行有效值变换的原理

交流电压有效值的原始定义,是用它在一个周期内与某直流电压在纯电阻上做功或者说产生热量相等来定义的。所以利用热电转换的概念来衡量交流电压的真有效值。如图 5-13 所示为热偶式电压表的示意图。

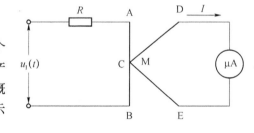

图 5-13　热偶式电压表的示意图

由图 5-13 表明,AB 为不易熔化的金属丝,称为加热丝,M 为电热偶,它是由两种不同材料的导体联接而成,其交界面 C 与加热丝热偶合,故称为"热端",而 D、E 为"冷端"。当加入被测电压 $u(t)$ 时,加热丝温度升高,冷点、热点两端由于存在温差而产生热电动势,热电偶电路中将产生一个直流 I,而使 μA 表偏转,而且这个直流电流正比于所产生的热电动势。因为,热端温度正比于被测电压有效值的平方 U_X^2,而热电动势又正比于热端与冷端的温差,这样,通过电流表的电流正比于 U_X^2,这就完成了交流电压有效值到直流电流之间的变换。

交流电压有效值到支流电流之间的变换,是非线性的变换,也就是 I 不是正比于被测电压的有效值 U_X,而是 U_X^2。在实际的有效值电压表中,必须采取措施来使表头的刻度线性化。

· 有效值电压表的组成

一种真有效值电压表的产品,即 DA-24 型有效值电压表,其组成框如图 5-14 所示。由图 5-14 表明,该有效值电压表是采用热电偶为 AC/DC 变换元件,其中 4TC1 为测量热偶,而 4TC1 为平衡热偶,用来使表头的刻度线性化,并提高其热稳定性。

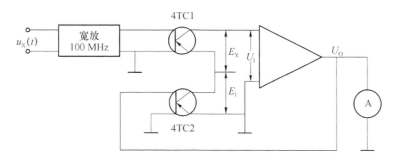

图 5-14　DA-24 型有效值电压表的组成框图

- DA-24 型有效值电压表的工作原理

测量热偶的热电动势 E_X 正比于被测电压（经放大）有效值 U_x 的平方，即 $E_X = K U_x^2$。同时，一个直流反馈电压 U_O 加到平衡热偶的加热丝，其热电动势为 $E_U = K U_O^2$，E_F 与 E_X 反极性串联加到直流放大器输入，即 $U_I = E_X - E_F$。当放大器增益很大，这个反馈系统平衡时，$U_I \to 0$，则 $E_X \approx E_F$，故 $U_O \approx U_x$。由此表明，若两个热偶特性相同（即 K 一样），那么，输出直流电压 U_O 就等于被测电压 $u_X(t)$（经放大）的有效值 U_x。同时，两个热偶的加热丝的过载能力差，易烧毁，故当测量电压估值未知时，测量前，先置于大量程挡，然后再逐渐减小。

根据上述介绍的均值、峰值和有效值 3 种电压表的原理、性能，现将这 3 种电压表的主要特性进行比较，归纳于表 5-3 中。

表 5-3　3 种电压表的主要特性比较表

电压表	组成原理	主要应用场合	实测	读数 α	读数 α 的物理意义	
					正弦波	非正弦波
均值	放大-均检	低频信号 视频信号	均值 $\bar{U}$	$1.11\bar{U}$	有效值 U	$U = K_F \bar{U}$
峰值	峰检-放大	高频信号	峰值 U_P	$0.707 U_P$	有效值 U	$U = \dfrac{U_P}{K_P}$
有效值	热电偶式	非正弦信号	有效值 U	U	真有效值 U	

5.4.3　高频电压的测量

上述介绍的峰值电压表，实际上，应用最多的是高频电压测量表。但是，这种检波-放大式电压表仅能测量高频（1 000 MHz 以下）的电压（0.1 V 以上）。经改进后的高频电压表，其测量灵敏度可到 mV、μV 量级，但由于非线性等原因，测量的准确度不高，若有噪声干扰，则更难以测量微小的电压。对于高频小电压的测量，常选用测试接收机，即选频电压表。

在高频电压测量中，往往要求测量更低的电压，而且还要求从干扰中选取出所需的信号。为此，可采用选频测量技术，以高灵敏度接收机为基础，实现高频低电压的测量。

一种测试接收机（选频电压表）的简化组成框如图 5-15 所示。该测试接收机是采用外差式结构，具有良好的选择性，解决了放大器增益与带宽之间的矛盾，因此，测试接收机具有较高的灵敏度，同时还具有另一个特性，可以从干扰中选取出有用的信号。

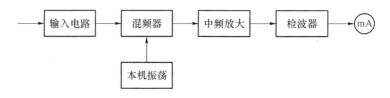

图 5-15 一种测试接收机(选频电压表)的简化组成框

测量接收机,也称为外差式电压表,由于能测量 μV 量级电压,也称微伏表。例如,DW-2 型宽频选频电压表,其频率为 0.1~300 MHz,电压范围为 0~15 mV,误差不大于 ±3.5 dB。该选频电压表除了可用于中、高频小电压的测量外,还可用于接收机、发射机、频率、频谱分析、衰减等测试。

又如早期产品 RS-3 型高频测试接收机,其频率为 25~450 MHz,测量范围为 -5~130 dB(0 dB=1 μV),频率误差不大于 ±2%。该测试接收机可用于开路电压测量、衰减器的校准等,也可以作为计量标准。

5.4.4 噪声的测量

噪声是随机信号。它的幅度、相位、频率均是随机的,其概率分布属于正态高斯分布,故称为高斯噪声。对于高斯噪声电压的测量,最好是用真有效值电压表。当用均值电压表测量噪声时,要求能解决读数的修正、仪器的带宽、满度波峰因数等问题。

(1)读数的修正

高斯噪声的有效值就是它的瞬时值 u 的均方根,即标准差。瞬时值 u 的平均值为

$$\bar{U} = -\frac{1}{\sigma\sqrt{2\pi}}\int_{-\infty}^{\infty}|u|\exp\left[-\frac{u^2}{2\sigma^2}\right]\mathrm{d}u = \sqrt{\frac{2}{\pi}}\sigma \tag{5-20}$$

则高斯噪声的波形因数为

$$K_{\mathrm{Fn}} = \frac{\sigma}{\bar{U}} = \sqrt{\frac{\pi}{2}} \approx 1.25 \tag{5-21}$$

因此,用均值电压表测量噪声有效值 U_{n} 时,有

$$U_{\mathrm{n}} = K_{\mathrm{Fn}}\bar{U} = 1.13\alpha \tag{5-22}$$

即将读数乘以修正因数 1.13 就可得噪声电压的有效值,或者在分贝制式时,将示值加上 $20\lg 1.13 \approx 1.1$ dB 即可。

(2)仪器的带宽

由于噪声的频带 BW 是很宽的,所以在噪声测量时要求测量仪器频率响应它的功率。测量仪器的带宽 $\mathrm{BW}_{-3\,\mathrm{dB}}$,应以损耗噪声功率最小为原则,如 3%~5%。此时,要求:

$$\mathrm{BW}_{-3\,\mathrm{dB}} \geqslant (8-10)\mathrm{BW}_n \tag{5-23}$$

(3)满度波峰因数

所谓满度波峰因数,是指电压表所承受的输入信号的最大允许波峰因数。通常,三角波、正弦波对电压满度波峰因数的要求分别为 $\sqrt{3}$ 和 $\sqrt{2}$。根据统计,高斯噪声波峰因数超过 2.6 的峰值出现的概率为 1%,即电压表的满度波峰因数为 2.6 时,电压表因放大器削波所产生的误差不超过 1%。

若电压表的满度波峰因数大于 4.4 时,对高斯噪声的测量就足够了。有效值电压表的满度波峰因数,通常为 10,而均值电压表一般为 1.4～2。当使用均值电压表来测量高斯噪声时,可使表头指针指向 1/2 满度附近,以提高它的测量精度。

由于带宽和满度波峰因数所造成的误差,总是使读数偏低。此外,在测量时,还应有足够的测量时间,而对宽带噪声的测量就不必考虑测量时间了。

5.4.5 脉冲电压的测量

1. 脉冲电压表的测量原理

脉冲电压表响应脉冲电压的峰值并以峰值定度。在脉冲电压表中,峰值检波器的负载电阻尽量增大或用跟随器代替它。这可采用脉冲保持电路来实现,脉冲保持电路如图 5-16 所示。

如图 5-16 的工作原理表明,BG_1 为射极跟随器,可以减小对信号源的影响。被测脉冲经 VD_1 对 C_2 充电;BG_2 和 BG_3 接成源极输出电路,BG_2 源极电位跟随 C_2 充电,经 VD_2 对 C_3 充电。C_3 可以比 C_2 大。这样 C_3 上的电压在整个脉冲周期内维持被测埋藏电压的峰值。然后,再经直流放大器并驱动微安表,从而实现埋藏电压的测量。

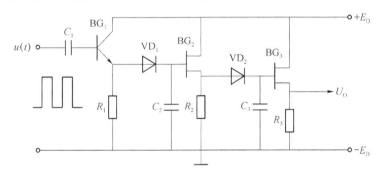

图 5-16 脉冲保持电路

2. 高压脉冲幅度的测量

测量高压脉冲,通常采用电容分压,通过示波器测量。但是,分压不稳定,并容易引起振荡。为此,可采用如图 5-17 所示的分压电路。

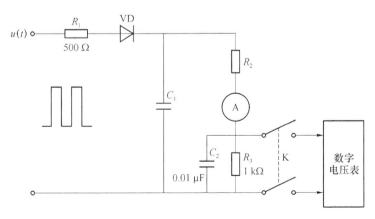

图 5-17 充放电法测量高压脉冲的原理

如图 5-17 所示,VD 是高压硅堆,R_1 是限流电阻,与 C_1 和 R_2 等构成峰值检波器。微安表直接指示脉冲幅度。R_3 是标准电阻,C_2 是旁路电容。当正脉冲输入时,VD 导通,C_2 充电;脉冲休止期,VD 截止,C_1 放电,可由数据电压表测得脉冲幅度。

在图 5-17 中,R_2 的取值决定于脉冲的幅度,可取几十 MΩ 到几百 MΩ。标准电阻 R_3 上的电压为 mV 级,用微安表指示时可忽略。开关 K 用于保护数字电压表,测量时合上。该电路可用于测量高压脉冲幅度。

5.5 数字式电压表

5.5.1 概述

数字电压表(Digital Volt Meter,DVM)是一种测量电压的数字化测量仪器。它是将被测电压(模拟量)转换成数字量,并将测量结果以数字形式显示出来的一种电子测量仪器。一台典型的直流数字电压表主要由输入电路、A/D 转换器、控制逻辑电路、计数器(或寄存器)、显示器等组成,如图 5-18 所示。模拟部分是由输入电路和 A/D 转换器组成,而数字部分是由控制逻辑电路、计数器(或寄存器)、显示器等组成。所以,一台数字电压表主要是由模拟部分和数字部分构成的。

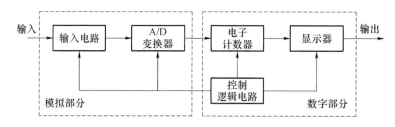

图 5-18 电压测量的数字化过程框

A/D 转换器是数字电压表的核心,由于在数字电压表中使用的 A/D 转换器的功能是把被测电压转换成与之成比例的数字量,因而是一个电压-数字(V/D)转换器。

数字电压表与指针式电压表相比,具有精度高、速度快、输入阻抗大、可数字显示、读数准确方便、抗干扰能力强、测量自动化程度高等优点。数字电压表广泛用于电压的测量和校准。数字电压表中最通用的是直流数字电压表。在直流电压表的基础上,配合各种适当的输入转换装置(如交流-直流转换器 A/D、电流-电压转换器、欧姆-电压转换器、相位-电压转换器、温度-电压转换器等),可以构成能测量交流电压的交流数字电压表,能测量电压、电流、电阻的数字多用表,同时还有能测量相位、温度、压力等多种物理量的多功能数字测量仪器。

A/D 转换的方法,通常分为两大类:积分式和非积分式。

5.5.2 数字电压表的组成及工作原理

1. 非积分式数字电压表

(1)斜波式数字电压表

斜波式数字电压表的电路比较简单,是较早期采用的一种数字电压表。斜波式数字电压表的原理框如图 5-19 所示。测量正电压时的波形如图 5-20 所示。

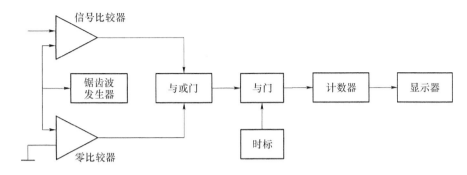

图 5-19 斜波式数字电压表的原理框

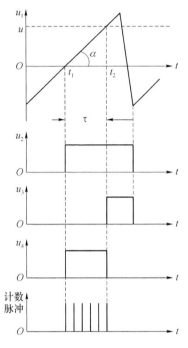

图 5-20 斜波式数字电压表的波形

锯齿波发生器产生线性很好的锯齿电压 u_1,分别加到两个比较器的输入端。信号比较器的另一个输入端加上被测电压 u,零比较器的另一个输入为零电压。锯齿电压由负的最大值逐渐上升,在 t_1 时刻达到零电平,零比较器输出一个正跳变电压 u_1。锯齿电压继续上升,在 t_2 时刻达到被测电压 u,信号比较器输出跳变电压 u_3。u_2 和 u_3 加到与或门的输入,与或门输出一个门控信号 u_4,其宽度 τ 为 $\tau = t_2 - t_1$,锯齿电压为:$u_1 = kt$,式中,k 为锯齿电压的斜率,其值为

$$k = \tan \alpha = \frac{u}{\tau} \qquad (5\text{-}24)$$

故被测电压为

$$u = k\tau \qquad (5\text{-}25)$$

设时标信号的频率为 f,因此,在门控信号期间(与门打开),时标信号送入计数器,计数 N 为 $N = f\tau$。

所以,被测电压为

$$u = \frac{k}{f}N \qquad (5\text{-}26)$$

例如,当 $k = 1\,\text{V/ms}$,$f = 1\,\text{MHz}$ 时,则电压 $u = N \times 10^{-3}(\text{V})$,计数器中所计之数 N,再由显示器显示出来。

斜波式数字电压表的精确度受锯齿波线性和斜率稳定度的限制,不可能做得很高。

(2)逐次逼近式数字电压表

逐次逼近式数字电压表又称为反馈编码式数字电压表,其工作原理类似于用天平称物体的重量。逐次逼近式数字电压表的原理框如图 5-21 所示。基准电压和数码开关的作用相当于砝码。数码开关把高稳定度的基准电压分为一串由大到小的固定电压。例如,基准电压为 10 V,经数码开关后,可输出 8 V、4 V、

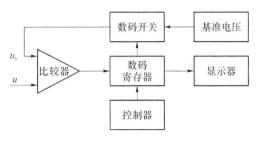

图 5-21 逐次逼近式数字电压表的原理框

1 V、0.8 V、0.4 V、0.2 V、0.1 V、···、8 mV、4 mV、2 mV、1 mV。这些电压可以分别或组合后加到比较器的输入端。

比较器的作用相当于天平,被测电压 u 和数码开关的输出电压 u_b 分别加到比较器的两个输入端(相当于天平的两臂)。若 $u_b \leqslant u$,比较器输出一个误差信号,"通知"保留加上去的一个"砝码";反之,若 $u_b > u$,则将"砝码"除去。数码寄存器能"记住"所加"砝码"的总数。控制器输出一连串顺序动作。

下面举一个具体的例子来说明逐次逼近式数字电压表的工作过程。

设:被测电压 $u = 5.709$ V。测量一开始,按照如下步骤逐次逼近。

• 节拍脉冲 1:控制器输出第一个脉冲,使各电路清零。此时,$u_b = 0$。

• 节拍脉冲 2:通过数码寄存器接通数码开关的第一位,使 $u_b = 8$ V。u_b 和 u 经比较器,当 $u_b > u$ 时,比较器输出的正误差信号将数码寄存器中的数码 8 000 清除,数码开关第一位随即断开,第一次比较过程结束,u_b 仍为 0。

• 节拍脉冲 3:通过数码寄存器接通数码开关的第 2 位,使 $u_b = 4$ V。u_b 和 u 比较,$u_b < u$,比较器输出的负误差信号,使数码寄存器中的数码(4 000)保留,数码开关的第 2 位仍保持接通。第 2 次比较过程结束,$u_b = 4$ V。

• 节拍脉冲 4:通过数码寄存器接通数码开关的第 3 位,使 $u_b = 4 + 2 = 6$ V。u_b 和 u 比较,$u_b > u$,比较器输出的正误差信号将数码寄存器中相应的数码清除(仍 4 000),数码开关第 3 位断开(第 2 位仍接通)。第 3 次比较过程结束,$u_b = 4$ V。

• 节拍脉冲 5:通过数码寄存器接通数码开关的第 4 位,使 $u_b = 4 + 1 = 5$ V。u_b 和 u 比较,$u_b < u$,比较器输出的负误差信号,使数码寄存器中的数码(5 000)保留,数码开关的第 2 位和第 4 位保持接通。第 4 次比较结束,$u_b = 4$ V。

······

• 节拍脉冲 17:此时进行第 16 次比较,$u_b = u$。显示器显示测量结果为 5.709 V。

逐次逼近式数字电压表的测量结果反映的是被测电压的瞬时值,测量精确度取决于基准电压、数码开关和比较器的性能。其变换时间与输入电压大小无关,仅由它的输出数码的位数(比特数)和钟频决定。所以,其得到了广泛应用。

2. 积分式数字电压表

积分式数字电压表有双积分式和三次积分式等,这里仅介绍双积分式数字电压表。双积分式数字电压表的原理框如图 5-22 所示。积分器是由一个高增益低漂移的直流放大器(称为运算放大器)、积分电阻 R 和积分电容 C 组成。积分器的输出电压等于输入电压积分的负值。若积分器输入直流电压 U,则输出电压 u_1 为

$$u_1 = -\frac{T_1}{RC}U \tag{5-27}$$

设积分器的工作时间(积分时间)为 T_1,则积分结束时的输出电压为

$$u_{1m} = -\frac{T_1}{RC}U \tag{5-28}$$

积分式数字电压表的工作过程分为取样和比较两个阶段。

(1)取样阶段

在 t_1 时刻,控制器发出指令,接通开关 K_1,其余开关 K_2、K_3 和 K_4 都断开。被测电压 u

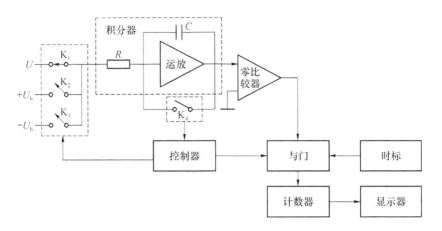

图 5-22 双积分式数字电压表的原理框

(设 u 为负电压)加到积分器的输入端,积分器开始工作,输出电压 u_1 从 0 开始线性上升,如图 5-23 所示。与此同时,控制指令打开与门,计数器开始对时标信号计数。当计数到预定时间 T_1 时,计数器立即停止计数并复原回零。同时计数器输出一个指令,表示取样阶段结束,比较阶段开始。

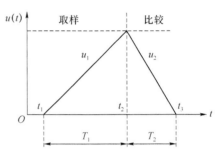

图 5-23 双积分原理图

(2)比较阶段

t_2 时刻,在比较指令的作用下,断开开关 K_1,接通开关 K_2,基准电压 $+U_B$ 加到积分器的输入端(若取样阶段对正电压积分,则比较阶段对基准电压 $-U_B$ 积分,此时应接通 K_3)输出电压 u_2 从 u_{1m} 开始线性下降。显然,u_2 为

$$u_2 = u_{1m} - \frac{t}{RC}U_B \tag{5-29}$$

与此同时,计数器重新开始计数。

由式(5-28)和式(5-29)可得

$$0 = -\frac{T_1}{RC}u - \frac{T_2}{RC}U_B \tag{5-30}$$

整理式(5-30),得

$$u = -\frac{T_2}{T_1}U_B \tag{5-31}$$

设:时标信号的频率为 f;而 T_1 时间内计数器的计数为 $N_1 = T_1 f$;而在 T_2 时间内计数器的计数为 $N_2 = T_2 f$。

因此,得

$$|u| = \frac{N_2}{N_1}U_B \tag{5-32}$$

由于 U_B 和 N_1 为定值,因此 N_2 即可指示出电压的量值。被测电压的极性将由附加的极性判别电路来指示。在一次测量结束后,接通开关 K_4,电容 C 放电,积分的输入和输出电压回零,准备下一次测量。

从上述分析表明,双积分式数字电压表具有下列优点:

· 被测电压正比于计数器对同一时标信号发生器的二次计数之比$\frac{N_2}{N_1}$,因此,对时标信号发生器频率准确度和频率稳定度要求不高,只要求在二次积分时间内频率足够稳定。

· 测量结果与积分元件 R、C 的数值无关,不用精密积分元件也可得到高精度的数字电压表。

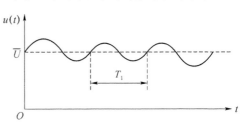

· 积分过程对被测电压有平均作用,测量结果反映了被测电压在取样时间内的平均值,如图 5-24 所示,各种干扰将大大削弱,因而抗干扰能力很强。

图 5-24 积分过程对干扰的平均作用

通常,50 Hz 的工频干扰的测量影响最大,为了抑制 50 Hz 的工频干扰,取样时间 T_1 等于工频电压周期(20 ms)或它的整数倍。但这样降低了测量速度,所以积分式数字电压表的测量速度不如反馈编码式数字电压表快。

5.5.3 数字电压表的主要特性

1. 测量范围

测量范围包括量程的划分、各量程的测量范围(从零到满度的显示位数)及超量程能力。此外,还应写明量程的选择方式(如手动、自动和遥控等)。

(1)量程

量程的扩大借助于分压器和输入放大器来实现,不经衰减和放大的量程称为基本量程。基本量程也是测量误差最小的量程。例如,DS-14 的量程分为 500 V、50 V、5 V、0.5 V 四挡,其中 5 V 挡为基本量程(不经放大/衰减,直接加到 A/D 转换器)。

(2)显示位数

通常,数字电压表的位数是指完整显示位,即能够显示 0~9 十个数码的那些位。数字电压表诸如有如 $3\frac{1}{2}$ 位、$4\frac{1}{2}$ 位、$6\frac{1}{2}$ 位等名称,为什么会有 $\frac{1}{2}$ 位?所谓 $\frac{1}{2}$ 位,它有两种含义。

①第一种情况:若数字电压表的基本量程为 1 V 或 10 V,那么带有 $\frac{1}{2}$ 位的数字电压表,表示具有超量程的能力。例如,在 10.000 V 量程上计数器最大显示为 9.999 V,很明显这是一台 4 位数字电压表,无超量程能力,即计数大于 9 999 即溢出。另一台数字电压表,在 10.000 V 量程上,最大显示为 19.999 V,即其首位只能显示 0 或 1,这一位不应与完整位混淆,它反映有超强量程(最大计数可超过量程),故形式上是 5 位,但首位不是完整显示位,故称为 $4\frac{1}{2}$ 位。

②第二种情况:基本量程不为 1 V 或 10 V 的数字电压表,其首位肯定不是完整显示位,所以不能算一位。例如,一台基本量程为 2 V 的数字电压表,在基本量程上的最大显示为 1.999 9 V,可以说这是一台 $4\frac{1}{2}$ 位数字电压表,无超量程能力。

(3)超量程能力

超量程能力是数字电压表的一个重要指标。最大显示为 9 999 的 4 位表,是没有超量程能力的,而最大显示为 19 999 的 4 位表,则有超量程能力,允许有 100% 的超量程。

有了超量程能力,当被测量超过正规的满度量程时,读取的测量结果就不会降低精度和分辨率。例如,当满量程为 10 V 的 4 位数字电压表,其输入电压从 9.999 V 变成 10.001 V 时,若数字电压表没有超量程能力,则必须换用 100 V 量程挡,从而得到"10.00 V"的显示结果,这样就丢失了 0.001 V 的信息。

通常,把最大显示为 9 999 的称为 4 位数字电压表,最大显示为 19 999 的称为 $4\frac{1}{2}$ 位数字电压表,最大显示为 39 999 或 59 999 的称为 $4\frac{3}{4}$ 位数字电压表。此外,也用百分数来表示超量程能力,例如,$3\frac{1}{2}$ 位(≈2 000)比 3 位(≈1 000)有 100% 的超量程能力。

2. 分辨率

分辨率是数字式电压表能够显示出被测电压的最小变化值,即显示器末位跳一个字所需的最小输入电压值。显然,在最小量程上,数字电压表具有最高的分辨率,常把最高分辨率作为数字电压表的分辨率指标。例如,DS-14 型电压表的最小量程挡为 0.5 V,末位跳一个字所需的平均电压为 10 μV,故称 DS-14 型电压表的分辨率为 10 μV。有时也用百分比表示,例如,$3\frac{1}{2}$ 位数字电压表的分辨率为 0.05%。

3. 测量误差

数字电压表的固有误差用绝对误差 Δ 表示,其表示方式为

$$\Delta U = \pm (a\% U_x + b\% U_m) \tag{5-33}$$

式中,U_x 为被测电压的指示值(读数);U_m 为该量程的满度值;a 为误差的相对项系数;b 为误差的固定项系数。

式(5-33)右边第一项与读数 U_x 成正比,称为读数误差;第二项为不随读数变化而变化的固定误差项,称为满度误差。读数误差包括转换系数(刻度系数)、非线性等产生的误差。满度误差包括量化、偏移等产生的误差。由于满度误差不随读数误差而变,因此,可用 n 个字(d)的误差表示,即

$$\Delta U = \pm (a\% U_x + d) \tag{5-34}$$

任意一个读数下的相对误差为

$$\gamma = \frac{\Delta U}{U_x} = \pm (a\% + b\% \frac{U_m}{U_x}) \tag{5-35}$$

由式(5-35)可见,$|\gamma|$ 随读数 U_x 减小而增加,故在测量小电压时,可换用较小的量程挡,以提高测量精度。此结果与模拟电压表是一致的。

4. 测量速率

测量速率是指每秒钟对被测电压的测量次数,或一次测量全过程所需的时间,取决于 A/D 变换器的变换速率。A/D 变换器可在内部或外部的启动信号触发下工作。数字电压表内部有一个触发振荡器(称为取样速率发生器),以提供内触发信号的触发重复频率,则可改变测量速率。

对于不同形式的数字电压表,测量速率也是不同的,例如,积分式数字电压表虽然具有很多优点,但由于 A/D 变换速率较低,故很难达到每秒百次的测量速率。而逐次逼近式数字电压表的一个可取之处,其测量速率每秒可达 10^5 次以上。

5. 抗干扰能力

由于噪声及干扰信号的存在,很难实现电压的精确测量,尤其是对微小电压的精密测量。通常有以下两种干扰。

(1)随机性干扰

在电压测量的过程中,随机性干扰信号是不确定的,如数字电压表内部电子元器件的热噪声、散弹噪声及测量现场的电磁干扰等。

(2)串模干扰和共模干扰

数字电压表的串模干扰和共模干扰是确定性干扰,如图 5-25 所示。

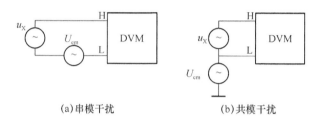

(a)串模干扰   (b)共模干扰

图 5-25　数字电压表的串模干扰和共模干扰示意图

①串模干扰:在图 5-25(a)中,干扰电压 u_N 与被测电压 u_X 串联地加到 DVM 两个测量输入端 H 和 L(即测量电位的高端和低端)之间,故称为串模干扰,通常以 U_{nm} 表示。串模干扰一般来自被测信号本身,如稳压电源中的纹波电压、测量接线上感应的工频或高频电压。

②共模干扰:在图 5-25(b)中,干扰电压(即图中的 U_{cm})同时作用于数字电压表的 H 端和 L 端,即数字电压表的 H 端和 L 端受到干扰信号的同等影响(包括幅度和相位),故称为共模干扰 U_{cm}。产生共模干扰的原因往往是测量系统的接地问题,由于被测电压与数字电压表相距较远,以至两者的地电位(即它们的参考电位)不一样,有时共模电压 U_{cm} 高达几伏甚至几百伏。此外,被测信号本身也可能含有共模电压分量。常见的抑制串模干扰的方法,通常有输入滤波法和积分平均法两种,而抑制共模干扰的方法,是采用双重屏蔽和浮置。

数字电压表的抗干扰能力可用串模抑制比和共模抑制比来表示。

· 串模抑制比(SMRR):其定义为串模干扰电压的峰值与电压表指示出来的干扰电压(误差)之比,并取对数用 dB 表示:

$$CMRR = 20\lg \frac{U_n}{\overline{U_n}} \tag{5-36}$$

式中,U_n 为串模干扰电压的幅度值;$\overline{U_n}$ 为干扰电压引起的最大测量误差。

· 共模抑制比(CMRR),其定义为共模干扰电压与电压表上测得的干扰电压之比,取对数用 dB 表示:

$$CMRR = 20\lg \frac{U_{cm}}{U_{cn}} \tag{5-37}$$

式中,U_{cm}为电压测量系统中数字电压表受到的共模干扰电压;U_{cn}为共模干扰电压在数字电压表的 H、L 端引入的等效干扰电压。

6. 输入阻抗

目前,多数数字电压表的输入级,用场效应管组成的。通常,数字电压表在小量程时,其输入阻抗可高达 10^4 MΩ 以上;在大量程测量时(如 100 V、1 000 V 等),由于使用了分压器,输入阻抗一般为 10 MΩ。

7. 响应时间

响应时间是数字电压表跟踪输入电压突变所需的时间。响应时间与过程有关,故可按量程分别确定或规定最长响应时间。响应时间可分为如下 3 种。

(1)阶跃响应时间:用以衡量对阶跃输入电压的响应速度。

(2)极性响应时间:是对极性自动变换的时间响应。

(3)量程响应时间:是对量程自动变换的响应时间。

5.5.4　数字交流毫伏表

1. 概述

图 5-26 所示为 SM1000 系列数字交流毫伏表,该数字表是利用数字技术和模拟技术相结合,并有微处理器控制的数字电压表。

2. 主要功能

①数字技术和模拟技术相结合,微处理器控制;

②液晶显示屏显示,清晰度高,视觉舒适,可同时显示量程、电压和 dBV 或 dBm,小数点自动定位,单位自动转换;

③有过压和欠压指示;

④量程可自动转换,也可手动转换;

⑤RS232 接口。

图 5-26　数字交流毫伏表

3. 主要技术指标

(1)产品型号及通道数,如表 5-4 所示。

表 5-4　产品型号及通道数

产品型号	SM1020	SM1030
通道数	1	2

(2)测量范围如下。

交流电压:70 μV～300 V。

dBV:−80～50 dBV(0 dBV＝1 V)。

dBm:−77～52 dBm(0 dBm＝1 mW 600 Ω)。

(3)量程:3 mV、30 mV、300 mV、3 V、30 V、300 V。

(4)频率范围:5 Hz～2 MHz。

(5)电压测量误差(20 ℃),如表 5-5 所示。

表 5-5 电压测量误差

频率范围	电压测量误差	频率范围	电压测量误差
50 Hz~100 kHz	±1.5%读数±8个字	5 Hz~2 MHz	±4.0%读数±20个字
20 Hz~500 kHz	±2.5%读数±10个字		

(6)电压分辨率,如表 5-6 所示。

表 5-6 电压分辨率(0.001 mV~0.1 V)

量程	满度值	电压分辨率	量程	满度值	电压分辨率
3 mV	3.000 mV	0.001 mV	3 V	3.000 V	0.001 V
30 mV	30.00 mV	0.01 mV	30 V	30.00 V	0.01 V
300 mV	300.0 mV	0.1 mV	300 V	300.0 V	0.1 V

(7)噪声:输入短路时为 0 个字。

(8)输入电阻:10 MΩ。

(9)输入电容:30 pF。

(10)最大不损坏输入电压,如表 5-7 所示。

表 5-7 最大不损坏输入电压

量程	频率	最大输入电压	量程	频率	最大输入电压
3~300 V	5 Hz~2 MHz	$450U_{rms}$	3~300 mV	1~10 kHz	$45U_{rms}$
	5 Hz~1 kHz	$450U_{rms}$		10 kHz~2 MHz	$10U_{rms}$

(11)SM1030 两输入端的隔离度(被干扰端接 50 Ω),如表 5-8 所示。

表 5-8 SM1030 两输入端的隔离度

频率	≤100 kHz	≤500 kHz	≤1 MHz	≤2 MHz
隔离度	−90 dB	−75 dB	−70 dB	−65 dB

(12)预热时间:30 min。

(13)供电电源:电压 220(1±10%) V;频率 50 (1±5%) Hz;功耗小于 10 W。

(14)环境条件:温度 0~+40 ℃;相对湿度 20%~90%(40℃时),大气压力 86~106 kPa。

(15)外形尺寸为 254 mm×103 mm×374 mm(宽×高×深);重量为 3 kg。

5.6 数字多用表

5.6.1 概述

数字多用表(Digital Multi Meter,DMM)是具有测量直流电压、直流电流、交流电压、交流电流及电阻等多种功能的数字测量仪器。

如图 5-27 所示,数字多用表是以测量直流电压的直流数字电压表为基础,并通过交流-直流(AC-DC)电压转换器、电流-电压(I-V)转换器、电阻-电压(R-V)转换器,把交流电压、电流和电阻转换成直流电压,再由直流数字电压表来测量。

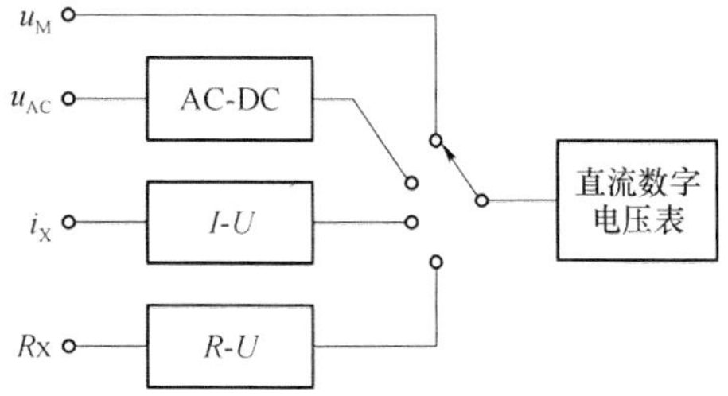

图 5-27 数字多用表的组成框图

5.6.2 数字多用表里的转换器

1. 交流-直流(AC-DC)转换器

交流电压的幅度可用平均值、有效值、峰值 3 个量来表示,相应地,交流-直流(AC-DC)转换器也有平均值转换器、有效值转换器和峰值转换器之分,目前,以前两种最常见。

在 DMM 中,AC-DC 的变换主要按真有效值的数学定义用集成电路实现。因为

$$U = \sqrt{\frac{1}{T} \int_0^T u_1^2 \, \mathrm{d}t} \tag{5-38}$$

如图 5-28 所示,AC-DC 转换器的原理即直接用集成电路的乘、除法器对 X、Y、Z 三个输入量进行 XY/Z 进行均方根运算,从而构成均方根式的有效值。

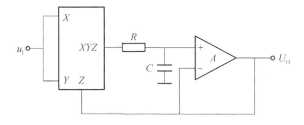

图 5-28 均方根法的 AC-DC 转换器

被测信号 u_1 送入到 X、Y 输入端,从 XY/Z 端输出的电压经平均值电路(有源低通滤波器)再送回 Z 输入端,故直流输出电压为 $U_O = \dfrac{\overline{u_i^2}}{U_O}$,即

$$U_O = \sqrt{\overline{u_1^2}} \tag{5-39}$$

已有多种型号的真有效值转换器 RMS-DC 变换的专用集成电路芯片,如表 5-9 所示。

表 5-9 RMS-DC 变换的专用集成电路芯片

型号	带宽/kHz	u_{ss}/V	输入电压幅度	转换精度
AD536A	450	±15	7 V	±2 mV±0.2%
AD636	900	±5	200 mV	±0.5 mV±1.0%
AD737	460	±16.5	200 mV	±0.2 mV±0.3%

2. 电流-电压(I-U)转换器

电流-电压(I-U)转换器是将电流转换成电压,其方法是让被测电流 i_X 流过标准电阻 R_S,则标准电阻两端的电压为 $u_X = i_X R_S$。测量出这个电压,便能决定被测电流的大小。

为了减小转换器的内阻,R_S 一般选得很小,常在几欧姆以下。因此,u_X 一般不太大。

为了测量小电流,需要对 u_x 进行放大,如图 5-29 所示。这里采用高输入阻抗的同相放大器,以减小转换器对 R_s 的旁路作用而带来的附加误差。

在测量几毫安以下的小电流时,更多的是采用图 5-30 所示的 I-U 转换电路。由于运算放大器(强负反馈的并联电压反馈放大器)的输入阻抗非常高、增益非常大,被测电流 i_x 全部流入反馈电阻 R_s。则运算放大器的输出电压为

$$U_O = I_x R_s \tag{5-40}$$

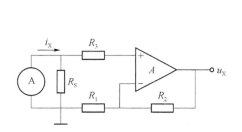
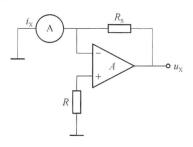

图 5-29 大信号 I-U 转换电路   图 5-30 基本 I-U 转换电路

该 I-U 转换电路的内阻接近于零。由于运算放大器的输出电流等于输入电流 i_x。应当指出,这种 I-U 转换电路不适合测量大电流,否则可能超过放大器的容许功耗。由式(5-40)可知,改换电阻 R_s,则可改换 I-U 转换器的量程。当被测电流非常小时,对运算放大器的输入端必须采取防护措施以减小漏电流。

3. 电阻-电压(R-U)转换器

电阻-电压(R-U)转换器,通常有恒流法和电阻比例法两种电路。

(1)恒流法

在被测的未知电阻 R_x 中流过已知的恒定电流 I_s 时,在 R_x 上产生的电压降为

$U = R_x I_s$,故通过恒定电流可实现电阻-电压(R-U)转换。转换电路如图 5-31 所示。

图 5-31(a)所示为利用运算放大器实现电阻-电压(R-U)转换基本电路。被测电阻 R_x 和标准电阻 R_s 分别置于反馈电路的两支路中,当输入一个基准电压 E_r 时,流过演算放大器的电流为

$$I_s = \frac{E_r}{R_s} \tag{5-41}$$

即 I_s 是由 E_r、R_s 形成的恒定电流。此电流经 R_s 产生的电压为

$$U_O = I_s R_x = \frac{E_r}{R_s} R_x \tag{5-42}$$

由此表明,运算放大器的输出电压 U_O 与 R_x 成正比,改变 R_s 则可改变 R_x 的量程。因为 I_s 要流过运算放大器,所以这种电路不适宜于测量几欧姆以下的小电阻。

DMM 常用的恒流电路,如图 5-31(b)(c)所示。它们是由运算放大器 A 构成的跟随器和恒流输出管 BG(或 BG_1、BG_2)组成,其输出电流为

$$I_s = \frac{U_s}{R_s} = \frac{R_1 E_r}{R_1 + R_2} \frac{1}{R_s} \tag{5-43}$$

在图 5-31(d)中,通过放大器 A_1 来变换基准电压,故其输出电流为

$$I_s = \frac{E_r}{R_s} \frac{R_1}{R_s} \tag{5-44}$$

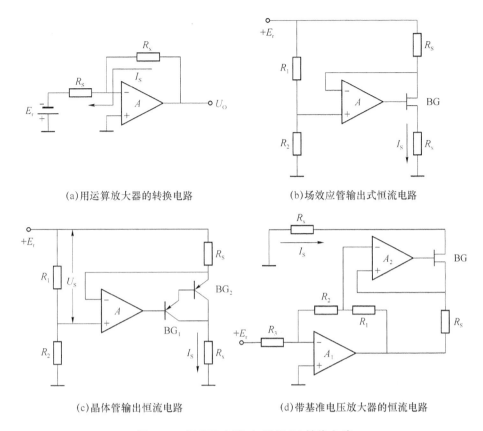

（a）用运算放大器的转换电路　　　　　　　（b）场效应管输出式恒流电路

（c）晶体管输出恒流电路　　　　　　　（d）带基准电压放大器的恒流电路

图 5-31　恒流法电阻-电压（R-U）转换电路

采用恒流法的电阻-电压（R-U）转换器的误差取决于 I_S 的准确度，即取决于 E_r、R_S、R_1、R_2、R_3 等的精度，运算放大器的偏移和漂移也会引起 I_S 的变化。

（2）电阻比例法

用电阻比例法构成的电阻-电压（R-U）转换器电路，如图 5-32 所示。它是与双斜积分式 A/D 转换器配合，可实现电阻-电压数字转换。

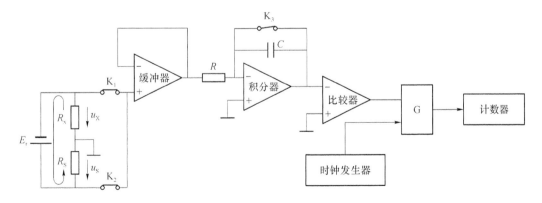

图 5-32　用电阻比例法构成的 R-U 转换器电路

由图 5-32 可知：$u_x = -IR_x$，$u_s = IR_s$ 故

$$u_X = -\frac{u_S}{R_S}R_X \approx R_X \tag{5-45}$$

为了测出 R_X 上的电压 u_X，可让双斜积分式 A/D 转换器先在固定时间 T_1 内对 u_X 积分，然后，再对 u_S 进行反向积分。当积分器的输出电压回到 0 时，第二次积分结束，则第二次积分的时间为

$$T_2 = \frac{u_X}{u_S}T_1 = \frac{R_X}{R_S}T_1 \tag{5-46}$$

故

$$R_X = \frac{R_S}{T_1}T_2 \approx T_2 \tag{5-47}$$

用 T_2 去打开与门 G，则计数器对时钟计得的数字即代表 R_X 的数字量。由于在电阻 R_X、R_S 中流过同样的电流，因此电阻比例法不需要精密的基准电流。

5.6.3 数字多用表产品介绍

近年来，随着大规模集成电路 LSI 的应用，数字多用表迅速得到了普及，其性能也有很大的提高，并且，使数字多用表向着小型化、低功耗、低成本方面发展。数字多用表大致可分为便携式和台式两种数字多用表，下面介绍这两种数字多用表的产品。

1. 便携式数字多用表

便携式数字多用表属于普及性多用表，其性能如下：

(1)便携式数字多用表的位数不多，通常是 $3\frac{1}{2}$ 位；

(2)精度不高，一般在 $0.2\%\sim0.5\%$ 的范围内；

(3)但体积、重量和耗电甚小，且大多做成手持式的。

近年又推出了 $4\frac{1}{2}$ 位和 $4\frac{2}{3}$ 位精度较高的便携式数字多用表。表 5-10 列出了几种具有代表性的便携式数字多用表产品及主要技术指标。

表 5-10　便携式数字多用表产品及主要技术指标

产品型号	生产厂家	显示位数	工作方式	重量/g	耗电/mW
AD5511A	A/D公司	$3\frac{1}{3}$(LED)	自动校零双积分	2 000(含电池)	1 000
TR-6855	武田理研	4(LED)	双积分	2 300(含电池)	900
8020A	Fluke	$3\frac{1}{2}$(LED)	自动校零双积分	270(含电池)	20
2000A	三正电子	$3\frac{1}{2}$(LED)	自动校零双积分	350(含电池)	60
MV-570	旭计器	3(LED)	自动校零双积分	450(除电池)	320
970	HP	$3\frac{1}{2}$(LED)	自动校零双积分	200(含电池)	120

2. 台式数字多用表

台式数字多用表的性能要比便携式数字多用表性能好，这种数字多用表具有位数较多、

精度及自动化程度较高的优点。各厂家都有自己的专利技术,近年来已生产出 $8\frac{1}{2}$ 位精度的台式数字多用表。表 5-11 列出了几种具有代表性的台式数字多用表及主要性能。

表 5-11 台式数字多用表产品及主要性能

产品型号	生产厂家	显示位数	精度	方案	微处理器	接口
8500A/8503A	Fluke	6.5	0.001%±6	误差加减型	有	IEE-488、RS-232B/C 并行
7065	SOCLARTON	6	0.001%±4	脉冲调宽式	有	IEE-488、RS-232C 并行
3455A	HP	6.5	±0.005%	多斜积分式	有	HP-IB
590	RACALDANA	5	±0.001%	延时式双积分	有	GB-IB

现在 DMM 技术比较成熟,产品很多,如 HP 公司的 3458A $\left(8\frac{1}{2}位\right)$、爱德万公司的 R6581 $\left(8\frac{1}{2}位\right)$、吉时利公司的 SM-2020 $\left(5\frac{1}{2}位\right)$、电子 41 所的 AV1851 $\left(5\frac{1}{2}位\right)$ 等。多功能、高精度、新技术是当前 DMM 的发展方向。

5.7 超高频毫伏表

1. 概述

一种智能化数字射频毫伏表/小功率计,如 WY2288 型智能化数字射频毫伏表/小功率计,能测量频率为 1 kHz～1 500 MHz 的正弦电压有效值和相应的功率值。它采用检波放大原理,具有频响宽,驻波系数小,灵敏度高,测量准确度高的特点。由于是基于 CPU 控制的数字化仪器,它可以实现量程自动控制及遥控功能,并可用来测量射频电子电路、电子设备的特性指标,即测量射频电路里的射频电压(功率)。

2. 特性

(1)数字智能化宽带 RF 电压表/小功率计;

(2)最高 11 000 数显电压值,4 位数显功率值和 dBm;

(3)LCD 屏多组参数和变化动态同时显示;

(4)特设小电压测量校正,保证小于 10 mV 的测量精度;

(5)特制超高频检波管,保证优良幅频特性和稳定性;

(6)50 Ω 和 75 Ω 匹配可自动转换。

3. 主要技术性能

(1)测量电压范围:1 mV～10 V,分 10 mV、100 mV、1 V、10 V 四挡,最高显示 11 000 个字,选用 40 dB 分压器(选购件)可至 300 V。

(2)测量功率范围:0.1 μW～2 000 mW,分 2 μW、200 μW、20 mW、2 000 mW 四挡,最高

显示 2 000 个字。

(3)测量电平范围:$-47\ dBm\sim+33\ dBm(50\ \Omega)$;$-48\ dBm\sim+31\ dBm(75\ \Omega)$。

(4)被测电压频率范围:$1\ kHz\sim1\ 500\ MHz$。

(5)电压测量固有误差:$\pm1\%\pm10$ 个字,$10\ mV$ 挡,$\pm2\%\pm30$ 个字。

(6)功率测量固有误差:$\pm3\%\pm10$ 个字,$2\ \mu W$ 挡$\pm5\%\pm30$ 个字。

(7)频率响应误差:

$10\ kHz\sim100\ MHz\leqslant\pm2\%$;

$1\ kHz\sim300\ MHz\leqslant\pm5\%$;

$300\sim600\ MHz\leqslant\pm8\%$;

$600\sim1\ 000\ MHz\leqslant\pm12\%$;

$1\ 000\sim1\ 500\ MHz\leqslant\pm18\%$。

(8)电源:$AC\ 220\ V\pm10\%$,$50\ Hz\pm5\%$。

(9)工作温度:$0\sim40\ ℃$。

(10)尺寸为 $280\ mm\times240\ mm\times88\ mm$(长×宽×高);重量为 $3\ kg$。

本 章 小 结

(1)电压是表征电信号能量大小的基本参量之一,电压测量是其他许多电参量测量的基础。

(2)对电压测量的要求,其实质为对电压测量设备的要求。要求应有:①足够宽的频率范围;②足够宽的电压测量范围;③较高的测量准确度;④较高的输入阻抗;⑤较高的抗干扰能力。

(3)电压测量仪器的分类:按电路形式分有模拟式电压表、数字式电压表;按频率范围分有直流电压测量表、交流电压测量表;按检波形式分有峰值电压表、均值电压表、有效值电压表。

(4)模拟式直流电压的测量。

①三用表直流电流和电压测量:电流量程的扩展,在表头并联分流电阻 R_S,即 $I_M r=(I-I_M)R_S$,$R_S=\dfrac{I_M}{I-I_M}r=\dfrac{1}{\dfrac{I}{I_M}-1}r=\dfrac{1}{n-1}r$,式中,$n$ 称电流量程扩大倍数,也可称分流系数。

用表头直接测量电压,电压量程的扩展,在表头串联倍压电阻 R_{RP} 来扩展量程,即 $U=I_M(r+R_{RP})$,这时电压表内阻为 $R_V=r+R_{RP}=\dfrac{U_M}{I_M}$。电压灵敏度 $K_V=\dfrac{R_V}{U_M}=\dfrac{1}{I_M}$,电压表内阻 $R_V=K_V\times U_M$。

用普通直流电压表测量高输出电阻电路的直流电压,电压 $U_O=\dfrac{E_0}{R_0+R_V}\times R_V=\dfrac{E_0}{R_0+R_V}\times\dfrac{U_M}{I_M}$,读数相对误差为 $\gamma=\dfrac{U_O-E_0}{E_0}=-\dfrac{R_0}{R_0+R_V}$。

低压挡时,R_V 更小,对测量结果影响更大。为了消除这一影响,可使用两个不同量程挡

U_1、U_2进行测量,计算出被测电压的近似值:$E_0 \approx \dfrac{(K-1)}{K - \dfrac{U_{02}}{U_{01}}} \times U_{02}$,式中,$K = \dfrac{U_2}{U_1}$。

②直流电子电压表:在理想运放情况下,$I_0 = \dfrac{U_I}{R_F} = \dfrac{KU_X}{R_F}$,式中,$K$ 为分压器和跟随器的电压传输系数。电子电压表中常采用斩波式放大器或称调制式放大器,可抑制零点漂移,使电子电压表能测量 μV 级的电压。

③万用表的正确使用。

· 万用表欧姆挡的正确使用:选好倍率挡;调好零点;不能带电测电阻;被测电阻不能有并联支路。

· 交流电压挡的正确使用:波形误差;频率误差。

(5)交流电压的测量:电信号的交流电压 $u(t)$ 的大小,可以用交流电压的峰值 U_p、平均值 $\bar{U}$、有效值 U、以及波形因数 K_F 和波峰因数 K_P 等表征。

(6)峰值电压表是指测量周期性波形及一次过程波形峰值的电压表。其特点是:

①输入阻抗高,可达数兆欧姆;工作频率宽,高频可达数百兆赫兹以上;低频小于 10 kHz。

②读数按正弦有效值刻度读取,只有测量正弦电压时,其有效值才是被测波形电压的真正有效值。测量非正弦电压时,其有效值必须通过波形换算得到。

③波形误差大。

④读数刻度不均匀,因为它是在小信号时进行检波的。

(7)刻度特性:峰值电压表的表头偏转正比于被测电压(任意波形)的峰值,但是,除特殊测量需要(如脉冲电压表)外,峰值电压表是按正弦有效值来刻度的,即

$$a = U = \frac{U_p}{K_P}$$

(8)峰值检波器是峰值交流-直流变换器,它使检波器的输出直流电压与输入电压的峰值成正比。

(9)峰值检波电路通常有 3 种形式,即输出中包含被测直流成分的串联式电路、不包含被测直流成分的并联式电路和输出被测峰至峰值的倍压检波电路等。在峰值检波电路中运放的应用日益普遍。

(10)典型的峰值检波电路有:

①串联式峰值检波电路;

②并联式峰值检波电路;

③应用运放的检波电路。

(11)均值电压表的组成和特点:

①均值检波器的输入阻抗低,必须通过阻抗变换来提高电压表的输入阻抗。工作频率范围一般为 20 Hz~1 MHz。

②读数按正弦波有效值刻度,只有测量正弦电压时,读数才正确。若测量非正弦电压,则要进行波形换算。

③波形误差相对不大。

④对大信号进行检波,读数刻度均匀。

(12)刻度特性:均值电压表是均值响应,但是,仍以正弦电压的有效值刻度。

对于正弦电压来说,波形因数 K_F 为

$$K_F=\frac{有效值}{平均值}=\frac{U}{\bar{U}}=\frac{\pi}{2\sqrt{2}}\approx1.11$$

对于具有正弦有效值刻度的平均值电压表,其读数为

$$\alpha=U=K_F\bar{U}=1.11\bar{U}$$

(13)波形误差分析:考虑交流电压表的波形误差,包括两个方面的含义:

①当测量可用数学关系式表达的非正弦波电压(如方波、三角波等电压)时,如何对读数进行解释和换算?

②当测量失真的正弦波电压时,如何估计测量误差?

(14)均值检波器是均值交流-直流变换器。

(15)均值电压表的均值检波电路:

①一种简单的未采用运放均值半波检波电路;

②采用运放的均值检波电路。

(16)有效值测量的概念:

交流的有效值 U_{rms} 是指在一个周期内,通过某纯阻负载所产生的热量与一个交流电压的数值在同一个负载产生的热量相等时,该交流电压的数值就是交流电压的有效值。

有效值定义为一个周期内交流电压平方的平均值再开方。

(17)有效值交流-直流变换的原理。

真有效值交流-直流(AC/DC)变换的常用的方法有 3 种。

①模拟运算法有效值变换。

②数字采样式有效值变换。

③热电转换式有效值变换:

• 采用热电偶进行有效值变换原理;

• 有效值电压表的组成;

• DA-24 型有效值电压表的工作原理。

(18)均值、峰值和有效值 3 种电压表的原理、性能主要特性比较。

(19)高频电压的测量:测试接收机。

该测试接收机是采用外差式结构,具有良好的选择性,解决了放大器增益与带宽的矛盾,因此,测试接收机具有较高的灵敏度。同时,它还具有另一个特性,可以从干扰中选取有用的信号。该选频电压表除了可用于中、高频小电压的测量外,还可用于接收机、发射机、频率、频谱分析、衰减等测试。

(20)噪声的测量:当用均值电压表来测量噪声时,要求解决读数的修正、仪器的带宽、满度波峰因数等问题。

(21)脉冲电压表的测量原理。

(22)测量高压脉冲,通常采用电容分压,通过示波器测量。但是,分压不稳定,并容易引起振荡。

(23)数字电压表是一种电压测量的数字化测量仪器。它将被测电压(模拟量)转换数字量,并将测量结果以数字形式显示出来的一种电子测量仪器。

(24)一台典型的直流数字电压表主要由输入电路、A/D 转换器、控制逻辑电路、计数器（或寄存器）、显示器等组成。模拟部分是由输入电路和 A/D 转换器组成，而数字部分是由控制逻辑电路、计数器（或寄存器）、显示器等组成。

(25)A/D 转换器是数字电压表的核心。在数字电压表中使用的 A/D 转换器的功能是把被测电压转换成与之成比例的数字量。

(26)数字电压表与指针式电压表相比，具有精度高、速度快、输入阻抗大、可数字显示、读数准确方便、抗干扰能力强、测量自动化程度高等优点。

(27)数字电压表的组成及工作原理。

①非积分式数字电压表：斜波式数字电压表；逐次逼近式数字电压表。

②积分式数字电压表：主要讲双积分式数字电压表。积分式数字电压表的工作过程分为取样和比较两个阶段。

(28)数字电压表的主要特性：

①测量范围（量程、显示位数、超量程能力）；

②分辨率；

③测量误差；

④测量速率；

⑤抗干扰能力（随机性干扰、串模干扰和共模干扰，数字电压表的抗干扰能力可用串模抑制比和共模抑制比来表示）；

⑥输入阻抗；

⑦响应时间。

(29)数字交流毫伏表是利用数字技术和模拟技术相结合，并有微处理器控制的数字电压表。

(30)数字多用表是具有测量直流电压、直流电流、交流电压、交流电流及电阻等多种功能的数字测量仪器。

(31)数字多用表里的转换器：

①交流-直流（AC-DC）转换器；

②电流-电压（I-U）转换器；

③电阻-电压（R-U）转换器，通常有恒流法和电阻比例法两种电路。

(32)数字多用表产品介绍：便携式数字多用表、台式数字多用表、数字万用表性能及主要技术指标。

第6章 测量用的信号发生器

6.1 信号发生器及其分类

6.1.1 信号发生器的应用

测量用的信号发生器,通常称为信号源。信号发生器的作用是产生不同频率、不同波形的电压和电流信号,并加到被测器件、设备上,然后用其他的测量仪器测量出其输出响应,如图 6-1 所示。

图 6-1 信号发生器的应用示意图

实际上,信号发生器可提供符合一定电技术要求的电信号,其频率、波形和幅度都是可以调节的,并可准确读出数值。信号发生器的应用示意图表明,在电子测量中,信号发生器是一种最基础的测量用仪器,其应用非常广泛。在实验训练系统里信号发生器是极其重要的信源,根据信号发生器的功能和应用,它主要应用于以下四个方面:

1)信号发生器的信号作为测试信号使用。

2)作为激励源。作为某些电子设备(如移动通信设备中的直放站)的激励信号源,尤其是在移动通信射频工程(信号覆盖系统)里可作为信源。

3)进行信号仿真。在电子设备测量中,常需要产生模拟实际环境特性的信号,可对干扰信号进行仿真。

4)作为校准源。产生一些标准信号,用于对一般的信号源进行校准,尤其是信号的频谱特性的测量,需要有低噪声信号发生器发出的信号作为标准信号。

6.1.2 信号发生器按频率范围分类

按照输出信号的频率范围分类,如表 6-1 所示。

表 6-1 信号源按频率划分表

名称	频率范围	主要应用领域
超低频信号发生器	$1 \times 10^{-6} \sim 1 \text{ kHz}$	电声学、声纳
低频信号发生器	$1 \text{ Hz} \sim 1 \text{ MHz}$	电报通信

续表

名称	频率范围	主要应用领域
视频信号发生器	20 Hz~10 MHz	无线电广播
高频信号发生器	0.1~30 MHz	广播、电报
甚高频信号发生器	30~300 MHz	电视、调频广播、导航
超高频信号发生器	300~1 000 MHz	雷达、导航、气象、通信
微波信号发生器	1 000 MHz 以上	雷达、移动通信、卫星通信

虽然按照频段分为如表 6-1 所示的几种,但是,目前许多信号发生器都能工作在极宽的频率范围内,可从几 kHz 到 1 GHz 或更高频率。例如,Agilent 公司的 EE4432、EE4437、HP8640A/B,Fluke 公司的 6071,R/S 公司的 SMDU 等信号发生器,就很难将其归于哪一频段的信号发生器。因而,有时将信号发生器分为如下两种:

1)高频信号发生器。频率在数 kHz 到 300 MHz。

2)微波信号发生器。频率在 300 MHz~3 GHz 或更高频率。

6.1.3 信号发生器按输出波形分类

根据要求,信号发生器可以产生不同波形的信号,通常可分为正弦信号发生器和非正弦信号发生器。

1)正弦信号发生器

输出幅度随时间呈正弦(或余弦)关系变化的信号发生器,称为正弦信号发生器。正弦信号发生器是使用最广泛的测试信号发生器,因为产生正弦信号的方法较简单,频率范围宽(从低频到微波频段),而且用正弦信号进行测量比较方便。

2)非正弦信号发生器

常见的非正弦信号发生器有:脉冲信号发生器、函数信号发生器、数字序列信号发生器、图形信号发生器、噪声发生器等。

6.2 正弦信号发生器的工作特性

射频/微波信号发生器(正弦信号)的技术特性通常可用五个特性来概括,即频率特性、频率稳定度(时域和频域)、输入和输出特性(幅度/功率)、调制特性及一般特性。

为了合理使用射频/微波信号发生器,必须对射频/微波信号发生器的工作特性作进一步了解。

6.2.1 频率特性

1. 频率范围

频率范围是指信号发生器所产生信号的频率范围,该频率范围既可连续又可由若干频段或一系列离散频率覆盖,在此频率范围内应满足全部指标要求。例如,国产 XD1 型信号发生器,输出信号频率为 1 Hz~1 MHz,分六挡,即六个频段。为了保证有效频率范围连续,两相邻频段之间要有相互衔接的公共部分,即频段重叠。又如 Keysight 公司生产的 N9310A 型号的射频信号发生器,其频率范围为 9 kHz～3 GHz。

有时将信号发生器的频率范围称为有效频率范围,指的是各项技术指标都得到保证时的输出频率范围。

2. 频率准确度

信号发生器的频率准确度指的是信号发生器输出信号频率相对于标准频率的相对偏差程度。通常,信号发生器的频率准确度可以认为是信号发生器度盘(或数字显示)数值与实际输出信号频率间的偏差,可用相对误差表示,即

$$A = \frac{f - f_0}{f_0} = \frac{\Delta f}{f_0} \times 100\% \tag{6-1}$$

式中,f_0 为标称值(度盘或数字显示数值,也称为预调值);f 为输出正弦信号频率的实际值;$\Delta f = f - f_0$ 为频率绝对误差。

频率准确度实际上是输出信号频率的工作误差,对于不同的正弦信号发生器可提出不同的要求。例如:

1)用度盘读数的信号发生器的频率准确度,为 $\pm(1\% \sim 10\%)$,精密低频信号发生器的频率准确度可达 $\pm 0.5\%$。

2)采用频率合成技术(包括 DDS)带有数字显示的信号发生器的输出频率准确度,该信号发生器是具有基准频率(晶振)的准确度,通常机内配备高稳定度晶体振荡器,则输出频率的准确度可达到 $1 \times 10^{-8} \sim 1 \times 10^{-10}$。

3. 频率稳定度

频率稳定度描述信号源频率的随机波动特性,其表征量分为时域和频域;频率稳定度可分为短期频率稳定度和长期频率稳定度。关于频率稳定度的概念可参考第 4 章的相关内容。

对于一般的高频信号发生器的频率稳定度应满足如下特性:

1)频率稳定度是指在其他外界条件恒定不变的情况下,在规定时间内,信号发生器输出频率相对于预调值变化的大小。频率稳定度分为短期频率稳定度和长期频率稳定度。

2)一般的高频信号发生器的短期频率稳定度定义为信号发生器经过规定的预热时间后,信号频率在任意 15 min 内产生的最大变化,表示为

$$\delta = \frac{f_{\max} - f_{\min}}{f_0} \times 100\% \tag{6-2}$$

式中,f_0 为信号发生器的预调频率;$f_{\max}$、$f_{\min}$ 分别为任意 15 min 时间内信号频率的最大值和最小值。

3)一般的高频信号发生器的长期频率稳定度,可定义为信号发生器经过规定的预热时间后,信号频率在任意 3 h 内所产生的频率最大变化,表示为

$$x \times 10^{-6} + y \tag{6-3}$$

式中,x、y 是由厂家确定的性能指标值。也可以用式(6-2)表示长期频率稳定度。必须指出,许多厂商的产品技术说明书中,并没有按上述方式给出频率稳定度指标。实际信号发生器产品的频率稳定度表示实例如下:

①国产 HG1010 信号发生器和美国的 KH4024 信号发生器的频率稳定度都是 0.01%/h。

含义是经过规定预热时间后,两种信号发生器每小时的频率漂移($f_{max} - f_{min}$)与预调值之比为 0.01%。

②有的则以天为时间单位表示稳定度。例如,国产 DF1480 合成信号发生器的频率稳定度为 5×10^{-10}/天。

6.2.2 输出特性

正弦信号发生器的输出特性,包含输出电平(输出功率)、输出电平稳定度和平坦度、输出电平准确度、输出阻抗、屏蔽质量指标、输出信号的频谱纯度及失真等指标。

1. 输出电平及稳定度

1)输出电平

输出电平是指输出信号幅度的有效范围,即由产品标准规定的信号发生器的最大输出电压和最大输出功率在其衰减范围内所得到输出幅度的有效范围。输出幅度可用电压(V、mV、μV)或分贝表示。

2)输出电平(幅度)稳定度和平坦度

a)幅度稳定度

幅度稳定度是指信号发生器经规定时间预热后,在规定时间间隔内输出信号幅度对预调幅度值的相对变化量,如 HG1010 信号发生器幅度稳定度为 0.01%/h。

b)幅度平坦度

平坦度是指温度、电源、频率等引起的输出幅度变动量。现代的信号发生器,一般都采用自动电平控制电路(ALC),可以使平坦度保持在 ± 1dB 以内,即幅度波动控制在 $\pm 10\%$ 以内。

2. 输出阻抗

信号发生器的输出阻抗视其类型不同而异。对于低频信号发生器的输出阻抗,一般为 $600\ \Omega$ 或 $1\ k\Omega$。功率输出端依输出匹配变压器的设计而定,通常有 $50\ \Omega$、$75\ \Omega$、$150\ \Omega$、$600\ \Omega$ 和 $5\ k\Omega$ 等挡。对于高频信号发生器的输出阻抗,通常是 $50\ \Omega$。

当使用信号发生器时,要特别注意与负载阻抗的匹配,因为信号发生器输出电压的读数是在匹配负载的条件下标定的。若负载与信号源的输出阻抗不匹配,则信号源输出电压的读数是不准确的。

3. 输出信号的频谱纯度

在理想情况下,正弦信号发生器的输出应为单一频率的正弦波信号,但是由于信号发生器内部放大器、混频器等电路及元器件的非线性,会使输出信号产生非线性失真,也就是除所需的正弦波频率外,还存在其他的谐波分量和非谐波分量,造成信号频谱不纯。

对于高频信号发生器,常用频谱纯度来评价。频谱纯度不仅要考虑高次谐波造成的非线性失真,更重要的是考虑由非谐波干扰和噪声造成的信号不纯。

频谱纯度要求:

$$20\lg \frac{U_s}{U_n} = (80 \sim 100)\text{dB}$$

式中,U_s 为信号幅度;U_n 为高次谐波及干扰噪声的幅度。

4. 失真度

在理想情况下,正弦信号发生器的输出应为单一频率的正弦波,但由于信号发生器内部放大器等电路的非线性,会使输出信号产生非线性失真,除所需要的正弦波频率外,还存在其他谐波分量。

通常,用信号失真度来评定低频信号发生器输出信号波形接近正弦波的程度,并用非线性失真系数 d 表示,即

$$d = \frac{\sqrt{U_{m2}^2 + U_{m3}^2 + \cdots + U_{mn}^2}}{U_{m1}} = \frac{\sqrt{\sum_{n=2}^{\infty} U_{mn}^2}}{U_{m1}} \tag{6-4}$$

为了便于测量,常常把各次谐波振幅的均方根值与信号总电压之比,用 d' 表示。

$$d' = \frac{\sqrt{U_{m2}^2 + U_{m3}^2 + \cdots + U_{mn}^2}}{\sqrt{U_{m1}^2 + U_{m2}^2 + U_{m3}^2 + \cdots + U_{mn}^2}} = \frac{\sqrt{\sum_{n=2}^{\infty} U_{mn}^2}}{\sqrt{\sum_{n=1}^{\infty} U_{mn}^2}} \tag{6-5}$$

实际上,d 和 d' 是可以相互换算的,换算关系为

$$d = \frac{d}{\sqrt{1 - d'^2}} \tag{6-6}$$

或

$$d' = \frac{d}{\sqrt{1 + d^2}} \tag{6-7}$$

当非线性失真系数较小时,即 $d' < 25\%$,则 $d' \approx d$。一般低频正弦信号发生器的信号失真度为 $0.1\% \sim 1\%$,对于高精度的正弦信号发生器的失真度可低于 0.005%。

6.2.3 调制特性

正弦信号发生器在输出正弦波信号的同时,还能输出一种或一种以上的已调制信号,在大多数情况下是调幅和调频信号,有些信号发生器里还带有调相和脉冲调制等功能。

信号发生器里,当调制信号是由内部产生时,称为内调制;当调制信号是由外部加到信号发生器进行调制时,称为外调制。

1. 调制类型和参数

通常有调幅、调频和脉冲调制等类型,主要由信号发生器的使用范围决定。根据不同的调制形式,具有如下调制参数。

1)调制频率

通常,高频信号发生器既有内调制,又外调制。内调制振荡器的频率可以是固定的(一般是 400 Hz 或 1 000 Hz),也可以是连续可调的。

调幅时,外调制频率,一般是覆盖整个频段;调频时,一般在 10 Hz～110 kHz 范围内。

2)调幅系数的有效范围

一般小于 80%;调频时的频偏一般不小于 75 kHz。

2. 调制特性指标

1)调幅指数

标准信号发生器的调幅指数准确度应优于 10%。例如,MG645 型信号发生器的有效

调幅系数的范围为 0%～80%,误差为±(指示值×0.08+2)%。

2)调制线性度

调制线性度对于调幅特性来说,是调幅失真特性。例如,HP8640B 信号发生器里 90%处调幅,频率在 0.5～512 MHz 内,调幅失真<3%。

对于调频特性来说,包含两种含义:一种是调频失真;另一种是调频频响。例如,HP8640B 信号发生器,调频失真小于 3%;而调频频响在 50 Hz～250 kHz 内小于±3 dB。

3)寄生调制

信号发生器工作在载波状态时,残余调频或调幅状态下的寄生调频,以及调频状态下的寄生调幅,统称为信号发生器的寄生调制。一般要求寄生调制低于−40 dB。

6.2.4 其他特性

除上述信号发生器的指标外,还应考虑如下特性:

1)可靠性;

2)功耗;

3)体积和重量;

4)使用的环境。

6.3 通用信号发生器

6.3.1 低频信号发生器

1. 低频信号发生器的组成及工作原理

通用的低频信号发生器,是指 1 Hz～1 MHz 频段,输出波形以正弦波为主或兼有方波及其他波形的发生器。通用低频信号发生器的组成如图 6-2 所示。

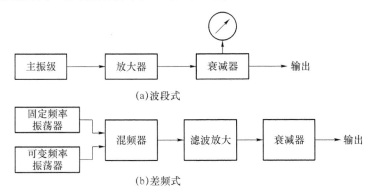

图 6-2 通用低频信号发生器组成

1)波段式信号发生器

图 6-2(a)为波段式,波段式信号发生器是由主振级、放大器、输出衰减器和电压指示等组成。信号发生器的输出信号频率是由主振器确定的,通常是由 RC 振荡器产生低频正弦波信号,经电压放大器放大达到电压输出幅度的要求,由电位器和衰减器调节输出电平。这种信号发生器带负载能力弱,只能提供电压输出。由于 RC 振荡器的频率覆盖范围小,故波

段式信号发生器通常做成多波段的。

2）差频式信号发生器

图 6-2（b）为差频式，差频式信号发生器是由可变频率振荡器 f_1 和固定频率振荡器 f_2 通过混频器产生两者差频信号 $f_0=f_1-f_2$，再经过低通滤波器滤除混频器输出中含有的高频分量，再经放大衰减输出，得到所需要的低频信号。

差频式信号发生器的最大的优点是频率覆盖范围大，容易实现整个低频段内频率的可连续调节而不用更换波段，且输出电平也比较平稳。频率覆盖范围大小，通常用频率覆盖系数表示：

$$k = \frac{f_{max}}{f_{min}} \tag{6-8}$$

以通信中常用的某电平振荡器（实际上就是低频信号）发生器为例：$F_1=3.3997\sim5.1000$ MHz，$F_2=3.4000$ MHz，则 $F_0=300$ Hz~1.7000 MHz。

频率覆盖系数为

$$k_0 = \frac{1.7000 \text{ MHz}}{300 \text{ Hz}} \approx 6\times10^3$$

而可变频率振荡器的频率覆盖系数为

$$k_1 = \frac{5.1000}{3.3997} = 1.5$$

可见，差频式信号发生器的频率覆盖范围较大。

2. 主振荡器

低频信号发生器中的主振荡器大多都采用文氏桥式振荡器，其特点是频率稳定，易于调节，并且波形失真小和易于稳幅。

文氏桥式振荡器是典型的 RC 正弦振荡器，其振荡频率决定于 RC 反馈网络的谐振频率，表达式为

$$f_0 = \frac{1}{2\pi RC} \tag{6-9}$$

在低频信号发生器中不采用 LC 振荡器，因为振荡频率较低，对于 LC 振荡器的 LC 数值大、分布电容、漏电导等也都相应很大，品质因数 Q 值降低很多，谐振特性变差，同时频率调节也困难。而在 RC 正弦振荡器，频率降低，增大电阻容易实现，且可减小功耗。

3. 低频信号发生器的主要技术指标

目前，通用的低频信号发生器主要技术指标如下。

1）频率范围：1 Hz$\sim$1 MHz 分频段，均匀连续可调。

2）频率稳定度：优于 0.1%。

3）非线性失真：小于 0.1%$\sim$1%。

4）输出电压：0$\sim$10 V。

5）输出功率：0.5$\sim$5 W。

6）输出阻抗：50 Ω、75 Ω、600 Ω、5 kΩ。

7）输出形式：平衡输出与不平衡输出。

这类低频信号发生器的早期产品以 XD 系列低频信号发生器为主，如 XD22、XD7、XD7-S、XD12A、XD-11、XD-12 等低频信号发生器。

6.3.2 高频信号发生器

高频信号发生器是指能够提供等幅正弦波和调制波信号的信号发生器,通常分为调幅和调频两种。其工作频率一般在 100 kHz~35 MHz 范围内,输出幅度能在较大的范围内调节,并具有输出微弱信号的能力,可以适应测试接收机的需要。测试各类高频接收机灵敏度、选择性等技术指标,是高频信号发生器最重要的用途之一。

高频信号发生器的组成如图 6-3 所示。它包括主振级、缓冲级、调制级、输出级、内调制振荡器、可变电抗器、监测器和电源等部分。

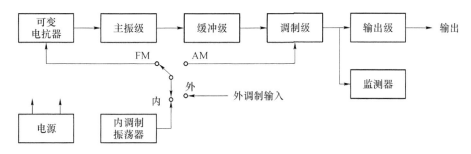

图 6-3　高频信号发生器的组成

1. 主振级

主振级通常是 LC 三点式振荡电路,产生具有一定工作频率范围的正弦信号,信号发生器输出频率的准确度、稳定度、频谱纯度等指标,是由主振级确定的,所以,它是信号发生器的核心。同时,信号发生器的输出电平及其稳定度和调频工作性能在很大程度上也是由主振级决定的。

要求主振级的频率范围宽,有较高的频率准确度和稳定度。通常,频率准确度优于 10^{-3},而频率稳定度优于 10^{-4}。主振级的电路结构简单,输出功率不大,一般在几 mW 到几十 mW 的范围内。

2. 缓冲级

缓冲级主要起阻抗变换作用,用来隔离调制级对主振级可能产生的不良影响,以保证主振级工作的稳定。在某些频率较高的信号发生器中,还可以采用倍频器、分频器或混频器,使主振级输出频率范围更宽。

3. 调制级

正弦信号缓冲级输出到调制级,进行幅度调制和放大后输出,并保证一定的输出电平调节和输出阻抗。

内调制振荡器提供符合调制级的要求的音频正弦调制信号。可变电抗器与主振级的谐振回路耦合使信号发生器具有调频功能。监测器用来监测输出信号的载波和调制系数。

该高频信号发生器常用来测试各种接收机的灵敏度和选择性等性能指标。为此,必须用已调制的正弦信号作为测试信号。调制方式通常有调幅、调频和脉冲调制。调幅用于 100 kHz~35 MHz 的高频信号发生器,一般采用正弦调制。调频主要用于 30~1 000 MHz 信号发生器中,脉冲调制常用于 300 MHz 以上的微波信号发生器。

4. 输出级

高频信号发生器的输出级由放大器、滤波器、输出电平监测器、输出倍乘(步进衰减器)

等组成,如图 6-4 所示。

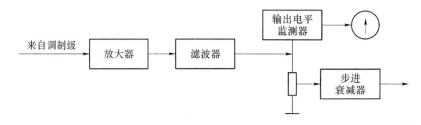

图 6-4　高频信号发生器的输出级组成

　　XFG-7 型高频信号发生器是一种既能产生频率为 100 kHz～30 MHz 等幅波又能产生调幅波的高频信号源,它可以方便地用来测量高频放大器、调制器及滤波器的性能指标,尤其适用于测试无线电接收机的性能指标。

　　XFC-6 型标准高频信号发生器是一种频率为 4～300 MHz 高频载波和调幅信号、调频信号及调幅调频信号的标准高频信号发生器。该信号发生器主要用于测试、调试及维修各种无线电接收设备。

　　上述的低频信号发生器和高频信号发生器是早期产品,当时得到了广泛应用,随着直接数字合成技术(DDS)问世,出现了新型的 DDS 信号发生器,替代了这些信号发生器,并得到了广泛应用。

6.3.3　脉冲信号发生器

　　脉冲信号发生器,通常是指矩形窄脉冲发生器,它广泛用于测试、校准脉冲设备和宽带设备。例如,测试视频放大器和宽带电路的振幅特性、过渡特性,逻辑元件的开关速度,集成电路的研究,以及对电子示波器的检定等都需要脉冲信号发生器提供测试信号,所以脉冲信号发生器是时域测量的重要测量仪器。

1. 矩形脉冲信号的基本参数

1)脉冲的定义

　　脉冲是一种电压或电流的短暂冲击。它与一般常见的正弦波的区别在于,不是连续波形,而是断续波形,即在时间轴上,两个信号波形之间存在有零或常量电压或电流的间隔,如图 6-5 所示。

　　当然,脉冲波形是多种多样的,如有梯形波、钟型波、锯齿波等,不论哪种脉冲波形,其两个波形之间,都有明显的间隔或间断点。

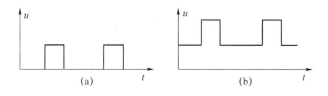

图 6-5　脉冲波形

2)脉冲参数

　　脉冲波形可以是各种各样的,但应用比较广泛的是矩形脉冲波,如图 6-6 所示。

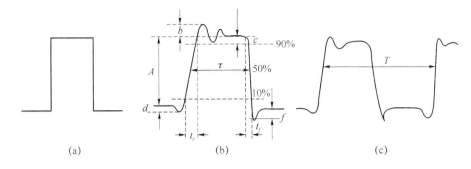

图 6-6 脉冲波形图及其参数

图 6-6(a)为理想矩形脉冲波形,实际上并不存在。图 6-6(b)是现实的矩形波形,它与理想的脉冲波之间存在着一定的差异,这些差异的产生,完全是由电路中存在的储能元件引起的。图 6-6(c)为实际的周期脉冲。

下面分别对图 6-6(b)中的非理想矩形脉冲的各参数进行分析。

a)脉冲幅度:脉冲幅度是指脉冲底值和顶值这两个量值的差值,如图 6-6(b)中的 A。

b)脉冲上升时间(或称前过渡时间):脉冲上升时间是指脉冲幅度由 10% 上升到 90% 的一段过渡时间,如图 6-6(b)中的 t_r。

c)脉冲下降时间(或称后过渡时间):脉冲下降时间是指脉冲幅度由 90% 下降到 10% 的一段过渡时间,如图 6-6(b)中的 t_f。

d)脉冲的预冲:脉冲的预冲是指脉冲上升时间前,波形有一下降失真 d,如图 6-6(b)所示。预冲定义为

$$S_d = \frac{d}{A} \times 100\% \qquad (6-10)$$

e)脉冲的上冲(或称前过冲):脉冲的上冲是指紧接着脉冲上升时间后,超过顶值部分的值 b,如图 6-6(b)所示。上冲定义为

$$S_b = \frac{b}{A} \times 100\% \qquad (6-11)$$

f)脉冲的下冲(或称后过冲):脉冲的下冲是指紧接着脉冲下降时间后,超过底值部分的值 f,如图 6-6(b)所示。下冲的定义为

$$S_f = \frac{f}{A} \times 100\% \qquad (6-12)$$

g)衰减振荡(或称阻尼振荡)幅度:衰减振荡幅度是指紧接着上冲后,超过(负向)顶值部分的值 c,如图 6-6(b)所示。其定义为

$$S_c = \frac{c}{A} \times 100\% \qquad (6-13)$$

h)脉冲宽度:脉冲宽度是指在脉冲幅度为 50% 的两点之间的时间,如图 6-6(b)中的 τ。

i)脉冲周期:脉冲周期是指一个脉冲波形上的任意一点到相邻脉冲波形上的对应点之间的时间,如图 6-6(c)中的 T。

j)脉冲宽度占有率:脉冲宽度占有率是指脉冲宽度与周期之比,定义为

$$S_\tau = \frac{\tau}{T} \times 100\% \qquad (6-14)$$

k)脉冲平顶倾斜:脉冲平顶倾斜是指脉冲顶部倾斜相对于脉冲幅度的比值,如图 6-7 所示,定义为

$$S_e = \frac{e}{A} \times 100\% \tag{6-15}$$

l)脉冲顶部不平坦度:脉冲顶部不平坦度是指脉冲顶部的波形失真,如图 6-8 所示,以其峰-峰值与脉冲幅度之比的百分数来表示,定义为

$$S_w = \frac{A_w}{A} \times 100\% \tag{6-16}$$

目前,对脉冲波形顶部失真,已经用顶部不平坦度取代阻尼振荡幅度。

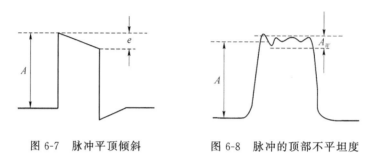

图 6-7　脉冲平顶倾斜　　　　图 6-8　脉冲的顶部不平坦度

2. 脉冲信号发生器的组成及工作原理

脉冲信号发生器的基本组成如图 6-9 所示,它是由主振级、延迟级、(脉宽)形成级、整形级、输出级等部分组成。

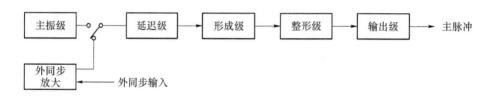

图 6-9　脉冲信号发生器的基本组成

1)主振级

脉冲信号发生器的主振级常采用自激多谐振荡器、晶体振荡器或锁相振荡器产生矩形波,也可将正弦振荡信号放大、限幅后输出,作为下级的触发信号。因此,要求主振级具有较好的调节性能和稳定的频率,但对其输出波形的前、后沿等参数要求不是很高,要求波形的一致性要好,并具有足够的幅度。还可以不使用仪器内的主振级,而直接由外部信号经同步放大后作为延迟级的触发信号。同步放大电路将各种不同波形、幅度、极性的外同步信号转换成能触发延迟的触发信号。

2)延迟级

延迟级电路通常是由单稳电路和微分电路组成。在很多场合下,要求脉冲信号发生器能输出同步脉冲,并使同步脉冲超前于主脉冲一段时间,如图 6-10 所示。其由延迟级来完成。主振级输出的未经延迟脉冲称为同步脉冲。对延迟级的要求是在全波段内获得一定的延迟量,并满足触发下一级电路所需的输出幅度。

3）形成级

通常由单稳态触发器等脉冲电路组成。它是脉冲信号发生器的中心环节，要求产生宽度准确、波形良好的矩形脉冲，脉冲的宽度可独立调节，并且具有较高的稳定性。

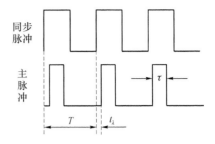

图 6-10　同步脉冲与主脉冲关系图

4）整形级与输出级

整形级与输出级一般由放大、限幅电路组成。整形级具有限电流放大作用，而输出级具有功率放大作用，还具有保证仪器输出的主脉冲幅度可调、极性可切换，以及具有良好的前、后沿等性能的作用。

3. 脉冲信号发生器的主要性能

随着电子测量领域和系统工程（如雷达、通信等领域）的应用，现代脉冲信号发生器向着程控、智能化、高精度等特性的方向发展。现代脉冲信号发生器的特点如下：

1）是双脉冲信号发生器。发生器内部均有双脉冲电路，在测试时，可改变两个脉冲之间的时间关系，更准确的测量电路的频率捷变能力和恢复速度。

2）向着高重复频率和高速脉冲发生器方向发展。具有高重复频率的高速脉冲发生器可用来测试肖特基 TTL 或 ECL 等高速逻辑器件。高速脉冲信号发生器的上升/下降时间可小于几个 ns。例如，E-H 国际公司的 125 型脉冲信号发生器，其上升时间小于 200 ps；HP8080 系列脉冲信号发生器，其方波的上升/下降时间在重复频率 10 Hz～1 GHz 时为 300 300 ps。

3）保证输出更高的功率电平。在雷达和通信领域里，应用不仅需要高速上升/下降时间的脉冲特性，而且要求更高的输出功率电平，能输出 50 V 的脉冲信号。例如，E-H 国际公司的 123A 型脉冲信号发生器能产生 50 V 双极性输出脉冲（在 50 Ω 负载上），其重复频率为 1 kHz～5 MHz，上升/下降时间为 10 ns，占空系数大于 50%，输出波形失真在 50 V 时为 3%。又如，Interstate 电子公司的 2021DS 型脉冲信号发生器，其输出为 40 V，具有双脉冲输出和程控功能，重复频率为 10 Hz～50 MHz，上升/下降时间为 5 ns。

4）智能化可程控的脉冲信号发生器。脉冲信号发生器的高精度和更强的测试能力，必须是智能化可程控的功能。具有智能化可程控的功能的脉冲信号发生器，例如，Wavetek 公司的 859 型，HP 公司的 8160A 型，Iterstate 公司的 2021 型，Systron-Donner 公司的 154 型及 E-H 国际公司的 1501A 型、1504 型、1506 型。现代的脉冲信号发生器均具有这些功能。

4. 脉冲信号发生器产品

1）脉冲信号发生器产品概况

国内外部分脉冲信号发生器产品及主要指标如表 6-2 所示。

表 6-2　国内外部分脉冲信号发生器产品的主要技术指标

序号	型号	厂家	主要技术指标
1	81133A 脉冲/码型发生器	Keysight	• 频率范围：15 MHz～3.35 GHz • 快速上升时间（20%～80%）<60 ps • 输出电平 50 mV～2.00 V • 可使用 50 mV～2 V 范围内的输出电平处理 LVDS 应用

续表

序号	型号	厂家	主要技术指标
2	HP8130A 可编程高速脉冲信号发生器	美国惠普	• 300 MHz，1 ns variable transitions • 上升下降时间最快 670 ps • 周期最小 1 ns • 最高分辨力 10 ps • 输出幅度 5Vp-p into 50 Ω（分辨力 10 mV） • 操作模式包括：人工，自动，trigger，gate，ext width，ext. burst 等
3	137A	DATRON	• 频率：10 Hz～125 MHz • DELAY：5 ns～1 000 μs • 脉宽：5 ns～1 000 μs • 电平：0.1～5 V • Offset：−5～+5 V • 单双脉冲
4	HP8015A	美国惠普	• 频率：1 Hz～50 MHz • 脉宽：10 ns～1 s • 延迟：20 ns～1 s • 双独立输出，正负调节 32Vp-p(1 kΩ)，16Vp-p(50 Ω) • TTL 输出
5	HP8116A 脉冲/函数信号发生器		• 频率：1 mHz～50 MHz • 脉宽最小 10 ns • 上升时间 6 ns • 16Vp-p(50 Ω)
6	MG411B	日本安立	• 频率 1～300 Hz，1～300 kHz，1～10 MHz • 脉宽及延迟 50～500 ns，5～500 μs，5～500 ms
7	MH427A/428A/429A	日本安立	• 频率 10～500 Hz，1～500 kHz，1～10 MHz • 脉宽及延迟 50～100 ns，1～100 μs，1～10 ms • 输出最高 50 V
8	137A	DATRON	• 频率：10 Hz～125 MHz • DELAY：5 ns～1 000 μs • 脉宽：5 ns～1 000 μs • 电平：0.1～5 V • Offset：−5～+5 V • 单双脉冲
9	PG-230	日本岩崎	• 频率：20 Hz～50 MHz • 脉宽：10 ns～50 ms • 上升时间小于 5 ns
10	PM5771	飞利浦	• 频率：Hz～100 MHz • 脉宽：5 ns～10 ms • 电平：80 mV～10 V • Transitions：2.4 ns～100 μs • 脉冲输出，同步输出，触发/门输入 • 参考电平偏置±10 V

续表

序号	型号	厂家	主要技术指标
11	1535	南通	• 频率:3 kHz~100 MHz • 脉宽及延迟:50 ns~100 μs • 前后沿:2 ns~3 μs • 可调输出:0.2~5 V • 单双脉冲
12	1523	南通	• 频率:100 Hz~50 MHz • 脉宽及延迟:10 ns~5 ms • 前后沿:≤5 ns • 输出:0.5~10 V • 有单双脉冲、正常倒置功能,单次、外触发输入

2)产品实例:Keysight 81133A 脉冲/码型发生器

a)描述

Keysight 81133A(图 6-11)单通道 3.35 GHz 脉冲/码型发生器是新一代的 Keysight 高速脉冲/码型发生器。在定时和性能是关键要求时,它的快上升时间和低抖动能精确评测器件,把源产生的抖动影响减到最小。

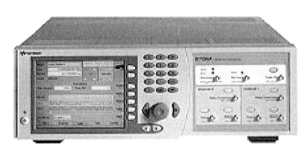

图 6-11　Keysight 81133A 脉冲/码型发生器

Keysight 可代替脉冲或数据源测试 DUT。

81133A 的存储器和硬件 PRBS 产生符合大多数常用标准,可产生 InfiniBand、PCI-Express 和串行 ATA 等码型。存储器还允许磁盘驱动器测试应用。81133A 是特别适合眼图测试的理想数据和码型源。

延迟控制输入提供对时钟和数据信号的信号完整性全面控制,并可产生抖动。通过连接至任意波形发生器,如 Keysight 33220A,可改变抖动的数量和形状,以模拟真实世界的信号。可变跨接特性提供对信号性能的其他控制。

b)主要参数

• 频率范围:15 MHz~3.35 GHz

• 输出电平:50 mV~2.00 V

• PRBS 25-1~231-1

• 快上升时间:(20%~80%)<60 ps

• 延迟调制(抖动模拟)

- 可变跨接点（眼图畸变）
- 8 kbit 数据码型存储器，RZ，NRZ，R1，突发能力
- 12 Mbit 扩展码型存储器
- 图形用户界面
- 所有输入和输出均为 SMA 连接器

6.3.4　噪声发生器

1. 噪声发生器的组成及原理

广义而言，凡能输出任何波形的噪声功率的信号源都可称为噪声发生器，实际上，噪声发生器是指能提供电子设备的噪声性能测试信号的设备。通常用来测试有源或无源多端网络所具有的噪声，尤其在接收机或放大设备等的噪声系数测试中广泛应用。

噪声发生器的组成与一般测量用的信号发生器大致相同，它由噪声源（主振级）、变换器、输出衰减器和输出电平指示器等组成，如图 6-12 所示。

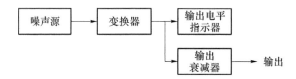

图 6-12　噪声发生器组成

噪声源是噪声发生器的核心，提供在一定频率范围内有足够的电平、频谱分布均匀的白噪声。变换器主要由放大器、非线性变换电路和滤波器等组成。它将噪声源的输出变换为具有一定输出功率和一定统计参数的噪声。通常，用衰减电路作为输出级，通过衰减器可调节输出噪声电平。

常用的噪声发生器有热负载和冷负载噪声发生器、气体放电管噪声发生器、饱和二极管噪声发生器和固体噪声发生器。

1）热负载和冷负载噪声发生器

输出电平准确已知的噪声源称为标准噪声发生器。热负载（或冷负载）标准噪声源是用电阻元件或吸收材料压制成匹配负载，放入同轴线或波导传输线中，再将其放入温度准确已知的炉内（或冷却室中）构成的热（或低温）噪声标准。这种噪声源称为电阻型噪声源。通常，高温噪声源的温度为 $300 \sim 1\,200$ K；而低温噪声源则浸在液氮（4.2 K）或液氮（77.3 K）中。

2）气体放电管噪声发生器

气体放电管噪声源利用的是气体放电时形成的等离子区中电子无规则热运动产生的噪声，这种噪声在较宽的频率范围内（几百 MHz 至 GHz）频谱分布均匀，噪声电平高。但其输出必须经过检定，方能达到所要求的准确度。

3）饱和二极管噪声发生器

饱和二极管噪声源是利用真空二极管中饱和电流产生的噪声制成的。其输出噪声功率与电流成正比，且能在较宽的频率范围内进行调节。该噪声源在几 kHz 至 MHz 范围内频谱分布均匀，并可用工作电流绝对校准或自校。

4)固体噪声发生器

固体噪声发生器是利用半导体雪崩二极管等固体器件产生噪声而作成的噪声发生器。它通常有较高的输出电平,输出噪声温度能达到 2 000 K 以上。这种噪声发生器耗电少、体积小,但输出噪声功率必须经过标准噪声发生器校准。

2. 噪声发生器产品:Keysight 81160A 脉冲函数任意噪声发生器

1)主要特性

a)以 2.5 GSa/s 采样率和 14 位垂直分辨率生成 330 MHz 脉冲和 500 MHz 函数/任意波形。

b)任意比特码型使用简单的码型设置显示通道电容负载。

2)主要技术指标

a)1 μHz～330 MHz 可变上升时间/下降时间脉冲生成。

图 6-13　Keysight 81160A 脉冲函数
任意噪声发生器整机

b)1 μHz～500 MHz 正弦波输出。

c)FM、AM、PM、PWM、FSK 调制能力或 2 通道,耦合和非耦合。

d)差分输出。

e)触发速率(内部触发):1 μHz～330 MHz

f)触发速率(外部触发):直流-330 MHz。

6.4　DDS 合成信号发生器

6.4.1　概述

直接数字式频率合成(Direct Digital Synthcsis,DDS)技术是近年来发展迅速的一种频率合成新技术,具有输出相对频带宽、频率转换时间快、频率分辨率高、输出相位连续、可产生宽带正交信号、易于集成等优点。在通信、仪器、遥控遥测、电子对抗等领域里得到广泛应用。

DDS 是将先进的数字处理理论与方法引入信号合成领域的一项新技术,它以其有别于其他频率合成方法的优越性能和特点而成为现代频率合成技术中的佼佼者。

6.4.2　DDS 基本工作原理

DDS 的基本原理图,主要由标准晶体振荡器参考频率源、相位累加器、正弦波函数功能表(ROM,波形存储器)、数/模转换器和低通滤波器等组成,如图 6-14 所示。

图 6-14 中的参考频率源是一个高稳定的晶体振荡器,其输出信号用于提供 DDS 中各部件同步工作。N 位数据锁存器用于接收外部控制器送来的频率控制数据,并把这些数据送到 N 位相位累加器中的加法器数据输入端,在外部控制未改变合成信号频率指令前,N 位加法累器与 N 位累加寄存器级联构成。每来一个时钟脉冲,加法器就将数据锁存器输出的频率控制数据与累加寄存器输出的累积相位数据相加,其结果送至累加寄存器的数据输入端,累加寄存器则将加法器在上一个时钟作用后所产生的新相位数据反馈到加法器的输

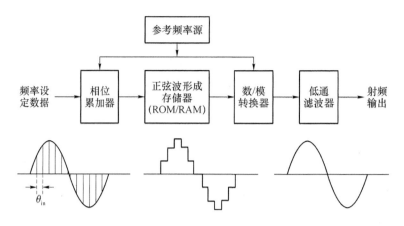

图 6-14　DDS 基本原理

入端,以使加法器在下一个时钟的作用下继续与频率控制数据相加,这样,相位累加器在参考频率时钟的作用下,不断对频率控制数据进行线性相位累加,当相位累加器累积满量时,就会产生一次溢出,从而完成一个周期性的动作,这个动作周期即是 DDS 合成。

信号的一个频率周期,相位累加器的溢出频率就是 DDS 输出的信号频率,由此可以看出,相位累加器实际上是一个模数以 2^N 为基准,受频率数据控制而改变的计数器,它累积了每一个参考时钟周期内合成信号的相位变化,输出的数据对应于等时间间隔内合成信号的相位。用这些数据作为相位取样地址,对正弦波波形存储器进行扫描,经正弦波波形存储器进行相位-幅值转换即可在给定的时间上确定合成器输出的波形幅值,数/模转换器将数字量形式的波形幅值转换成所要求合成频率的模拟量形式信号,低通滤波器用于衰减和滤除不需要的取样分量,如带外寄生信号等,以便输出频谱纯净的正弦波信号。

在直接数字合成器中,正弦函数波形存储器(ROM)的字节数决定了相位量化误差,每个单元内的比特数决定了幅度量化误差。在实际的 DDS 中,利用正弦的对称性,360°范围内的幅、相点可以减少到 90°以内,以降低 ROM 的内存容量。由于数/模转换器实际上是以固定时钟速率 f_r 对不同频率的正弦进行取样合成的,随着输出频率 f_0 的增加,相位取样数量减少,相位量化误差加大,量化噪声和杂波加大,根据取样定理的条件即合成一个输出波形,在一个周期最少需要取样的要求,DDS 在理论上输出的最大频率 $f_{max} = f_r/2$,实际工作中:

$$f_{0\,max} = f_r/4 \tag{6-17}$$

一个最简单的 4 位 DDS 合成器的原理如图 6-15 所示。

图 6-15 中的相位累加器由加法器和 D 触发器联级而成,在参考频率时钟的作用下,对输入数据进行周期性的相位累加,由于相位的位数 $N=4$,共有 $2^4 = 16$ 种状态与 $0° \sim 360°$ 中的 16 个相位点相对应,即每个象限有 4 个相位点,因此,合成信号的最低频率:$f_{min} = f_r/2^N = f_r/16$,最小频率间隔 $\Delta f = f_{min} = f/16$。

利用正弦波以 180°奇对称,以 90°和 270°偶对称的特点,在图 6-14 中的正弦波波形存储器(ROM)只存储了一个象限的正弦函数值,其相位码与幅度码的对应关系,如图 6-16 所示。

相位累加器输出相位码的最高两位 A 和 B 用于表示正弦波波形的四象限,后两位码 C

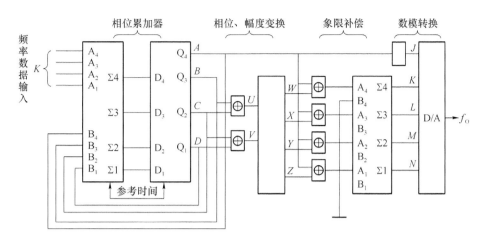

图 6-15　4 位 DDS 合成器原理

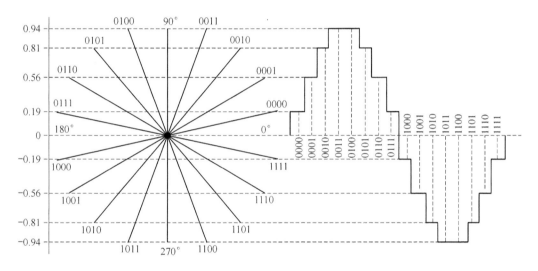

图 6-16　存储器 ROM 中正弦波相位码与幅度码的对应关系

和 D 与 B 相"异或"后作为 ROM 的地址。由于 ROM 存储的 $0°\sim90°$ 的正弦函数值，从中取出的幅值为正弦函数的绝对值，必须用代表象限的 A、B 码进行幅度符号补偿。$A=0$ 表示在 Ⅰ、Ⅱ 象限，正弦函数值为正；$A=1$ 表示在 Ⅲ、Ⅳ 象限，正弦函数幅值为负；$B=0$ 表示在 Ⅰ、Ⅲ 象限，相位累加器输出的地址不变；$B=1$ 表示在 Ⅱ、Ⅳ 象限，C、D 与 B "异或"即地址码 C、D 被反相后加在 ROM 地址线上，从 ROM 取出的函数幅值与 A "异或"后，再与反相后的 A 码一起形成偏移二进制数字形式，送至 D/A 转换器为模拟信号，经低通滤波器平滑滤波后输出正弦波信号。

6.4.3　DDS 的特点

　　DDS 是现代新型的频率合成技术，具有模拟、数字频率合成难以比拟的优点，是改善和简化频率合成技术的有力工具，DDS 的特点如下：

　　1）DDS 是以标准参考源作为基准，对所要求频率进行相位取样，合成的频率不同，单位周期内相位取样量多少有关，在低频时取样量大，寄生、杂波小；反之合成频率高时，单位取样量少,寄生、杂波就大。因此,一般 DDS 的最高输出频率应小于参考基准的 1/4~1/3 为最理想的波形。

2)DDS 是一个开环系统,无任何反馈环节,它的频率转换时间由低通滤波器附加的时延来决定,因此 DDS 的调谐时间比目前任何一种方式合成的都短得多,一般只有 ns 级,最大不超过 2 μs。

3)DDS 的频率分辨率很高,在技术上实现是极为方便的,由 $\Delta f = f_R/2^N$ 可知,只要增加相位累加器的位数 N,就可获得任意小的频率调谐步进,大多数 DDS 可提供的频率分辨率在 1Hz 数量级,许多小于 1mHz 甚至还要小。

4)正是由于 DDS 是一个开环系统,无任何反馈环节。因此,当一个转换频率的指令加在 DDS 的数据输入时,它会迅速合成所要求的频率信号,并且合成信号的频率、相位、幅度均可由数字信号精确地控制。因此 DDS 可能通过预置相位累加器的初始值来精确控制合成信号的相位,便于实现各种复杂方式的信号调制。

5)DDS 可在极宽的频率范围之内(一般超出一个倍频程)输出幅度平坦的信号,并且输出的频响可以预测。

6)DDS 中几乎所有部件都属于数字信号处理部件,易于集成,功耗低,体积小,重量轻。

7)DDS 可以相对放松屏蔽条件要求。

8)在 DDS 合成器中,除了 D/A 转换器和滤波器以外,无须任何调整。

6.4.4　DDS 芯片及其应用

1. 概述

AD9850 是美国 ADI 公司采用先进的 DDS 技术推出的高集成变频合成器的一种芯片,其基本结构如图 6-17 所示,图中正弦查询表是一个可编程只读存储器(PROM),存有一个或多个完整周期的正弦波数据,在时钟 f_c 驱动下,地址计数器逐步经过 PROM 存储器的地址,地址中相应的数字信号输出到 N 位数模转换器(DAC)的输入端,DAC 输出的模拟信号,经过低通滤波器(LPF),可得到一个频谱纯净的正弦波。

图 6-17　DDS 基本结构框图

DDS 系统的核心是相位累加器,它由一个加法器和一个 N 位相位寄存器组成,N 一般为 24~32 位,每来一个时钟 f_c,位寄存器以步长 M 增加,相位寄存器的输出与相位控制字相加,然后输入到正弦波中 0°~360°范围的一个相位点,查询表把输入的地址相位信息映射成正弦波幅度信号,驱动 DAC 输出模拟量。

相位寄存器每经过 $2^N/M$ 个 f_c 时钟后回到初始状态,相应的正弦查询表经过一个循环回到初始位置,整个 DDS 系统输出一个正弦波。

输出的正弦波周期:

$$T_0 = T_c 2^N/M$$

频率：

$$f_{OUT} = Mf_C/2^N$$

如图 6-18 所示，相位累加器输出 N 位并不全部加到查询表，而要截断，仅留高端 13～15 位。相位截断减小了查询表长度，但并不影响分辨率，对最终输出仅增加一个很小的相位噪声，DAC 分辨率一般比查询表长度小 2～4 位。

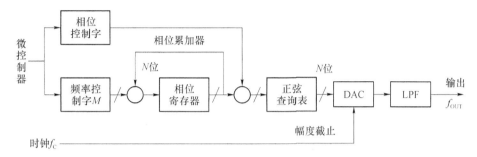

图 6-18 可编程控制 DDS 系统图

它采用了 32 位相位累加器，截断成 14 位，输入正弦查询表，查询表输出截断成 10 位，输入到 DAC，DAC 输出两个互补的模拟电流，接到滤波器上，调节 DAC 满量程输出电流，需外接一个电阻 R_{SET}，其调节关系是 $I_{SET}=32(1.24\ \text{V}/R_{SET})$，满量程电流为 10～20 mA。

AD9850 内部有高速比较器，接到 DAC 滤波器输出端，就可直接输出一个抖动很小的脉冲序列，此脉冲输出可用作 DAC 器件的采样时钟，AD9850 用 5 位数据直接控制相位，允许相位按增量 180°、90°、45°、22.5°、11.25°移动或按这些值进行组合。

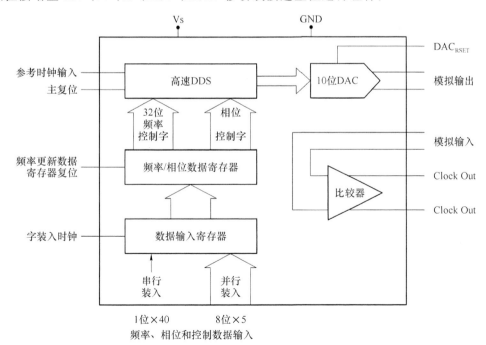

图 6-19 AD9850 功能框图

AD9850 有 40 位寄存器，32 位用于频率控制，5 位相位控制，1 位电源休眠功能，2 位厂家保留测试控制。这 40 位控制字可通过并行方式或串行方式装入 AD9850。在并行装入方式中，通过 8 位总线 $D_7, \cdots, D_0$ 将数据装入寄存器，从而更新 DDS 输入频率和相位，同时把地址指针复位到第一个输入寄存器，接着在 W-CLK 上升沿装入 8 位数据，并把指针指向下一个输入寄存器，连续 5 个 W-LCK 上升沿后，W-CLK 的边沿就不再起作用，直到复位信号或 FQ-UD 上升沿把地址指针复位到第一寄存器。在串行装入方式中，W-CLK 上升沿把 25 引脚（D_7）的一位数据串行装入，移动 40 位后，用一个 FR-UD 脉冲就更新输出频率和相位。

2. 应用电路

1）AD9850 构成的基本时钟发生器电路

AD9850 构成的基本时钟发生器电路如图 6-20 所示。输出的频率稳定度 f_0，取决于参考时钟的频率稳定度及频率准确度，频率的分辨率由 DDS 而定，分辨率可以高达 0.01 H 或 1 mH 的量级。这是普通晶振所不可能做到的。

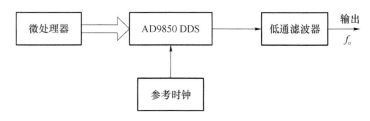

图 6-20   AD9850 构成的基本时钟发生器电路框图

2）AD9850 频率和相位可调的本地振荡器

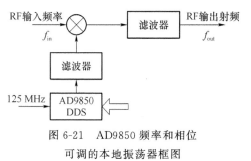

图 6-21   AD9850 频率和相位
可调的本地振荡器框图

图 6-21 所示电路框图是利用 AD9850 产生一个频率和相位可调的正弦信号 f_{DDS} 与一个输入频率信号 f_{in} 进行混频，选择适当的带通滤波器，就可以得到频率和相位可调的射频输出信号。利用 DDS 系统的频率分辨率高的特点，在输入频率 f_{in} 一定时，射频输出可达到 DDS 系统一样的频率分辨率，且频率和相位调节方便。其输出频率为

$$f_{out} = f_{in} + f_{DDS} = f_{in} + M\frac{f_{ref}}{2^{32}} = f_{in} + 0.029\,1 \times M \qquad (6-18)$$

其频率分辨率为

$$\Delta f_{0min} = \frac{f_{ref}}{2^{32}} = 0.029\,1 \text{ Hz}$$

3）用作 PLL 频率和相位可调的参考源

图 6-22 所示电路框图是用 AD9850 DDS 系统输出作为 PLL 的激励信号，而 PLL 设计成 N 倍频锁相环路，利用 DDS 的高分辨率来保证 PLL 输出具有较高的频率分辨率。

锁相环路的输出频率为

$$f_{out} = N \cdot M \cdot \frac{f_{ref}}{2^{32}} = 0.029\,1 \cdot N \cdot M \qquad (6-19)$$

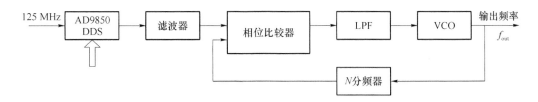

图 6-22 用作 PLL 频率和相位可调的参考源电路框图

频率分辨率为

$$\Delta f_{0\min} = N \cdot \frac{f_{\text{ref}}}{2^{32}} = 0.029\,1 \cdot N \tag{6-20}$$

4)用作 PLL 数字可编程 N 分频器

AD9850 用作 PLL 数字可编程 N 分频器如图 6-23 所示。AD9850 DDS 输出经过滤波后的频率为 $f_{\text{DDS}} = M \cdot \frac{f_{\text{out}}}{2^{32}}/M$,由于 $M = 1 - 2^{31}$,所以 $N = 2 - 2^{32}$。在 VCO 输出允许情况下,该 PLL 输出频率为

$$f_{\text{out}} = N \cdot f_{\text{ref}} = (2 - 2^{32}) f_{\text{ref}} \tag{6-21}$$

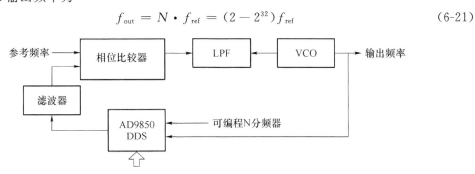

图 6-23 AD9850 用作 PLL 数字可编程 N 分频器框图

AD9850 DDS 芯片是早期的产品,但是一种典型的 DDS 芯片。现在已经生产出性能更好的 DDS 芯片,如 AD9854 等。这些芯片同样应用在信号频率合成、调制及其通信系统等领域。

6.4.5 TFG2000 系列 DDS 函数信号发生器

DDS 函数信号发生器如图 6-24 所示。

1. TFG2000 系列 DDS 函数信号发生器的主要功能特性

1)采用先进的直接数字合成(DDS)技术,双路独立输出;

2)液晶/荧光显示,清晰度高,视觉舒适;

3)中/英文菜单,操作方便;

4)使用晶体振荡基准,频率精度高,分辨率高;

5)数据存储与重现;

6)100 MHz 频率计数器(选件);

7)GPIB 接口、RS232 接口、USB 接口、RS485 接口(选件)。

2. TFG2000 系列 DDS 函数信号发生器的主要技术指标

TFG2000 系列 DDS 函数信号发生器的主要技术指标列入表 6-3 内,该系列产品有十几

种 DDS 函数信号发生器,根据输出的频率范围、输出波形和技术指标,提供相应的产品。

图 6-24 TFG2030 系列 DDS 函数信号发生器

表 6-3 TFG2000 系列 DDS 函数信号发生器的主要技术指标

型号指标	频率范围 (正弦波)	显示方式	输出波形	技术指标
TFG2003	40 mHz～3 MHz	6 个汉字,16 个字符,液晶 显示	A 路:正弦波、方波、 直流 B 路:正弦波、方波、 三角波、正负脉冲波、 锯齿波、阶梯波、心律 波、噪声等 32 种波形 D 路:TTL 波	波形长度:8～16 000 点波形幅度量化:10 bit 采样速度:180 MSa/s 正弦波谐波抑制:−40 dBc 正弦波失真度:<1% 方波升降时间:<20 ns 方波占空比:20%～80% 频率分辨率:40 mHz 精度:$5×10^{-5}$ 幅度范围:0～$20V_{p-p}$ 偏移范围:±10 V 分辨率:1‰ 误差:±1% 输出阻抗:50 Ω
TFG2006	40 mHz～6 MHz			
TFG2015	40 mHz～15 MHz			
TFG2030	40 mHz～30 MHz			
TFG2040	40 mHz～40 MHz			
TFG2050	40 mHz～50 MHz			
TFG2006	40 mHz～6 MHz	32 个字符, VFD 显示		
TFG2015	40 mHz～15 MHz			
TFG2030	40 mHz～30 MHz			
TFG2040	40 mHz～40 MHz			
TFG2050	40 mHz～50 MHz			
TFG2300	40 mHz～300 MHz		C 路:正弦波,40～ 300 MHz,其他同上	C 路:谐波抑制:−35 dBc 频率分辨率:10 Hz 频率误差:±$1×10^{-5}$ 幅度分辨率:1 dB 其他同上
TFG2015	0.1 mHz～15 MHz	40 个字符, VFD 显示	正弦波、方波、三角 波、锯齿波、指数波、心 律波、噪声、任意波等	任意波频率:10～15 MHz 任意波分辨率:12 bit 任意波形存储:6 个 其他同上
TFG2030	0.1 mHz～30 MHz			
TFG2080	0.1 mHz～80 MHz			

3. TFG2000 系列 DDS 函数信号发生器的工作原理

TFG2000 系列 DDS 函数信号发生器原理如图 6-25 所示。该 DDS 函数信号发生器是以一种直接数字合成技术为核心的具有高频率稳定度的、产生多种波形的信号源。图 6-25

表明,该信号发生器是由微控制器控制 DDS(直接数字合成)产生的信号,经低通滤波器输出正弦波信号,再经相应的电路,可输出相应的信号,即输出 A、输出 B、输出 TTL 电平信号。还可以采用数字分频锁相环路,直接产生较高频率的信号,输出 C 是两个数字分频锁相环路,经混频器混频得到所需的高频信号。

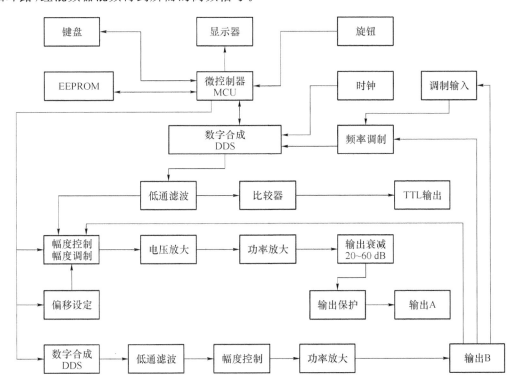

图 6-25 TFG2000 系列 DDS 函数信号发生器原理框图

1)直接数字合成工作原理(输出 A、输出 B、输出 TTL)

DDS 信号发生器采用了直接数字合成技术,该合成技术是最新发展起来的一种信号产生方法,它完全没有振荡器元件,而是用数字合成方法产生一连串数据流,再经过数模转换器产生一个预先设定的模拟信号。

例如,要合成一个正弦波信号,首先将函数 $y = \sin x$ 进行数字量化,然后以 x 为地址,以 y 为量化数据,依次存入波形存储器。DDS 使用了相位累加技术来控制波形存储器的地址,在每一个采样时钟周期中,都把一个相位增量累加到相位累加器的当前结果上,通过改变相位增量即可以改变 DDS 的输出频率值。根据相位累加器输出的地址,由波形存储器取出波形量化数据,经过数模转换器和运算放大器转换成模拟电压。由于波形数据是间断的取样数据,所以 DDS 发生器输出的是一个阶梯正弦波形,必须经过低通滤波器将波形中所含的高次谐波滤除掉,输出即为连续的正弦波。数模转换器内部带有高精度的基准电压源,因而保证了输出波形具有很高的幅度精度和幅度稳定性。

幅度控制器是一个数模转换器,根据操作者设定的幅度数值,产生一个相应的模拟电压,然后与输出信号相乘,使输出信号的幅度等于设定的幅度值。偏移控制器是一个数模转换器,根据操作者设定的偏移数值,产生一个相应的模拟电压,然后与输出信号相加,使输出信号的偏移等于操作者设定的偏移值。经过幅度偏移控制器的合成信号,再经过功率放大器进行功率放大,最后由输出端口 A 输出。

TTL 输出是由微控制器控制 DDS 产生的信号,经低通滤波器输出正弦波信号,再经比较器,输出 TTL 电平信号。

2)数字分频锁相工作原理(输出 C;仅 TFG2300,2 300 V)

由于直接数字合成技术产生高频信号成本较高,所以本机高频段使用数字分频锁相(PLL)技术。输出正弦波信号由锁相环中的压控振荡器产生,经过高速前置分频器和脉冲吞除可变分频器,进入鉴相器的输入端。晶体振荡器产生的基准信号经过分频器进入鉴相器的另一个输入端,如果两个信号的相位不同,鉴相器会产生一个误差电压,经过滤波后去控制压控振荡器,使振荡器输出信号的频率发生变化,直到与晶体振荡器的基准信号频率相位完全相同,这时锁相环路进入锁定状态。改变脉冲吞除可变分频器的分频比,即可以改变压控振荡器输出信号的频率。利用锁相环路良好的跟踪特性,可以得到一个与晶体振荡器频率稳定度相同的正弦波信号,并且具有良好的频谱纯度。

为了得到较宽的频率范围,本机使用了两个锁相环路,一个环路产生频率固定的正弦波信号,另一个环路产生频率可调的正弦波信号,两个信号经过混频器混频,再使用滤波器选择出两个信号的差频信号,经过放大器和程控步进衰减器后由输出端口 C 输出。

3)操作控制工作原理

微处理器通过接口电路控制键盘及显示部分,当有键按下的时侯,微处理器识别出被按键的编码,然后转去执行该键的命令程序。显示电路使用菜单字符将仪器的工作状态和各种参数显示出来。

面板上的旋钮可以用来改变光标指示位的数字,每旋转 15° 角可以产生一个触发脉冲,微处理器能够判断出旋钮是左旋还是右旋,如果是左旋则使光标指示位的数字减一,如果是右旋则加一,并且连续进位或借位。

4. 操作和使用方法

可参考"TFG2000 系列 DDS 函数信号发生器"使用说明书。

6.5 任意波形发生器

6.5.1 概述

数字集成电路和计算技术的直接数字频率合成(DDS)自产生以来,便得到了广泛的应用,在 DDS 的基础上发展起来的任意波形发生器(AWG)或称任意函数发生器(AFG)已成为电类和非电类测量的重要仪器。

通常,能产生所要求的任意波形的信号源称为任意波形发生器。随着科技研究的不断发展深入,要求采用的电信号模拟的信号更加复杂、多样,例如通信的每一步发展,都要求不同的测试信号;又如汽车功能和可靠性的提高,伴随着使用更多更复杂的信号。这些都要求用任意波形发生器产生复杂的信号。

现代科学技术要求信号更加准确、逼真。例如,用声纳探查海下潜艇,就不只要求探明有无潜艇,而要求同时确定它的类型、位置、运动方向和运行速度等。这就对信号波形的准确、逼真提出了更高要求。因此,在不少领域里的测试方案和自动化系统的组成中,信号源已明确规定要使用任意波形发生器。任意波形发生器在现代科学技术和工程领域里得到广泛应用。

6.5.2 任意波形发生器的常用技术指标

1. 最高采样率

任意波形发生器的最高采样率,实际上是指输出波形中采样点的最高速率。最高采样率与波形数据存入波形存储器的方式、速率,乃至波形数据的采样方式及对波形的采样速率都没有直接的关系,而只与输出有关。所以,这里采样率中的"采样"是从波形存储器中"采集",而不是从波形采集。

此外,最高采样率也不等于输出信号的最高频率,按采样定理,时钟频率至少应为波形中所含最高频率的 2 倍,实际使用时,通常取 4 倍以上。

2. 幅度分辨率

幅度分辨率为任意波形发生器表现幅度细小变化的程度,它主要取决于 DAC 的位数,该位数通常与每个波形存储器单元的位数相同,不少厂商也直接以 DAC 的位数作为幅度分辨率的指标。幅度分辨率较低时,任意波形发生器表现波形幅度变化不够细致,量化噪声较大。但幅度分辨率也不是越大越好,因为它必须使用高位数 DAC,而且工作速度明显下降,不利于输出频率的提高。通常,幅度分辨率取 10 位或略高。

由于其他因素的影响,实际幅度分辨率往往略低于 DAC 的位数。

3. 波形存储器容量

波形存储器容量亦称波形存储器深度,是指每个通道能存储的最大点数。这个容量越大,存储的点数越多,表现波形随时间变化的内容越丰富,当然存储器的成本也相应提高。

4. 通道数目

各种信号源都可以有不同数目的通道,但多通道的任意波形发生器更容易表现复杂波形的相关系,因而通道数目在任意波形发生器里是极其重要的。例如,往往都需要二路至多路的任意波形发生器来表现发射出的雷达信号及接收到的反射波,表现信号在传输至不同位置的波形,因为信号间不只是幅度、相位发生了变化,而且波形也有较大改变。

除上述技术指标外,有些任意波形发生器还给出噪声大小、ADC 的非线性失真、所用时钟的准确度和稳定度、仪器使用的接口等指标。

6.5.3 建立任意波形数据的常用方法

任意波形发生器要产生用户需要的波形,就需要提供手段使用户能把所需要波形对应的数据存入波形存储器中。常用的数据输入方法如下。

1)将示波器显示的波形直接输入

用软件可将数字示波器的波形或数据采集器所采数据通过一定总线直接输入给任意波形发生器。目前,仪器厂商都提供现成的软件和连线,用户使用非常方便。

2)给出波形的数学表达式

输出波形可用一个或几个数学表达式描述。当采用多个表达式时,波形可以是若干表达式的分段连接,也可以是几个表达式的算术或逻辑运算结果。

3)表格法

任意波形发生器将计算机中存储的表格或量化后的其他表格按顺序输入波形存储器中。这种方法对于经常需要产生多种比较固定形状的任意波时很有用,只要在计算机中或数据库中存储了相应表格,就可以有任意波形发生器随时产生对应的信号。

4)直接绘图输入

不少任意波形发生器提供直接绘图方式,用户可用鼠标器、电子绘图板、手写板等工具,直接绘出所需波形。任意波形发生器还可自动把该波形存入波形存储器中,然后产生所绘波形。

5)点输入与内插法配合

该方法是给波形存储器逐点输入数据,当然任意波形发生器能输出与用户需求完全一致的波形。但是,现代任意波形发生器的波形存储器容量做得很大,但逐点输入就过于烦琐。因此,现代任意波形发生器的点输入常与内插法配合,即产生的是用若干点及内插直线或曲线逼近的波形。

a)若点间用直线内插,则用折线逼近所需波形;

b)若用 $\sin x/x$ 内插,则可用较平滑曲线来逼近,这与数字示波器中采用内插法把采样点连接起来是一样的。

6.5.4　33250A 函数发生器/任意波形发生器

Keysight 33250A 函数发生器/任意波形发生器整机如图 6-26 所示。

图 6-26　Keysight 33250A 函数发生器/任意波形发生器整机

1. 主要功能特性

• 80 MHz 正弦波和方波输出;

• 正弦波、方波、斜波、噪声和其他波形;

• 50 MHz 脉冲波形,上升/下降时间可调;

• 12-bit, 200 MSa/s, 64 K 点深度的任意波形。

2. 主要技术指标

主要技术指标如表 6-4 所示。

表 6-4 33250A 函数发生器/任意波发生器主要技术指标

(1) 波 形	
标准波形	正弦波、方波、斜波、脉冲、噪声、$\sin x/x$、指数上升和下降、心律波、直流电压
波形长度	1～64 K 点
非易失性存储器	4 个波形(每一个汉形 1～64 K 点)
幅度分辨率	12 bit
采样率	200 MSa/s

(2) 频率特性			
正弦波	$1\,\mu Hz\sim80\,MHz$	白噪声	50 MHz 带宽
方波	$1\,\mu Hz\sim80\,MHz$	分辨率	$1\,\mu Hz$,除脉冲为 5 个字
三角波	$1\,\mu Hz\sim1\,MHz$	准确度	0.3 ppm,(18～25 ℃)
斜波	$500\,\mu Hz\sim50\,MHz$	THD(DC～20 kHz)	$<0.2\%+1\,mV_{rms}$

(3) 其他特性			
幅度(至 50 Ω)	$10\,mV_{p\text{-}p}\sim10V_{p\text{-}p}$	准确度(1 kHz)	$\pm1\%$设置值$\pm1\,mV_{p\text{-}p}$

(4) 调 制			
①AM		③FSK	
调制	任何内部波形	内部速率	$2\,mHz\sim1\,MHz$
频率	$2\,mHz\sim20\,kHz$	频率范围	$1\,\mu Hz\sim80\,MHz$
深度	0%～120%		
②FM		④脉冲列	
调制	任何内部波形	波形频率	$1\,\mu Hz\sim80\,MHz$
频率	$2\,mHz\sim20\,kHz$	计数	1～1 000 000 或无穷多个周期
偏移	DC～80 MHz	起始/停止相位	$-360°\sim+360°$
		内部周期	$1\,\mu s\sim500\,s$

6.6 频率合成信号发生器

6.6.1 实现频率合成的方法

1. 什么是频率合成

合成信号发生器与一般的信号发生器的区别在于:前者是利用频率合成技术来覆盖所需要的工作频段;而后者是借助于改变谐振器的参数来调节频率。

频率合成就是对一个参考频率(如高稳定度晶体频标)进行频率的加、减(混频)、乘(倍频)、除(分频),以得到所需要的一系列信号频率,而且所有的输出频率都与参考频率相关,同时具有完全一样的频率准确度和长期频率稳定度。

2. 合成的基本方法

1）直接合成

直接合成器是将基准信号通过脉冲形成电路产生谐波丰富的窄脉冲，经过混频、分频、倍频、滤波等进行频率变换和组合，产生大量的离散频率，最后选取所需频率。

直接频率合成方法的优点是频率转换时间短，并能产生任意小数值的频率步进。缺点是用直接合成方法合成的频率范围将受到限制，因设备采用大量的倍频、混频、分频及滤波等电路，且输出的谐波、噪声和寄生频率均难以抑制。

直接合成法有多晶体频率合成法、单晶体谐波选频法和十进制多晶体直接合成法。

a）多晶体频率合成法：这是一种比较原始的合成技术，根据所需的频率和频率范围，选取代表个、十、百位的几组晶体，组成晶体振荡器，由几组晶体相互之间的差频及和频，经滤波器选频后合成所需要的频率。多晶体频率合成法原理如图 6-27 所示。

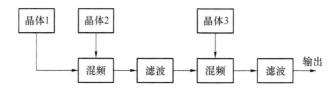

图 6-27　多晶体频率合成法原理

b）单晶体谐波选频法：参考频率（晶体频标）的频率 f_r 经过谐波发生器产生丰富的谐波，经调谐放大、分频、混频和滤波，得到所需要的信号频率，如图 6-28 所示。

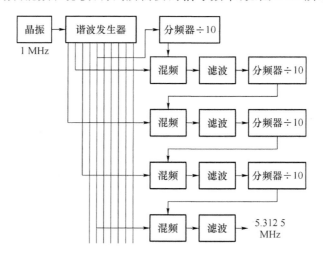

图 6-28　单晶体谐波选频法原理图

c）十进制多晶体直接合成法：十进制多晶体直接合成的原理如图 6-29 所示。它的合成过程可用下面的的频率关系来说明，图 6-29 中的每一综合单元输出的频率为 $F_1, F_2, \cdots, F_n$，即

$$F_1 = F_0 + K_0 \frac{F'}{10}$$

$$F_2 = F_0 + K_1 \frac{F'}{10} + K_0 \frac{F'}{100}$$

$$F_3 = F_0 + K_2 \frac{F'}{10} + K_1 \frac{F'}{100} + K_0 \frac{F'}{10^3}$$

$$\vdots$$

$$F_n = F_0 + K_{n-1} \frac{F'}{10} + K_{n-2} \frac{F'}{100} + \cdots + K_1 \frac{F'}{10^{n-1}} + K_0 \frac{F'}{10^n} \tag{6-22}$$

这种合成方法,十进单元越多,频率间隔也越密。如用 n 个十进单元,则分辨率可达 $\dfrac{F'}{10^n}$。

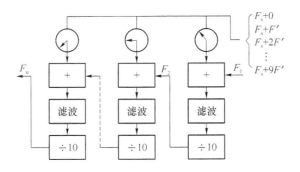

图 6-29　十进制多晶体直接合成原理图

2)间接合成

a)间接合成的特点

间接合成是通过锁相环来完成频率的加、减、乘、除,故也称为锁相合成法。间接合成的特点是简单,而且对选择性回路要求不高,往往只需要简单的 RC 网络即可。

自从集成电路问世以来,尤其是随着大规模集成电路技术、高速数字电路技术的迅速发展,这种合成方法的优点更为突出,可以增加可靠性,缩小体积,降低成本,便于大量生产,并且还可以减小功耗,从而得到广泛应用。

b)锁相环的基本组成

锁相环路是实现间接合成法的基本电路。锁相环路基本组成如图 6-30 所示。锁相环路的基本电路包括三个基本部件,即鉴相器、环路滤波器和压控振荡器。

图 6-30　锁相环路最基本组成框图

①鉴相器(PD):它是一种相位比较装置,它把输入信号 $u_i(t)$ 和压控振荡器的输出信号 $u_o(t)$ 的相位进行比较,产生对应于信号相位差的误差电压 $u_d(t)$。

②环路滤波器(LPF):它实际上是一个低通滤波器,用来滤除误差电压 $f_o = f_{i1} - f_{i2}$ 中的高频成分和噪声,以达到稳定环路工作和改善环路性能的目的。

③压控振荡器(VCO):通常,利用变容二极管作为回路电容,当改变变容管的反向偏压时,其结电容将改变,从而使振荡频率随反向偏压而变。

3)锁相环路的锁定过程

锁相环开始工作时,VCO 的固有输出信号频率 f_o(即开环时 VCO 的自由振荡频率),

总是不等于输入信号频率 f_i（通常是参考频标频率），即存在固有频差 $\Delta f = f_0 - f_i$，则两个信号之间的相位差将随时间变化，经相位比较器，鉴出与之相应的误差电压 $u_d(t)$，然后，通过环路滤波器加到 VCO 上。VCO 受误差电压控制，将压控振荡器的频率向输入信号的频率靠拢，使差拍频率越来越低，直至消除频差而锁定。

环路从失锁状态进入锁定状态的上述过程，称为锁相环的捕捉过程。锁相环处于锁定状态时具有两个基本特性：一个特性是输入信号和 VCO 输出信号之间只存在一个稳态相位差，而不存在频率差；另一个特性是 VCO 的输出频率稳定在输入频率（参考频标频率）上，锁相合成法就是利用这一特性来稳定频率。

4）锁相环的基本形式

a）混频式锁相环

① 利用锁相环对输入频率进行加、减运算，这种锁相环称为混频式锁相环，简称混频环，也可称为加减环。一种最简单的混频环如图 6-31 所示。它是在基本锁相环的反馈回路中加混频器（M）和带通滤波器（BPF）组成的。

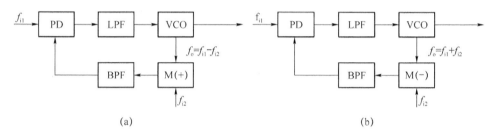

图 6-31　混频式锁相环组成框图

②当混频器是和频式时，锁相环如图 6-31（a）所示，输出频率 $f_0 = f_{i1} - f_{i2}$ 是两个输入频率之差；反之，当混频器是差频式时，如图 6-31（b）所示，输出频率 $f_0 = f_{i1} + f_{i2}$ 是两输入频率之和。

③ 混频式锁相环广泛应用于微波频率合成。

b）倍频式锁相环

倍频式锁相环利用锁相环对输入信号频率进行乘法运算，简称为倍频环。倍频环通常有两种基本形式，即脉冲控制环和数字环。

①脉冲控制环：脉冲控制环的基本形式，如图 6-32 所示。

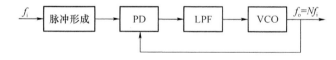

图 6-32　脉冲控制环组成框图

• 该环先将输入信号形成含有丰富谐波分量的窄脉冲，然后，让其中的第 N 次谐波与 VCO 在鉴相器中进行相位比较。当环路锁定时，VCO 振荡频率 f_0 被锁定在输入信号的 N 次谐波上，从而达到了倍频的目的。

• 脉冲控制环主要是利用最简单的电路来实现高达数百次、千次以上的倍频，而且只要调谐 VCO 的固有频率就可十分方便地改变倍频次数。

• 脉冲控制环广泛应用于微波锁相。微波固态源稳频系统常采用脉冲控制环,从而实现利用高稳定度的晶体振荡器控制微波信号,并作为微波稳频系统,提供较理想的微波频标信号。

②数字环:在基本锁相环的反馈回路中,加入数字分频器,就可构成数字环,如图 6-33 所示。

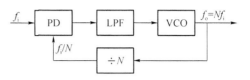

图 6-33　数字环原理框图

由数字环原理框图看出,在相位比较器中进行比较的两个信号频率分别是 f_i 和 f_o/N。当锁定时,必须满足 $f_i=f_o/N$ 的条件,故得 $f_o=Nf_i$,即输出信号频率 f_o 为 N 倍的输入信号频率 f_i,从而达到倍频的目的。若改变数字分频器的分频系数,则可改变倍频系数。

c)分频式锁相环

分频式锁相环利用锁相环对输入信号频率进行除法运算,简称分频环。两种最简单的分频式锁相环,如图 6-34 所示,它们由倍频环演变而来。

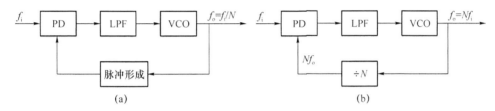

图 6-34　分频环的两种形式原理框图

分频环主要应用于频率非常高的场合,因为频率太高时,一般计数分频电路达不到要求,在这种情况下,除采用混频环外,还可以采用分频环。

d)多环式锁相频率合成器

上述锁相环都是单环的,实际上,合成式信号发生器都是由多环合成单元组成,才能获得所需的输出频率覆盖以及实现连续可调。多环式锁相频率合成器通常有三种,即双环式锁相频率合成器、三环式锁相频率合成器和十进锁相合成器。

①双环式锁相频率合成器

一个双环式锁相频率合成器电路组成如图 6-35 所示。图中采用了两个锁相环路和一个混频(取和频)滤波电路。可以得到,当环路锁定时频率合成器输出频率为

$$f_o = N_2 f_r + f_1 = N_2 f_r + \frac{N_1}{10} f_{r1} \tag{6-23}$$

式中,N_1 和 N_2 分别为可变分频器的分频比。

图 6-35 标出了某通信接收机频率合成器的频率值。该双环式锁相频率合成器只需两个参考频率,即 $f_r=100\ \text{kHz}$ 和 $f_{r1}=1\ \text{kHz}$,而且两个 $\div N_2$ 分频器具有相同的分频比范围,并在任何时候取相同数值,即它们同步方式工作时,频率合成器输出频率 f_o 为 $73 \sim 101\ \text{MHz}$,频率间隔为 $100\ \text{kHz}$。

这种双环式锁相频率合成器具有结构简单,同步方式较好,输出噪声较小等优点。为了降低噪声,可采用低噪声混频器及窄带滤波器。

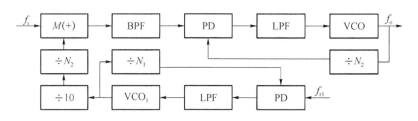

图 6-35　双环式锁相频率合成器电路组成框图

②三环式锁相频率合成器

一个三环式锁相频率合成器电路组成如图 6-36 所示。该三环式锁相频率合成器电路由三个锁相环(即 A 环、B 环、C 环)组成。

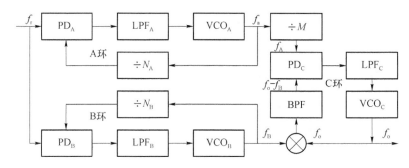

图 6-36　三环式锁相频率合成器电路组成框图

图 6-36 中 A 环输出 f_a，经后置固定分频器 M 分频后为 f_A，所以有如下关系式：

$$f_A = \frac{N_A f_r}{M}$$

- A 环中，f_A 的分辨率 $\Delta f_A = \dfrac{f_r}{M}$ 比单环分辨率高了 M 倍。由于固定分频器 M 后置，所以 f_A 一般是比较低的。因此，A 环输出频率较低的高分辨率环，又称低位环。

- B 环的 $f_B = N_B f_r$，可使它工作在所需求的合成器输出频率范围。因此，B 环又称高位环。C 环称为混频环。

图 6-35 表明，输出频率 f_o 和分辨率 Δf_o 的关系为

$$f_o = \frac{N_A}{M} f_r + N_B f_r \tag{6-24}$$

$$\Delta f_o = \frac{f_r}{M} \tag{6-25}$$

通常，$N_A > M$，可见，三个环的参考频率均为 f_r 或大于 f_r，其中 C 环的参考频率 $f_A \geqslant f_r$，而输出分辨率 Δf_A 提高了 M 倍，从而实现了降低参考频率的高输出分辨率的设计思路和方法。

③十进锁相合成器

十进锁相合成器是采用十进(或百进、千进)连续混频、分频方法进行频率合成的间接合成器，可提高频率分辨率。这种合成器是由多级相同的锁相环所组成的，也就是每个十进合成单元的电路都是相同的，有利于标准化和集成化，因此这种合成器得到了广泛的应用。

6.6.2 锁相环的基本理论

频率合成信号发生器里的合成信号源是采用锁相环路(PLL)电路合成出的信号,并受晶振信号控制的高稳定信号源。因此,锁相环路电路是合成信号源里关键的电路。

1. 锁相环路的基本组成

锁相环路的基本组成如图 6-37 所示,它是由鉴相器(PD)、环路滤波器(LF)和压控振荡器(VCO)三部分组成。

图 6-37 锁相环路的基本组成框图

1)鉴相器

鉴相器用来比较输入信号 $u_I(t)$ 与压控振荡器输出信号 $u_O(t)$ 的相位,它的输出电压 $u_D(t)$ 是对应这个信号相位差的函数。为了说明其原理,以模拟乘法器的正弦波鉴相器为例,分析其工作原理。设输入信号为

$$u_I(t) = U_{1m}\sin[\omega_0 t + \varphi_i(t)] \qquad (6\text{-}26)$$

压控振荡器输出信号 $u_O(t)$ 为

$$u_O(t) = U_{2m}\sin[\omega_0 t + \varphi_o(t)] \qquad (6\text{-}27)$$

经乘法器相乘后,其输出通过环路滤波器滤波,将其中高频分量滤除,则鉴相器的输出 $u_D(t)$ 为

$$u_D(t) = (A_m U_{1m} U_{2m}/2)\sin[\varphi_i(t) - \varphi_0(t)] \qquad (6\text{-}28)$$

$$u_D(t) = K_d \sin\varphi(t) \qquad (6\text{-}29)$$

式中,$K_d = A_m U_{1m} U_{2m}/2$;$\varphi(t) = \varphi_i(t) - \varphi_o(t)$;$A_m$ 为乘法器的增益系数,量纲为 $1/V$。

鉴相器的作用是将两个输入信号的相位差 $\varphi(t) = \varphi_i(t) - \varphi_o(t)$ 转换为输出电压 $u_D(t)$。由式(6-29)可得出鉴相特性曲线,如图 6-38 所示。

图 6-38 表明,由于鉴相器的输出电压 $u_D(t)$ 随 $\varphi(t)$ 呈周期性的正弦变化,因此这种鉴相器称为正弦波鉴相器。

2)环路滤波器

环路滤波器的作用是将 $u_D(t)$ 中的高频分量滤除掉,得到控制电压 $u_C(t)$,以保证环路所要求的性能。它是一种低通滤波器,由线性元件电阻、电容和电感组成,通常还包括运算放大器。常用的环路滤波器的形式有 RC 积分滤波器、无源比例积分滤波器和有源比例积分滤波器,电路形式如图 6-39 所示。

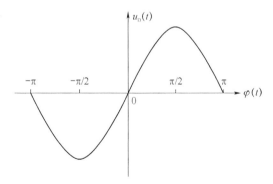

图 6-38 正弦鉴相器的特性曲线

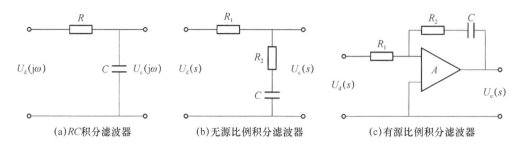

$U_\mathrm{d}(j\omega)$ C $U_\mathrm{c}(j\omega)$

(a)RC积分滤波器   (b)无源比例积分滤波器   (c)有源比例积分滤波器

图 6-39　常用的环路滤波器电路

图 6-39(a)为一阶 RC 低通滤波器,其传递函数为输出电压 $u_\mathrm{C}(t)$ 与输入电压 $u_\mathrm{D}(t)$ 之比,即

$$H(j\omega) = \frac{U_\mathrm{c}(j\omega)}{U_\mathrm{d}(j\omega)} = \frac{\dfrac{1}{j\omega C}}{R + \dfrac{1}{j\omega C}} = \frac{\dfrac{1}{RC}}{s + \dfrac{1}{RC}} \tag{6-30}$$

改为拉氏变换形式,用 s 代替 $j\omega$,得

$$H(s) = \frac{\dfrac{1}{RC}}{s + \dfrac{1}{RC}} = \frac{\dfrac{1}{\tau}}{s + \dfrac{1}{\tau}} = \frac{1}{s\tau + 1} \tag{6-31}$$

式中,$\tau = RC$ 为滤波器时间常数。

图 6-39(b)为无源比例积分滤波器,其传递函数为

$$H(j\omega) = \frac{U_\mathrm{c}(s)}{U_\mathrm{d}(s)} = \frac{R_2 + \dfrac{1}{sC}}{R_1 + R_2 + \dfrac{1}{sC}} = \frac{s\tau_2 + 1}{s(\tau_1 + \tau_2) + 1} \tag{6-32}$$

式中,$\tau_1 = R_1 C$;$\tau_2 = R_2 C$。

图 6-39(c)为有源比例积分滤波器,当运算放大器的输入电阻和开环增益趋于无穷大的条件下,其传递函数为

$$H(j\omega) = \frac{U_\mathrm{c}(s)}{U_\mathrm{d}(s)} = \frac{R_2 + \dfrac{1}{sC}}{R_1} = \frac{s\tau_2 + 1}{s\tau_1} \tag{6-33}$$

式中,$\tau_1 = R_1 C$;$\tau_2 = R_2 C$。

3)压控振荡器

从基本的锁相环路可以看出,环路滤波器的输出电压 $u_\mathrm{C}(t)$ 控制压控振荡器的振荡频率,使振荡频率向输入信号的频率靠拢,直至两者的频率相同,使得压控振荡器输出信号的相位和输入信号的相位保持某种关系,达到相位锁定的目的。

压控振荡器是一种电压/频率变换器,它在锁相环路中起着电压-相位变化的作用。压控振荡器的振荡电路中的压控元件,一般采用变容二极管。由环路滤波器送来的控制信号电压 $u_\mathrm{C}(t)$ 加在压控振荡器振荡回路中的变容二极管上,当 $u_\mathrm{C}(t)$ 变化时,引起变容二极管结电容的变化,从而使振荡器的频率发生变化。

在一定范围内,$\omega(t)$ 与 $u_\mathrm{C}(t)$ 之间为线性关系,可用下式表示:

$$\omega(t) = \omega_0 + K_\omega u_C(t) \tag{6-34}$$

式中，ω_0 为压控振荡器的中心频率；K_ω 是一个常数，表示单位控制电压引起的振荡角频率变化的大小，其量纲为 $1/s \cdot V$ 或 Hz/V。

2. 二阶锁相环路及其稳定性

1）二阶环中的滤波器

锁相环路的传递函数 $H(s)$ 随着滤波器的传递函数 $F(s)$ 而变化。$H(s)$ 取决于环路滤波器的形式。

锁相环通常有一阶环、二阶环和三阶环。而二阶锁相环路因具有稳定性高等优点，得到了广泛应用。二阶环里常采用如图 6-39(b)(c) 所示的两种环路滤波器。

* 对于无源滤波器，环路传递函数为

$$H_1(s) = \frac{K_0 K_d (s\tau_2 + 1)/(\tau_1 - \tau_2)}{s^2 + s(1 + K_0 K_d \tau_2)/(\tau_1 + \tau_2) + K_0 K_d/(\tau_1 + \tau_2)} \tag{6-35}$$

* 对于有源滤波器，若放大器的增益很大，则环路传递函数为

$$H_2(s) = \frac{K_0 K_d (s\tau_2 + 1)/\tau_1}{s^2 + s(1 + K_0 K_d \tau_2)/\tau_1 + K_0 K_d/\tau_1} \tag{6-36}$$

或

$$H_2(s) = \frac{2\xi\omega_n s + \omega_n^2}{s^2 + 2\xi\omega_n s + \omega_n^2}$$

式中，ω_n 为环路的自频率，$\omega_n = \left(\dfrac{K_0 K_d}{\tau_1}\right)^{\frac{1}{2}}$；$\xi$ 为阻尼系数，$\xi = \dfrac{\tau_2}{2}\left(\dfrac{K_0 K_d}{\tau_1}\right)^{\frac{1}{2}}$；$K_0 K_d$ 为环路增益。

上述公式表明，由于传递函数的分母中 s^2 的最高幂是二次，故称为"二阶环路"。因为是有源比例积分滤波器组成的环路，所以称为高增益二阶环路。

2）环路的稳定性

锁相环是反馈系统，任何反馈系统都有失去稳定的可能性，一旦环路不稳定，就不能正常工作。为此，研究环路的稳定性极其重要。

当一个反馈环路。开环增益超过 1，同时开环相移超过 $180°$，说明闭环后就使系统起振。根据幅相准则判别系统的稳定性，环路无条件稳定的条件是：

* 当幅度 $|H_0(j\omega_T)| = 1$ 时，相角

$$|< H_0(j\omega_T)| < \pi \tag{6-37}$$

* 当相角 $|< H_0(j\omega_K)| = \pi$ 时，幅度

$$|H_0(j\omega_K)| < 1 \tag{6-38}$$

上述条件中 $H_0(j\omega)$ 是环路的开环传递函数；ω_T 为增益的临界频率；ω_K 为相位临界频率。

根据上述分析，环路的稳定或不稳定，具体可以用图 6-40 所示的锁相环开环传递函数的幅相频率曲线来说明其环路的稳定条件。

对于锁相环的开环传递函数为

$$H_0(s) = K_0 K_d \frac{F(s)}{s} \tag{6-39}$$

其幅相特性，除 $1/s$ 积分使相位变化 $-90°$ 外，主要决定于 $F(s)$ 的特性。因为二阶环路的滤波器，其相位均不超过 $-90°$，所以开环特性的总相移无论如何超不过 $-180°$。所以，二阶环路是绝对稳定的（可用劳斯-赫尔维茨法则证明）。

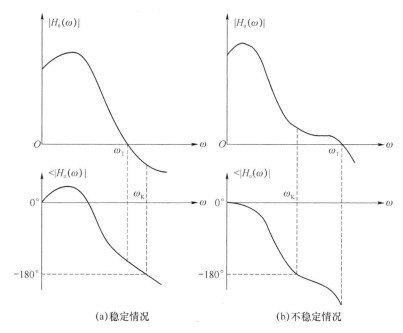

图 6-40 稳定与不稳定锁相环开环传递函数的幅相频率特性

在锁相环中,为了进一步滤除纹波,常需插入一阶或二阶低通滤波器。例如,混频环中的混频输出滤波器,为抑制控制线中干扰,附加低通滤波器或 RC 双 T 滤波器等。对于杂散频率、干扰以及噪声的影响,应该在设计中考虑。

3. 锁相环的跟踪特性和同步带宽

当环路锁定时,VCO 的输出频率(也称环路输出频率)f_o 等于环路输入频率 f_i,也就是说,环路输出频率可以精确地跟踪上输入频率的变化,这就是环路的跟踪特性,所以环路的锁定状态又称跟踪状态或同步状态。当输入频率变化超过一定范围(即固有频差超过一定值),输出频率不再能跟踪输入频率的变化时,环路将"失锁"。

在环路保持锁定的条件下,把输入频率所允许的最大变化范围定义为同步带宽。在锁相合成器中,输入频率是基准频率 f_r,相对于输出频率 f_o,可认为基准频率 f_r 不变,那么,同步带宽可理解为在环路保持锁定的条件下,VCO 频率 f_o 允许变化的最大范围。

由此表明,若锁相环路的同步带宽较宽时,即使 VCO 本身的频率稳定度不高,也可以通过环路的作用,把 VCO 的输出频率稳定在与基准频率同一量级上。因此,同步带宽是表征环路跟踪性能的重要参数。

4. 锁相环的捕捉与捕捉带宽

在锁相合成器里,捕捉带宽是锁相环的一个重要参数,必须了解锁相环的捕捉过程和捕捉带宽的基本概念。

1)捕捉带宽

锁相环从失锁状态进入锁定状态是有条件的,当锁相环处于失锁状态时,若调谐 VCO 的输出频率 f_o,使它逐渐向基准频率 f_r 靠近,即减小固有频差 $\Delta f_o = f_o - f_r$,只有当固有频差减小到一定值,环路才能从失锁状态进入锁定状态。为此,"捕捉带宽"可定义为环路最终能够自行进入锁定状态的最大允许的固有频差。

2)锁相环的捕捉过程

锁相环的捕捉过程是环路从失锁状态进入锁定状态的过程。只要固有频差 Δf_o 小于环路的捕捉带宽,通过捕捉,环路总能进入锁定,当然,捕捉过程是需要一定时间的。通常,锁相环的捕捉过程可分为两个阶段:第一阶段是频率牵引阶段;第二阶段是快捕。

若环路开始工作时存在固有频差 $\Delta f_o = f_o - f_r$,则相位比较器将输出一个误差电压 $u_D(t)$,$u_D(t)$ 的波形是上下不对称的非正弦波,VCO 在这个误差电压控制下,其瞬时频率 $f_o(t)$ 将随之变化,如图 6-41 所示。

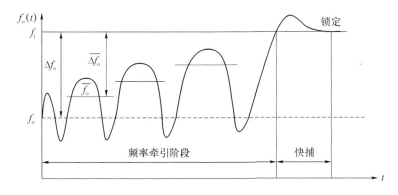

图 6-41 锁相环的捕捉过程图

a)频率牵引阶段

图 6-41 表明,由于误差电压 $u_d(t)$ 是上下不对称的,故存在一个直流成分,这个直流成分把 VCO 的平均频率 f_o 拉向输入频率 f_i,产生了所谓频率牵引现象,只要 $f_o(t)$ 的摆动范围还达不到 f_i,环路就不能立即进入锁定。这时,环路虽然不能立即锁定,但是依靠误差电压的直流成分在环路滤波器电容上的不断积累,使得 VCO 的平均频率越来越向输入频率靠拢,这就是频率牵引阶段。

b)快捕

由于经过频率牵引,其结果使得平均的频差 $\Delta f_o = f_o - f_r$ 逐渐减小,即误差电压的频率越来越低,环路滤波器对它产生的衰耗也越来越小,这样,使得 $f_o(t)$ 的摆动幅度加大,一旦 $f_o(t)$ 摆到 f_i,环路立即进入锁定状态,这就是所谓快捕,快捕阶段是很快的。

上述分析表明,当环路的固有频差在其捕捉带内,则环路经过频率牵引阶段最后总能进入锁定,但需要相当的时间,即所谓捕捉时间。当减小固有频差,使它进入快捕带宽内,则环路只有快捕过程,故捕捉时间可以减小,因此,快捕带宽实际上是环路的一个重要参数。

6.6.3 锁相环路的基本特性及应用

1. 锁相环路的基本特性

当环路处于正常工作状态,即环路"锁定"或"跟踪"时,锁相环路具有锁定特性、载波跟踪特性、调制跟踪特性和低门限等基本特性。

1)锁相环路的锁定特性

锁相环路对输入的固定频率锁定以后,两信号的频差为零,只有一个很小的稳态剩余相差。正是由于锁相环路具有可以实现理想的频率锁定这一特性,使它在自动频率控制与频率合成技术等方面获得了广泛的应用。

2)载波跟踪特性

环路能跟踪输入信号频率载波的慢变化(如频率斜升、多普勒频移和窄带调频等),即使输入信号暂时消失,输出信号也能保持对输入信号的锁定。所以,环路具有载波跟踪特性,通常把这种环称为"载波跟踪环"。由于,这种锁相环路被设计成窄带,故称为"窄带跟踪环"。这种锁相环路的载波跟踪特性,可用于对信号的提取和提纯。

3)调制跟踪特性

环路能跟踪输入信号频率的变化(如宽带调频信号的瞬时频率等),所以,环路具有调制跟踪特性,通常把这种环路,称为"调制跟踪环"。

对于调制跟踪环,其环路设计成宽带环路,故称为"宽带跟踪环"。这一特性,通常又可用于对宽带调频信号的解调。

4)低门限特性

锁相环路里的鉴相器的鉴相特性的固有非线性,使得它在噪声作用下,同样存在门限效应。理论与实践表明,对于载波跟踪环,可以从 $-30 \sim -20$ dB 信噪比中将有用信号提取出来。

当调制跟踪环用作调频解调器时,与普通限幅鉴频器相比较,有 $4 \sim 5$ dB 的门限改善(或门限扩展)。如果把环路进行最佳化或者使用由锁相环与频率负反馈环(FMFB)组成的混合环路,门限扩展的性能更好,这一技术已广泛用于卫星通信的调频解调器。

2. 锁相环路的应用

1)锁相环路的应用领域

a)在通信系统里的应用

锁相环路广泛应用于通信系统里。例如,用于短波、超短波收发信机的主振与本振;用于微波通信和卫星通信的微波信号源;用于移动通信系统的基站;用于数字通信的载波同步、码元同步和网同步。

b)在雷达中的应用

锁相环路主要用于雷达的微波固态源、微波功率放大器、相控阵雷达的多相激励源、天线自动跟踪与精密辅角偏转测量等系统。

c)在导航系统里的应用

锁相环路主要用于飞机、轮船、舰艇和汽车等的导航定位及监控系统。

d)在空间技术中的应用

锁相环路还应用于卫星、导弹、火箭和飞船的测速、测距和遥测等系统。

e)在电视系统设备里的应用

在电视系统里,锁相环路主要用于电视机的同步、门限扩展解调、色差副载波提取与色差信号的同步检波、全国电视台的锁相连播同步系统等。

f)在计算机中的应用

在计算机系统里,锁相环路主要用于计算机里的各种钟频信号的供给和控制等系统。

g)在电子测量仪器里的应用

锁相技术在电子测量仪器,尤其是射频/微波测量仪器里,得到了广泛应用,如频率合成信号发生器、微波网络分析仪、频谱分析仪、相位噪声测试仪、频率标准(如原子频标)等测量仪器。

h)在原子能、激光和红外系统里的应用

在原子能领域里,锁相技术主要用于原子能加速器同步和原子能电站反应堆应力形变监测。

i)在生物、医疗电子学里的应用

锁相技术主要用于医疗仪表中。

j)在工矿企业中的应用

①电网系统应用:主要用于电网同步与频率变换(60 Hz 变成 50 Hz)、电机转速控制等。

②精密加工系统里的应用:例如在大型齿轮与天线加工及精密测量。

③大型振动平台支柱运动的同步。

④地下流沙速度的测量、地层矿藏(石油、煤层)的普查及地震预测等。

2)锁相环路稳频技术

锁相环路可用于分频、倍频和频率变换,这几种技术的组合又可构成良好的锁相式频率合成器,同时还可作为标准频率源。

3)锁相调频和鉴频

a)锁相环调频电路

锁相环调频电路原理如图 6-42 所示。采用锁相环的调频器,可以解决在普通的直接调频电路中振荡器的中心频率稳定度较差的问题。实现锁相调频的条件,是调制信号的频谱要处于低通滤波器通带之外。使得压控振荡器的中心频率锁定在稳定度很高的晶振频率上,而随着输入调制信号的变化,振荡频率可以发生很大偏移,这种锁相环路称为载波跟踪型锁相环路。

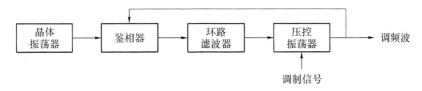

图 6-42 锁相环调频电路原理框图

b)锁相环解调电路

图 6-43 表明,锁相环解调电路,实际上是一个锁相环路,如果将环路的频带设计得足够宽,则压控振荡器的振荡频率跟随输入信号的频率而变,若压控振荡器的电压-频率变换特性是线性的,则加到压控振荡器的电压,即环路滤波器输出电压的变化规律必定与调制信号的规律相同。故从环路滤波器的输出端,可得到解调信号。用锁相环进行调频波解调是利用锁相环的跟踪特性,这种电路称为调制解调型锁相环路。

与普通的鉴频器相比较,锁相鉴频电路可以改善门限值特性,但改善的程度取决于信号的调制度。调制指数越高,门限改善的分贝数越大,一般可以改善几个分贝,调制指数高时,可改善 10 dB 以上。

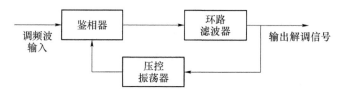

图 6-43　锁相环解调电路原理框图

4）锁相接收机电路应用

锁相环路常用于接收系统,可组成锁相接收机,锁相接收机利用环路的窄带跟踪及降低解调门限的特性,可接收十分微弱的信号,锁相接收机如图 6-44 所示。

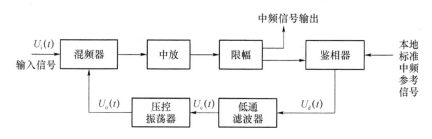

图 6-44　锁相接收机组成框图

在图 6-44 中,若中频信号与本振信号频率有偏差,鉴相器的输出电压就去调整压控振荡器的频率,使混频输出的中频信号的频率锁定在本地标准中频上,由于中频信号可以被锁定,所以中频放大器的频带可以做得很窄,因而使得输出信噪比大大提高,接收微弱信号的能力加强。

由于锁相接收机的中频频率可以跟踪接收信号频率的漂移,且中频放大器带宽又很窄,故称为窄带跟踪接收机。

6.6.4　集成锁相环频率合成器

1. 概述

1）集成频率合成器的发展概况

随着大规模集成电路技术和高速数字电路技术的迅速发展,从 20 世纪 70 年代末开始,频率合成器向着全集成化方向迈进。美国 Motorola 公司、英国 Plessey 公司和荷兰 Philip 公司等相继推出了多种中、大规模的集成锁相环频率合成器。

在这种大规模集成电路中,把频率合成器的主要部件,如参考振荡器、参考分频器、程序分频器、鉴相器、锁定指示器和微处理器等做在同一芯片上,再配上压控振荡器、环路滤波器及高速前置分频器,即可构成一个完整的频率合成器。

集成频率合成器具有成本低、体积小和功耗小等特点,同时简化了设计和便于生产调试,大大提高了可靠性。为此,集成锁相环频率合成器电路的出现,为频率合成器的应用开辟了广阔的前景。

2）集成锁相环频率合成器的特点

a）集成锁相环频率合成器的成本低、体积小、重量轻;

b）功耗低;

c)功能全和灵活性大。

3)集成频率合成器的种类

a)按集成度来分类

①中规模(MSI)集成锁相环频率合成器;

②大规模(LSI)集成锁相环频率合成器。

b)按频率置定方式来分类

按频率置定方式不同,又可分为并行码、4位数据总线、串行码和 BCD 码等四种输入频率置定方式。每一种频率置定方式又可区分为单模频率合成器和双(四)模频率合成器。

根据目前的集成频率合成器的芯片产品,使用户有充分的设计灵活性,既可以自由地选择频率置定方式,又可自由地选择混频方式(单模)、固定前置分频方式(单模)和吞脉冲分频方式(双模或四模)。

2. 集成锁相环频率合成器的组成

1)单环锁相频率合成器

a)基本单环锁相频率合成器

基本的单环锁相频率合成器的组成如图 6-45 所示。锁相环里的"÷n 分频器",即可编程的程序分频器。频率合成器的输出频率为

$$f_o = nf_r \tag{6-40}$$

式中,f_o 为参考频率,通常是用高稳定度的晶体振荡器,经过固定分频比的小数分频之后获得的,这种合成器的频率分辨率为 f_r。

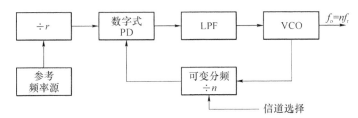

图 6-45 基本的单环锁相频率合成器的组成框图

当相位鉴相器的增益为 K_d,滤波器的传递函数为 $F(s)$,压控振荡器的增益系数为 K_o 时,环路的闭环传递函数为

$$\frac{\theta_0(s)}{\theta_r(s)} = \frac{G(s)}{1 + G(s)/n} \tag{6-41}$$

式中,$G(s)$ 是开环传递函数,即

$$G(s) = K_r \frac{F(s)}{s} \tag{6-42}$$

$$K_v = \frac{K_d K_0}{n} \tag{6-43}$$

b)带有前置分频器的单环锁相频率合成器

不同的是在可编程分频器之前串接了一个固定分频比的前置分频器,以适应较高的 VCO 工作频率,如图 6-46 所示。这种合成器的工作频率为

$$f_o = n(mf_r) \tag{6-44}$$

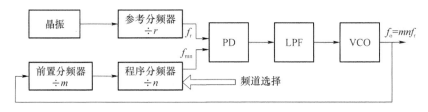

图 6-46　有前置分频器的锁相环频率合成器框图

另一种单环锁相频率合成器,即下变频锁相频率合成器,如图 6-47 所示。该锁相频率合成器里有了混频器和滤波器(低通滤波器或带通滤波器)。

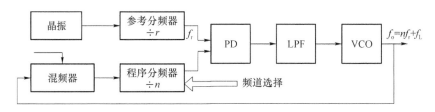

图 6-47　下变频锁相环频率合成器框图

下变频锁相频率合成器只是用混频器进行了频率搬移。如果在鉴相工作频率不变,分频比 n 不变的条件下,只是将合成器工作频率向上搬移了 f_L,变为

$$f_o = f_L + nf_r \tag{6-45}$$

下变频锁相频率合成器,由于混频器和滤波器串入环内,将会引起不良现象,例如:

①寄生输出。混频器的本振信号 f_L 是一个很强信号,很难将从合成器的输出中抑制干净。同时,混频器的互调等其他非线性产物,使其输出除了所需要的下变频分量外,还有若干的寄生分量,即表现为下变频分量的调幅、调频或单边带调制,由于寄生分量的存在,使得形成合成器输出的相位抖动。

②寄生信号引起错误计数。环内所用的数字分频器是对输入信号的过零点进行计数的。如果寄生信号有一定的强度,可能在有用信号的过零点之外产生额外的过零点,造成计数错误,最终引起合成器输出频率的误差。

2)变模前置分频锁相环频率合成器

在基本的单环锁相环频率合成器中,VCO 的输出频率是直接加到可编程分频器上的。目前,可编程分频器还不能工作在很高的频率,这就限制了这种合成器的应用。为此,在不改变频率分辨力的同时提高合成器输出频率的一种有效方法是采用变频分频器。即采用双模分频器的锁相环频率合成器、四模分频器的锁相环频率合成器和多环锁相环频率合成器。

a)双模分频器的锁相环频率合成器

一种具有双模分频器的锁相环频率合成器如图 6-48 所示。

图 6-48 表明,双模前置分频器有两种分频比:当模式控制为高电平时,分频比为 $p+1$;当模式控制为低电平时,分频比为 p。双模前置分频器的输出同时驱动两个可编程分频器,它们分别预置在 n_1 和 n_2,并进行减法计数。在除 n_1 和除 n_2 未计数到零时,模式控制为高电

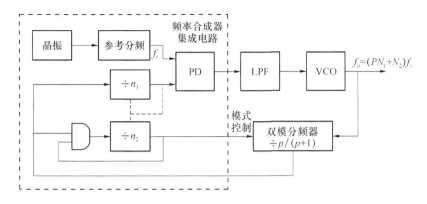

图 6-48　双模分频器的锁相环频率合成器框图

平,双模前置分频器的输出为 $f_o/(p+1)$。在输入 $n_2/(p+1)$ 周期之后,除 n_2 分频器计数达到零,将模式控制电平变为低电平,同时通过除 n_2 分频器前面的与门使其停止计数。此时,除 n_1 分频器还存有 $n_1 - n_2$。由于受模式控制低电平的控制,双模前置分频器的分频比为 p,输出频率为 f_0/p,再经 $(n_1-n_2)p$ 个周期,除 n_1 计数器也计数到零,输出低电平将两可编程分频器重新赋予它们的预置值 n_1 和 n_2,同时鉴相器输出比相脉冲,并将模式控制信号恢复到高电平。在一个完整的周期中,输入周期数为

$$n_T = (p+1)n_2 + (n_1 - n_2)p = pn_1 + n_2 \qquad (6\text{-}46)$$

假如 $p=10$,则总分频比为

$$n_T = 10n_1 + n_2 \qquad (6\text{-}47)$$

上述原理表明,n_1 必须大于 n_2。例如,n_2 为 0～9,则 n_1 至少为 10。由此得到最小总分频比为 $n_{Tmin}=100$。又若 n_1 从 10 变化到 19,那么可得到的最大总分频比为 $n_{Tmax}=199$。

其他的双模分频比,如 ÷5/6、÷6/7、÷8/9 以及 ÷100/101 也是常用的。若用 ÷100/101 的双模前置分频器,即 $p=100$,则

$$n_T = 100n_1 + n_2 \qquad (6\text{-}48)$$

假如选择 $n_1=0$～99,$n_2=100$～199,可得 $n_T=10\,000$～19 999。

从上述采用变频分频的可编程分频器的工作原理可以看出,双模前置分频器的工作频率为合成器的工作频率 f_o,而两个可预置分频器的工作频率则降为 f_o/p 或 $f_o/(p+1)$。合成器的频率分辨力仍为参考频率 f_r,这就是双模分频器的锁相环频率合成器的主要功能。

双模分频器的锁相环频率合成器的集成电路,如 MC145152 等产品。

b)四模前置分频器的锁相环频率合成器

四模前置分频器的锁相环频率合成器如图 6-49 所示。该频率合成器其特性是可扩展合成器的频率范围。

四模前置分频器有两个模式控制端 A 和 B,A、B 端电平分频比的关系,如表 6-5 所示。

表 6-5　四模前置分频器 A、B 端控制电平与分频比的关系

A	0	1	0	1
B	0	0	1	1
V	100	101	110	111

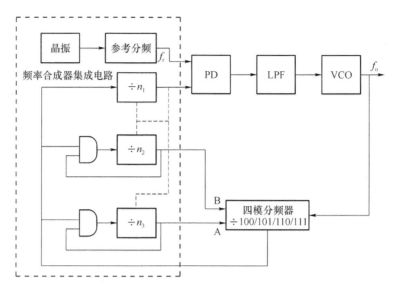

图 6-49　四模前置分频器的锁相环频率合成器框图

电路中另设置三个可预置分频器 $\div n_1$、$\div n_2$ 和 $\div n_3$，且 $n_1 > n_2$，$n_1 > n_3$。起始 A、B 为高电平"1"，四模分频器的分频比为 111。若 $n_3 < n_2$，在 $n_3 \cdot 111$ 个周期之后，A 转为低电平"0"，分频比变为 110，再经 $110(n_2 - n_3)$ 个周期之后，B 也转为低电平，分频比变为 100。再经 $100(n_1 - n_2)$ 个周期之后对鉴相器输出脉冲，同时状态复位，这样，总的分频比为

$$n_T = 111n_3 + 110(n_2 - n_3) + 100(n_1 - n_2)$$
$$= 100n_1 + 10n_2 + n_3 \tag{6-49}$$

若 $n_3 > n_2$，那么，总的分频比为

$$n_T = 111n_2 + 101(n_3 - n_2) + 100(n_1 - n_3)$$
$$= 100n_1 + 10n_2 + n_3$$

其结果与式(6-48)相同。

3)小数分频锁相频率合成器

a)小数分频锁相的基本原理

• 锁相环频率合成器的特点是，每当可编程的程序分频器分频比改变(增大或减小)1时，得到输出频率的改变量即为参考频率 f_r。为了提高频率分辨力，就必须减小 f_r，其结果使转换时间过大，这是一对矛盾。为了解决这一矛盾，可采用小数分频锁相环路。假如，程序分频器能提供小数的分频比，由于分频比的改变量小于1，这就能在不改变参考频率的条件下提高频率分辨力了。

• 小数分频器的基本原理是必须数字分频器本身不断地提供小数分频比。例如，$n = 10.5$，假若能控制数字分频器先除一次10，再除一次11，这样交替进行，那么从输出频率平均值看，不就完成了10.5的小数分频。由此表明，只要能适当地控制数字分频器整数分频比的变化，是可以实现小数分频的。

根据上述概念来进行小数分频。若要实现5.3的小数分频，只要在每10次分频中，作7次除5，再作3次除6，就可得到小数的分频比(用 n 表示整数部分，f 表示小数部分)，则得

$$nf = \frac{5 \times 7 + 6 \times 3}{10} = 5.3$$

若实现 27.35 的小数分频,只要在每 100 次分频中,作 35 次除 28,再作 65 次除 27,就可得到,则

$$nf = \frac{27 \times 65 + 28 \times 35}{100} = 27.35$$

b) 小数分频锁相频率合成器电路

为了能提高频率分辨率,又不降低参考频率,在小数分频锁相频率合成器电路中,设计可编程分频器提供小数的分频比,每次改变某频率位小数实现输出频率切换,这样就可以在不降低参考频率的情况下,提高输出频率分辨率。小数分频锁相频率合成器如图 6-50 所示。

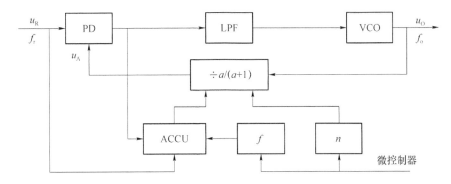

图 6-50 小数分频锁相频率合成器的框图

利用双模分频原理可以实现小数分频,正如上述的小数分频锁相的基本原理,小数分频比 m 有如下关系式:

$$m = \frac{a(p-q) + (a+1)q}{p} \tag{6-50}$$

式中,p 是一个循环周期内的分频次数,取决于小数部分的数值;q 是在一个循环周期内除的脉冲个数,$q = f \times p$,q 是最小的正整数值,f 是小数部分数值;n 为整数部分数值,$n = a$。

在小数分频锁相环中,鉴相器的每次比相都产生相位误差,而且每比一次,相差就增加一次,这样类推得到的相位差随时间的变化呈下降阶梯状,这时鉴相器的输出电压也是呈下降阶梯波形,经环路滤波器滤波后加到 VCO 上,就会使 VCO 产生附加调制,造成 VCO 输出信号相位抖动。若要消除这个阶梯电压的影响,将 ACCU 的存数经数模变换之后,恰好可以形成一个与鉴相器输出阶梯电压极性相反的阶梯电压,两者可以抵消。在环路达到稳态之后,两个极性相反的阶梯电压相加之后得到所需要的直流电平。这样就既完成了小数分频,又达到了改善频谱的目的。

3. 中规模单片集成锁相频率合成器实例

随着高速集成工艺技术的发展,锁相频率合成器的集成化程度已大大提高。目前已出现了一系列将高速前置合成器集成在片内的单片集成频率合成器芯片如美国 Motorola 公司的 MC145151/52、MC145200/201 和日本富士通公司的 MA101XT、MB1501/1504 系列等。片内高速双模前置分频器通常为固定 ÷64/65 或 ÷32/33,工作频率可达 500 MHz～2 GHz。单片集成 PLL 频率合成器芯片给频率合成器的电路设计带来了极大的

方便,且电路结构小型化,因此被广泛应用在移动通信设备、电子测量仪器等领域,在通信系统里作为发射机的激励源、接收机的本振源;在电子测量仪器里常作为高稳定度的信号发生器。

下面就 Motorola 公司的 1.1GHz 单片频率合成器芯片 MC145152 的性能结构和电路原理及设计作介绍。

1)MC145152 单片集成 PLL 数字锁相频率合成器

一种单片集成 PLL 数字锁相频率合成器的组成及工作原理如图 6-51 所示,该频率合成器是由 PLL 集成块(MC145152)、前置预分频 $p/p+1$(MC12022)、有源滤波器(LF)、压控振荡器(VCO)和参考源(12.8 MHz 晶振)等组成。

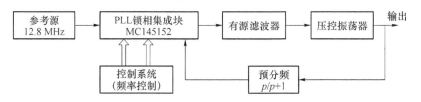

图 6-51　一种单集成片 PLL 数字锁相频率合成器的组成及工作原理框图

大规模集成锁相环 MC145152、锁相环路是一个负反馈相位控制系统。它由鉴相器、环路滤波器、压控振荡器和可编程分频器组成。为保证足够小的信道间隔和高的工作频率,可采用吞除脉冲式数字锁相频率合成器。所谓"吞除脉冲"技术,就是采用高速双模前置分频器,根据模式控制电平的高低,来控制它的分频比为 p 或 $p+1$。此类数字锁相频率合成器的结构如图 6-50 所示。图中,f_r 为参考频率;F 为反馈频率;n,a 为分频比系数;f_o 为压控振荡器输出频率。工作时,前置分频器先按除"$p+1$"方式工作,当吞除计数器计到预置状态后,转换成除"p"方式工作。当前置分频器完成一个工作周期后,又回到除"$p+1$"工作状态。

具有吞除脉冲计数功能的可编程分频器的总分频比 m,有如下关系:

$$m = p \times n + a \tag{6-51}$$

式中,p 为前置分频器的分频比;n 和 a 为可编程分频计数器。

MC145152 是一块由 16 位并行码置定频率的双模 CMOS。LSI 单片锁相合成器专用集成电路,其内部电路包含有参考振荡器、12 位 $\div r$ 参考分频器、12×8 ROM 基准译码器、10 位 $\div n$ 可编程序分频器、6 位 $\div a$ 可编程序分频器、变模控制逻辑电路、双端输出鉴相器及锁相指示器等。MC145152 的电路组成如图 6-52 所示。

a)OSC_{in}、OSC_{out}(26、27 端):为参考振荡器的输入端和输出端,可在 26、27 端外接石英晶体,利用内部电路产生振荡信号;外部振荡器产生信号从 27 端输入。

b)R_{A0}、R_{A1}、R_{A2}(4、5、6 端):参考分频器地址码输入端,12×8 ROM 参考(基准)译码器通过地址的控制对 12 位 $\div r$ 分频器进行编程,使 r 分频比有 8 种选择,地址码与分频比的关系如表 6-6 所示。

c)f_{in}(1 端):$\div a$ 和 $\div n$ 计数器输入端,双模前置分频器输出脉冲的正沿触发,通常采用交流耦合,当输出脉冲幅度达到 CMOS 逻辑电平时,也可以采用直流耦合,1 端输入的最高频率为 $f_{inmax} = 15$ MHz。

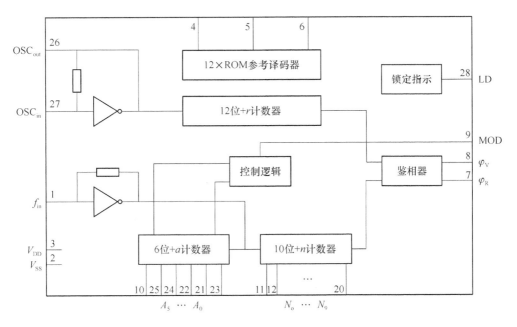

图 6-52　MC145152 的电路组成

表 6-6　参考分频器地址码与分频比的关系

地址码									
	R_{A0}	0	0	0	0	1	1	1	1
	R_{A1}	0	0	1	1	0	0	1	1
	R_{A2}	0	1	0	1	0	1	0	1
分频比 R		8	64	128	256	512	1 024	1 160	2 048

d) $N_0 \sim N_9$(11~20 端)：$\div n$ 计数器(图 6-52 中的主计数器)预置端。n 计数器的可预置值为 3~1 023,其编码采用 8421 二进制码。

e) $A_0 \sim A_5$(23、21、22、24、25、10 端)：$\div a$ 计数器(图中辅助计数器)预置端,a 可预置值为 0~63,它也是采用二进制编码,a 和 n 预置端全部内接上拉电阻,确保开路时处于逻辑"1"状态。

f)MOD(9 端)：变模控制端,由变模逻辑控制电路产生控制信号,改变双模前置分频器的分频比。

g) φ_R、φ_V(7、8 端)：鉴相器的双端输出,它可完成鉴相、鉴频功能。如果 f_v 频率高于 f_r 或 f_v 相位超前 f_r,φ_V 输出负脉冲,φ_R 保持高电平;反之 φ_V 输出高电平,φ_R 输出负脉冲。只有 f_v 与 f_r 同频同相时,φ_V 和 φ_R 的输出除有极窄的同相负脉冲外,二者都保持高电平。

h) L_D(28 端)：锁定指示器输出端,环路锁定时为高电平,失锁时为低电平。

i) V_{DD}(3 端)：正电源输入,一般为 +3~+5 V。

j) V_{SS}(2 端)：接地端。

由于 MC145152 芯片内设置了三个可编程计数器,所以该芯片必须采用并行输入方式实现分频比的设置。为了使载波频率的变化有较高的精度,若取参考频率 f_r 为 10 kHz,在外接 12.8 MHz 晶体使内部振荡器频率为 12.8 MHz 的情况下,参考分频比为 12.8 MHz/

10 kHz＝1 280。因此仅需改变 MC145152 可编程分频器的吞除脉冲计数器分频比 a 和可编程计数器分频比 n 即可控制锁相环的输出频率 f_o 使其工作在相应的工作频率上。当环路锁定时,振荡器的输出频率为

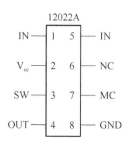

图 6-53　前置分频器 12022A 管脚

$$f_o = (p \times n + a) \times f_r \qquad (6-52)$$

可编程参考分频器的数据格式及设置如下:

$$f_X / f_R = 12.8\,\text{MHz} \div 10\,\text{kHz} = 1\,280$$

VCO 输出信号分为二路,一路作为 PLL 环路输出,另一路送前置分频器。这里前置分频器选择 12022A,双模分频器 12022A 由控制端电平 ÷64/65 或 ÷128/129, 12022A 的管脚如图 6-53 所示,前置分频器 12022A 的分频比如表 6-7 所示。

表 6-7　前置分频器 12022A 的分频比

SW	MC	分频比	SW	MC	分频比
H	H	÷64	L	H	÷128
H	L	÷65	L	L	÷129

若采用 ÷64/65 方式,将信号送到 12022A 的第一脚,首先第六脚为高电平,对输入信号先除以 64 分频,直至 MC145152 的 ÷n 分频器计数器计到满量为止,此时 MC145152 的第 9 脚自动转为低电平,自然 12022A 的第 6 脚也为低电平,÷65 分频器开始工作,相应地 MC145152 中 ÷a 分频计数器工作,直至 a 分频计数器计满量为止,完成一个周期后,又开始新的循环,一个分频周期中总分频比值 n_0 为

$$n_0 = f_{vc} / f_r = a \times (p+1) + (n-a) \times p = n \times p + a \qquad (6-53)$$

在环路锁定的情况下,VCO 输出的频率 f_o 就是环路锁定的频率,即

$$f_o = n_0 \times f_r = (n \times p + a) f_r \qquad (6-54)$$

本系统中选用有源比例积分滤波器作为低通滤波器,以增强环路的增益,有源比例积分滤波器一般采用双运放组成。例如,用 LMX358,电源电压采用 ＋12 V,具体组成如图 6-54 所示。

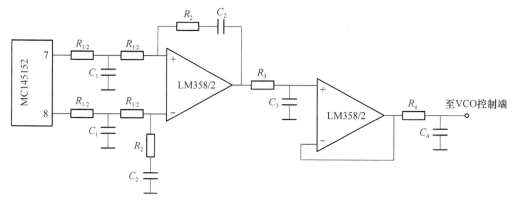

图 6-54　有源比例积分低通滤波器

有源比例积分滤波器中的 R_1、R_2、C_1、C_2 的值与环路由环路的自然谐振角频率 ω_0 和阻尼系数 ξ,它们之间的关系是

$$\omega_n = \sqrt{\frac{K_\phi K_V}{N_1 C_2 R_1}} \tag{6-55}$$

$$\xi = \frac{\omega_n C_2 R_2}{2} \tag{6-56}$$

为了使环路工作在最佳状态,既要考虑邻道和杂散功率抑制比,又要保证较高速率的数字信号,在调频时,为得到最佳调制信号,保证最低的误码率,可以在调试时根据需要对 C_1、C_2、R_1、R_2 作适当调节,以获得最佳环路指标。

例 6-1 有源比例积分滤波器的设计计算实例:设 $f_0 = 84.575 \sim 85.575 \text{ MHz}$,$f_r = 5 \text{ kHz}$,$K_V = 2\Pi \times (860 \times 10^3 - 700 \times 10^3)$,$\xi = 0.7$,$K_D = V_{DD}/2\Pi$,$C_2 = 0.47 \mu\text{F}$。

计算:根据式(6-54)和式(6-55)得

$$R_1 = \frac{K_D K_{V\min}}{N_{\max} C_2 \omega^2} = \frac{\dfrac{5}{2\pi} \times 2\pi \times 700 \times 10^3}{17\,115 \times (2\pi \times 200)^2 \times 0.47 \times 10^{-8}} \approx 661 \ \Omega$$

取标称值 $R_1 = 680 \ \Omega$。

$$R_2 = \frac{2\xi_{\min}}{\omega_{n\max} C} = \frac{2 \times 0.7}{2\pi \times 200 \times 0.47 \times 10^{-8}} = 2\,023\,\Omega$$

取标称值 $R_2 = 2 \text{ k}\Omega$。

这时的 $\omega_{n\max} = 2\pi \times 220 (\text{rad/sec})$;$\xi \approx 1.11 \times 0.6 \approx 0.67$;相位余量 $\varphi \approx 50°$;为了使环路工作在最佳状态,在电路调试时根据需要对 C_2、R_1、R_2 作适当调节。

随着变容二极管、电容和电感体积的缩小,以模块的形式实现 VCO 成为可能。VCO 模块本质上就是一个建立在一块衬底上并安装在金属外壳内的分立元件振荡器的微缩版本。模块是独立的,只需要外接地、电源、调谐电压和输出负载。

2)CD4046 锁相环及其应用

a)能够完成两个电信号相位同步的自动控制闭环系统叫作锁相环,简称 PLL。锁相环主要由相位比较器(PC)、压控振荡器(VCO)和低通滤波器三部分组成,如图 6-55 所示。PLL 应用于广播通信、频率合成、自动控制及时钟同步等技术领域。

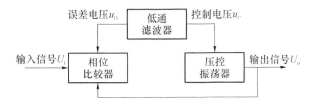

图 6-55　锁相环的组成框图

b)压控振荡器的输出 U_o 接至相位比较器的一个输入端,其输出频率的高低由低通滤波器上建立起来的平均电压 u_D 大小决定。施加于相位比较器另一个输入端的外部输入信号 u_I 与来自压控振荡器的输出信号 u_O 相比较,比较结果产生的误差输出电压 u_Ψ 正比于 u_I 和 u_O 两个信号的相位差,经过低通滤波器滤除高频分量后,得到一个平均值电压 u_D。这个平均值电压 u_D 朝着减小 VCO 输出频率和输入频率之差的方向变化,直至 VCO 输出频率和输入信号

频率获得一致。这时两个信号的频率相同,两相位差保持恒定(即同步)称作相位锁定。

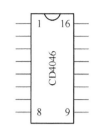

图 6-56 CD4046 引脚图

c)当锁相环入锁时,它还具有"捕捉"信号的能力,VCO 可在某一范围内自动跟踪输入信号的变化。如果输入信号频率 f_1 在锁相环的捕捉范围内发生变化,锁相环能捕捉到输入信号频率,并强迫 VCO 输出信号频率 f_2 锁定在这个频率上。CD4046 是通用的 CMOS 锁相环集成电路,其特点是电源电压范围宽(为 3~18 V),输入阻抗高(约 100 MΩ),动态功耗小,在中心频率 f_0 为 10 kHz 下功耗仅为 600 μW,属微功耗器件。图 6-56 是 CD4046 的引脚排列,采用 16 脚双列直插式,各引脚功能如下:

- 1 脚为相位输出端,环路入锁时为高电平,环路失锁时为低电平。
- 2 脚为相位比较器 I 的输出端。
- 3 脚为比较信号输入端。
- 4 脚为压控振荡器输出端。
- 5 脚为禁止端,高电平时禁止,低电平时允许压控振荡器工作。
- 6、7 脚为外接振荡电容。
- 8、16 脚为电源的负端和正端。
- 9 脚为压控振荡器的控制端。
- 10 脚为解调输出端,用于 FM 解调。
- 11、12 脚为外接振荡电阻。
- 13 脚为相位比较器 II 的输出端。
- 14 脚为信号输入端。
- 15 脚为内部独立的齐纳稳压管负极。

图 6-57 是 CD4046 内部电原理框图,主要由相位比较 I、II、压控振荡器(VCO)、线性放大器、源跟随器、整形电路等部分构成。比较器 I 采用异或门结构,当两个输入端信号 u_i、u_0 的电平状态相异时(即一个为高电平,一个为低电平),输出端信号 u_Ψ 为高电平;反之,u_I、u_0 电平状态相同时(即两个均为高,或均为低电平),u_Ψ 输出为低电平。当 u_I、u_0 的相位差 $\Delta\varphi$ 在 0°~180°范围内变化时,u_Ψ 的脉冲宽度 m 亦随之改变,即占空比亦在改变。从比较器 I 的输入和输出信号的波形(如图 6-58 所示)可知,其输出信号的频率等于输入信号频率的两倍,并且与两个输入信号之间的中心频率保持 90°相移。由图可知,f_{out} 不一定是对称波形。对相位比较器 I,它要求 u_I、u_0 的占空比均为 50%(即方波),这样才能使锁定范围为最大。

相位比较器 II 是一个由信号的上升沿控制的数字存储网络。它对输入信号占空比的要求不高,允许输入非对称波形,它具有很宽的捕捉频率范围,而且不会锁定在输入信号的谐波。它提供数字误差信号和锁定信号(相位脉冲)两种输出,当达到锁定时,在相位比较器 II 的两个输入信号之间保持 0°相移。

对相位比较器 II 而言,当 14 脚的输入信号比 3 脚的比较信号频率低时,输出为逻辑"0";反之则输出逻辑"1"。如果两信号的频率相同而相位不同,当输入信号的相位滞后于比较信号时,相位比较器 II 输出的为正脉冲,当相位超前时则输出为负脉冲。在这两种情况下,从 1 脚都有与上述正、负脉冲宽度相同的负脉冲产生。从相位比较器 II 输出的正、负脉

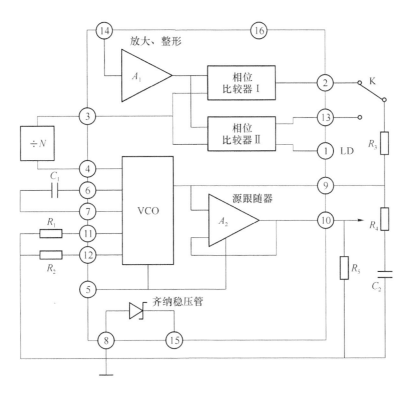

图 6-57 CD4046 内部电原理框图

冲的宽度均等于两个输入脉冲上升沿之间的相位差。而当两个输入脉冲的频率和相位均相同时,相位比较器Ⅱ的输出为高阻态,则 1 脚输出高电平。上述波形如图 6-59 所示。由此可见,从 1 脚输出信号是负脉冲还是固定高电平就可以判断两个输入信号的情况了。

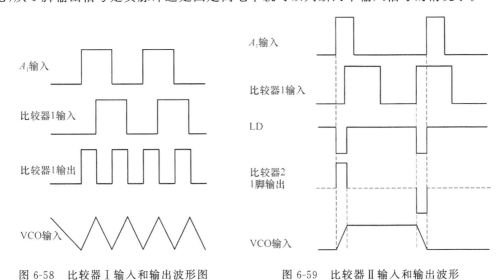

图 6-58 比较器Ⅰ输入和输出波形图   图 6-59 比较器Ⅱ输入和输出波形

CD4046 锁相环采用的是 RC 型压控振荡器,必须外接电容 C_1 和电阻 R_1 作为充放电元件。当 PLL 对跟踪的输入信号的频率宽度有要求时还需要外接电阻 R_2。由于 VCO 是一个电流控制振荡器,定时电容 C_1 的充电电流与从 9 脚输入的控制电压成正比,使 VCO 的振荡频率亦正比于该控制电压。当 VCO 控制电压为 0 时,其输出频率最低;当输入控制电压等于电源电压 U_{DD} 时,输出频率则线性地增大到最高输出频率。VCO 振荡频率的范围由 R_1、R_2 和 C_1 决定。由于它的充电和放电都由同一个电容 C_1 完成,故它的输出波形是对称方波。一般规定 CD4046 的最高频率为 $1.2\,MHz(U_{DD}=15\,V)$,若 $U_{DD}<15\,V$,则 f_{max} 要降低一些。

CD4046 内部还有线性放大器和整形电路,可将 14 脚输入的 100 mV 左右的微弱输入信号变成方波或脉冲信号,送至两相位比较器。源跟踪器是增益为 1 的放大器,VCO 的输出电压经源跟踪器至 10 脚作 FM 解调用。齐纳二极管可单独使用,其稳压值为 5 V,若与 TTL 电路匹配时,可用作辅助电源。

综上所述,CD4046 工作原理如下:输入信号 u_I 从 14 脚输入后,经放大器 A_1 进行放大、整形后加到相位比较器Ⅰ、Ⅱ的输入端,图 6-56 开关 K 拨至 2 脚,则比较器Ⅰ将从 3 脚输入的比较信号 u_O 与输入信号 u_I 作相位比较,从相位比较器输出的误差电压 u_Ψ 则反映出两者的相位差。u_Ψ 经 R_3、R_4 及 C_2 滤波后得到一控制电压 u_D 加至压控振荡器 VCO 的输入端 9 脚,调整 VCO 的振荡频率 f_2,使 f_2 迅速逼近信号频率 f_1。VCO 的输出又经除法器再进入相位比较器Ⅰ,继续与 u_I 进行相位比较,最后使得 $f_2=f_1$,两者的相位差为一定值,实现了相位锁定。若开关 K 拨至 13 脚,则相位比较器Ⅱ工作,过程与上述相同,不再赘述。下面介绍 CD4046 典型应用电路。

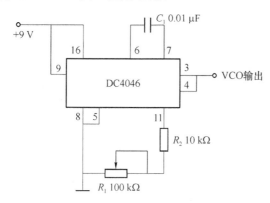

图 6-60 CD4046 的方波发生器图

图 6-60 是用 CD4046 的 VCO 组成的方波发生器,当其 9 脚输入端固定接电源时,电路即起基本方波振荡器的作用。振荡器的充、放电电容 C_1 接在 6 脚与 7 脚之间,调节电阻 R_1 阻值即可调整振荡器振荡频率,振荡方波信号从 4 脚输出。按图示数值,振荡频率变化范围在 20 Hz~2 kHz。

图 6-61 是 CD4046 锁相环用于调频信号的解调电路。如果由载频为 10 kHz 组成的调频信号,用 400 Hz 音频信号调制,假如调频信号的总振幅小于 400 mV 时,用 CD4046,则应经放大器放大后用交流耦合到锁相环的 14 脚输入端环路的相位比较器采用比较器Ⅰ,因为需要锁相环系统中的中心频率 f_0 等于调频信号的载频,这样会引起压控振荡器输出与输入信号输入间产生不同的相位差,从而在压控振荡器输入端产生与输入信号频率变化相应的电压变化,这个电压变化经源跟随器隔离后在压控振荡器的解调输出端 10 脚输出解调信号。当 U_{DD} 为 10 V,R_1 为 10 kΩ,C_1 为 100 pF 时,锁相环路的捕捉范围为 $\pm 0.4\,kHz$。解调器输出幅度取决于源跟随器外接电阻 R_3 值的大小。

用 CD4046 与 BCD 加法计数器 CD4518 构成的 100 倍频电路。刚开机时,f_2 可能不等于 f_1,假定 $f_2<f_1$,此时相位比较器Ⅱ输出 u_Ψ 为高电平,经滤波后 u_D 逐渐升高使 VCO 输出频率 f_2 迅速上升,f_2 增大值至 $f_2=f_1$,如果此时 u_I 滞后 u_O,则相位比较器Ⅱ输出 u_Ψ 为低电平。u_Ψ 经滤波后得到的 u_D 信号开始下降,这就迫使 VCO 对 f_2 进行微调,最后达到 $f_2/N=f_1$,并且 f_2 与 f_1 的相位差 $\Delta\varphi=0°$。进入锁定状态。如果此后 f_1 又发生变化,锁相环能再次捕获 f_1,使 f_2 与 f_1 相位锁定。

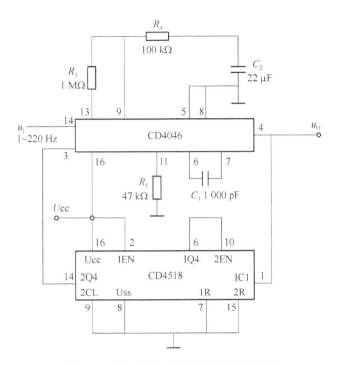

图 6-61　锁相环用于调频信号的解调电路

6.6.5　频率合成信号发生器的工作特性

频率合成信号发生器是以频率能在一定范围内按十进制以最小步进选择的频率合成器为基础,加设自动电平控制(ALC)、精密衰减器以及各种调制手段(AM、FM 和 φM)而构成的,在现代新型合成信号发生器里带有遥控和程控的功能。随着频率合成信号发生器作为宽频率范围的高精度的频率标准,开发出许多超低噪声的频率合成信号发生器产品。

衡量合成信号发生器的工作特性,通常有信号质量指标、输出信号的频率准确度和合成信号发生器的其他指标等,下面进行分析。

1. 衡量合成信号发生器的信号质量指标

1)用频域的特性衡量信号的质量指标

a)相位噪声功率谱密度

合成信号发生器的电路里存在随机的噪声起伏,通常,非线性电路就会使信号产生调幅噪声和调相噪声。使得信号的频谱上不是一根很纯的谱线,而在信号主频附近存在相位噪声谱,使信号频谱不纯,导致短期频率稳定度变差。通常用 $S_y(f)$、$S_\varphi(f)$、$L(f)$ 来表示合成信号发生器信号的频域指标。

b)谐波

合成信号发生器的谐波是由输出电路造成的输出信号非线性失真产生的,在频谱上反映为主频 ω_c 的整数倍频率 $n\omega_c(n=2,3,4,\cdots)$ 上存在着单根谱线。

c)杂散

杂散是由混频、倍频、分频电路的非线性工作状态造成的,它在频谱上反映为在主频旁存在着与主频不成整数倍频率关系的离散的单根谱线。

合成信号发生器的频域指标,除可以用相位噪声谱密度、谐波和杂散外,常常还用信噪比即 S/N 来表征。

2)用时域特性衡量信号的质量指标

合成信号发生器信号的平均频率随机变化量,称为频率稳定度,用时域来衡量信号质量指标,通常用短期频率稳定度和长期频率稳定度来表征。

a)短期频率稳定度特性指标,采用无间隙双取样方差 $\sigma_y^2(\tau)$ 的平方根,即阿伦方差根来表征,短期频率稳定度常以取样时间 τ 为毫秒和秒级的频率稳定度的典型指标来表征。

b)长期频率稳定度特性指标,指的是测量时间较长的频率变化量,通常,以日频率稳定度(即日老化率和日频率波动)、月频率稳定度、年频率稳定度等指标来表征。

2. 输出信号的频率准确度

频率准确度指的是合成信号发生器的频率实际值与标称值之差和频率标称值之比来表示。合成信号发生器的频率准确度主要取决于基准频率即晶体振荡器的信号频率的准确度。

3. 合成信号发生器的其他指标

1)输出频率

a)输出频率范围:合成信号发生器的输出信号频率的总的变化范围。

b)最小频率步进间隔:频率每步进一次之间的最小间隔。

c)频率连续可变的能力:最大连续可变的频率范围。

2)输出电平的指标

a)输出电平范围:可按电压幅度或按功率电平分贝数给出输出信号电平范围。

b)输出电平的步进间隔:合成器的输出常用步进衰减器,故给出每步进的衰减量。

c)输出电平的准确度:输出电平指示值与实际值的误差。

d)输出电平的频率特性:频率变化引起的输出电平的变化。

e)输出阻抗和输出方式(平衡或不平衡)。

3)频率的转换时间

频率的转换时间,也称为转换速度,是合成信号发生器的一个重要指标,指的是由一个频率点转换到另一个频率点所需要的过渡时间。对于直接合成信号发生器的转换时间(速度)约为 $20\,\mu s$,而锁相式合成信号发生器的转换时间约为 $20\,ms$。

此外,步进的频率间隔不同,转换时间也有不同。除上述主要特性指标外,合成信号发生器作为一种通用的测试信号发生器,还要满足如下指标:

a)调制形式及有关调制的指标;

b)遥控、程控及指标;

c)体积、重量、功耗;

d)环境条件。

6.6.6 改善合成器信号频谱纯度和频率稳定度的措施

1. 合理地选择合成器里的电路形式及参数

合成器是由各种类型的电路和环路所组成的,其中,混频电路、倍频电路等合成器中关键的电路,其性能直接影响合成器的信号质量,为了改善合成器信号的频谱纯度和频率稳定度,按下面原则选择电路形式及参数。

1)对混频器、高次谐波发生器、放大器等电路选用低噪声元器件

例如,混频器里选用肖特基二极管、场效应晶体管、集成混频器。

2)选择性能良好的电路形式

在关键的低频混频器中,应采用场效应晶体管以充分利用其近平方律的传递特性。较高频率时(约几百 MHz),若必须提供宽带信号,而且要求合成器的设计使带内的寄生信号小,则应采用肖特基二极管的双平衡混频器。

3)严格控制混频器的频率比

根据合成器的总体要求适当选择混频器频率比,是改善合成器性能的关键。当 $f_L \ll f_H$ 时,(f_L 和 f_H 分别为本振和射频信号频率),相加或相减混频器中两个重要的频率比,一个是 f_0/f_L;另一个是 f_L。

为了说明选择原则,以一种低噪声的直接式合成器为例。在该合成器中 f_0/f_L 比值始终保持小于 9,这样选择 f_0/f_L 比值能获得良好的效果。另一个重要比值及频率 f_L,当混频器输入信号 f_L 具有过宽的变化范围时,可能出现当 f_L 的频率在低端上时,经混频后,某些寄生信号难于滤除的问题。举例来说,若 f_H 固定为 30 MHz,f_L 由 1 MHz 变化到 2 MHz,则相加混频器的输出滤波器必须工作于 31 MHz 至 32 MHz。当 $f_L=1$ MHz 时,f_H+2f_L 的杂波分量将处于 32 MHz 滤波器的同带之内,这样,f_H+2f_L 的寄生信号就无法滤除,为了能适当地滤除这些寄生信号,合成器里可适当选择 f_L 频带中心与 f_L 带宽的最小比值为 3.9。

这些都说明,改善合成器性能,严格选择混频器频率比非常重要。

4)适当选择倍频器的倍频次数和倍频电路形式

倍频器通常是由高次谐波发生器和滤波器组成的,降低倍频次数,则可以减轻对输入调相噪声的增长作用,故适当选择倍频次数,不宜太高,同时,还应选择适当的电路确保低噪声。目前最流行的是电流开关型倍频器,这是一种低噪声倍频电路,得到了广泛的应用。

2. 改善锁相环路的滤波特性

在间接合成器里,根据锁相环的噪声抑制特性,锁相环对输入调相噪声而言为"低通"滤波器。调制频率低的调相信号可以通过,调制频率的调相信号被衰减,也就是说,对调制指数小的干扰和噪声来说,环路只让输入信号的近旁频干扰和噪声成分通过,而滤除远旁频的干扰和噪声。它的滤除性能取决于环路参数 ω_n 和 ξ。因此,合理设计环路带宽和选择环路参数,可以提高对输入干扰和噪声的抑制能力。

锁相环对压控振荡器输出调相噪声为"高通"滤波器特性。因此,环路的带宽选择越大,对压控振荡器中的杂散、噪声和控制线上干扰抑制能力越强。但是,考虑到环路的低通特性,应适当选择这些参数。为改善 VCO 的输出信号,可采用短期频率稳定度高、频谱纯的 VCO。

3. 提高频率标准的短期频率稳定度及其措施

在微波频率合成器里,为了改善合成器信号的频谱纯度,最主要的措施是提高频率标准的短期频率稳定度。通常,合成器里频率标准常采用 5 MHz 或 10 MHz 晶体振荡器,同时将此频率通过变换成各种频率产生参考信号,用来提供频率合成。因此,这些参考信号的质量好坏,直接影响合成器信号的频谱。为此,改善频率标准性能是极其重要的。

在现代的频率合成信号发生器里,常采用如图 6-62 所示的频率标准。用 5MHz 晶振来锁定 100 MHz 的电压控制晶体振荡器(VCXO)。

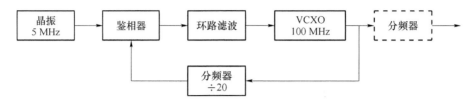

图 6-62　改善频谱纯度的参考频标框图

该 VCXO 工作在较强激励的工作状态,同时,环路带宽很窄,从而,大大地改善了 100 MHz 的 VCXO 信号的短期频率稳定度。然后,再将此信号频率经分频获得频谱纯度很高的参考信号频率,例如,HP8672A 信号发生器里的参考频标,就是采用这种措施。

4. 合成器的输出直接从调谐振荡器输出可改善信号质量

在微波频率合成器里的输出级,为了改善合成器输出信号特性,采用 YIG 调谐振荡器,既可以满足频段宽度,又能改善输出信号的频谱。

总之,合成信号发生器是一种复杂的高稳定度测量用的信号源。合成信号的质量与许多因素有关,除了采用上述的措施外,一台高质量的合成器,要进行严格的电路、工艺结构设计,以及完善的电磁屏蔽措施等,才能改善合成信号发生器的性能。

本 章 小 结

1. 测量用的信号发生器,通常称为信号源。信号发生器的作用是产生不同频率、不同波形的电压和电流信号,并加到被测器件、设备上,然后用其他的测量仪器测量出其输出响应。

2. 信号源的种类有很多,按照信号波形分类可分为正弦信号发生器、非正弦信号发生器;按照输出频率范围可分为低频信号发生器、高频信号发生器、超高频信号发生器、微波信号发生器等。

3. 正弦信号发生器的主要技术指标有:频率特性和频率稳定度(时域和频域)、输入和输出特性(幅度/功率)、调制特性及一般特性。

4. 对于通用的信号发生器,应明确各种信号发生器的特点,如低频信号发生器在 1 Hz～1 MHz 频段的输出波形以正弦波为主,高频信号发生器工作频率一般在 100 kHz～35 MHz 范围内等,并掌握其工作原理。

第7章　非线性失真的测量

7.1　概　　述

在电子技术中,信号的失真可分为频率失真、相位失真和波形失真。

当某信号通过电路后,其输出波形与输入波形不同,失去了信号原来的形状,称为波形失真,或称为畸变。产生信号波形失真的根本原因是信号通过电路后产生了非线性失真。

假设输入放大器电路的信号为一个纯净的正弦周期振荡波,用下式表示:

$$u = U_m \sin(\omega t + \varphi) \tag{7-1}$$

式中,ω 为信号的角频率,它等于 $2\pi f$;U_m 为振幅;φ 为初相角。

由于放大器有非线性作用,使得输出信号波产生了波形失真。此时,输出信号可用下式表示:

$$u = \bar{U} + U_{m1} \sin(\omega_1 t + \varphi_1) + U_{m2} \sin(\omega t_2 + \varphi_2) + \cdots + U_{mn} \sin(\omega_n t + \varphi_n) \tag{7-2}$$

在式(7-2)中,第一项是直流分量,第二项是基波分量,从第三项开始是各次谐波分量。$\omega_2 = 2\omega_2$,称为二次谐波;$\omega_3 = 3\omega_1$,称为三次谐波;$\omega_n = n\omega_1$,称为 n 次谐波。正弦周期振荡波形和失真后的波形,如图 7-1 所示。

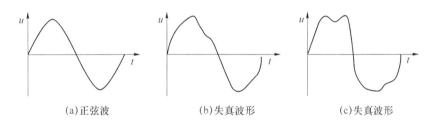

(a)正弦波　　　　　　　(b)失真波形　　　　　　　(c)失真波形

图 7-1　正弦波和失真的波形图

其中直流分量 $\bar{U}$ 仅仅与信号的平均电压有关,不影响信号的波形。而各交流分量的振幅 U_{m1},U_{m2},U_{m3},$\cdots$,U_{mn} 与合成信号的波形密切相关。各次谐波分量的角频率分别为 $\omega_2 = 2\omega_1$,$\omega_3 = 3\omega_1$,可用 $\omega_n = n\omega_1$ 表示。

各谐波分量的振幅 U_{mn},随着谐波次数的上升而下降,所以主要是低次(二次、三次等)谐波分量起作用。四次谐波以后,由于振幅很小,对合成信号波形的影响不大。所以在要求不高的情况下,为了方便起见,常把高次谐波忽略。信号中的基波和谐波成分,如图 7-2 所示。图 7-2(b)(c)的波形中分别含有二次谐波分量和三次谐波分量。

信号的非线性失真越大,其中包含的谐波分量的振幅(相对于基波的振幅)就越大。因此,要测量信号的非线性失真,只要根据式(7-2),就可以分别测量出信号中的基波和各次

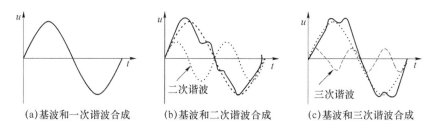

(a)基波和一次谐波合成　　(b)基波和二次谐波合成　　(c)基波和三次谐波合成

图 7-2　基波和谐波的合成图

谐波的振幅了。

在电子技术领域里,无论是低频、高频还是超高频信号都可能产生非线性失真。从测量技术的角度来看,信号的非线性失真都可以进行测量。主要是测量信号的非线性失真系数即失真度。测量非线性失真系数,通常有两种方法:频谱分析法和非线性失真系数测量法。

1)频谱分析法是把非正弦周期振荡信号的基波、各次谐波逐个分离出来进行测定,然后获得其失真度数据。这种测量方法的特点是测量的准确度较高,但需要配备高性能的频谱分析仪,同时测量时间也比较长。频谱分析法可用于低频、高频和超高频信号的非线性失真测量。

2)非线性失真系数测量法是把失真信号的基波分量抑制掉,把所有的谐波分量综合地测量出来,谐波分量的大小就代表信号失真的大小。这种测量方法最简便迅速,但不能了解各次谐波分量的大小。

非线性失真系数测量法,通常只能用于低频信号的非线性失真的测量,即采用基波抑制法来进行测量。利用该测量原理,生产出的非线性失真测量仪有:早期的 SZ-3、BS-1 型失真度测量仪,近期的 KH4116B 半自动数字低失真度测量仪、KH4135 和 KH4136 全自动数字低失真度测量仪等。

7.2　非线性失真的测量方法

7.2.1　频谱分析法

频谱分析法的测量原理基于式(7-2),因此,需要分别测量出信号中所包含的基波和各次谐波分量的振幅,然后综合得出其失真系数。为了分别测出各频率分量,测量线路里必须有高选择性的网络,如 LC 或 RC 调谐电路、窄带滤波器等。

在低频范围内,通常采用选频放大器来实现频率分离。而在高频、超高频频段,则要采用外差法来实现频率分离。实际上,也可采用频谱分析仪来测量失真度。

1. 选频放大器法

选频放大器是由一个宽带放大器和一个负反馈电路组成。用选频放大器法测量非线性失真的原理如图 7-3 所示。

负反馈电路的反馈系数 B_f 与频率有关,当频率 $f=f_0$ 时,反馈系数最小,因此,选频放大器对频率为 f_0 的信号具有最大的放大倍数(相对于其他频率成分而言)。当频率偏离 f_0 时,反馈系数 B_f 增大,负反馈作用加深,放大倍数也就随之减小。选频放大器具有图 7-4 所示的频响曲线。

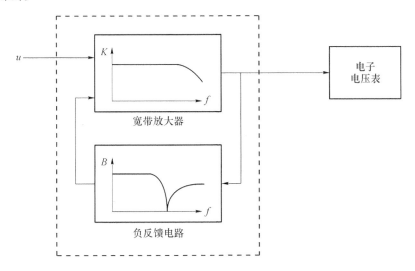

图 7-3 选频放大器法测量原理框图

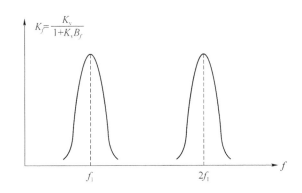

图 7-4 选频放大器的频响曲线

图 7-4 表明,选频放大器的频响曲线取决于反馈电路的频率特性,为了得到较高的选择性,必须采用频率选择性好的反馈网络,常采用双 T 电桥作为负反馈网络。

采用选频放大器法测量时,先调节选择性网络的参数,使反馈时的阻断频率 f_0 等于被测信号的基频 f_1。此时,电子电压表显示出的最大值就对应于信号电压基波振幅 U_{m1}。然后再调节该网络,使 $f_0 = 2f_1$,电子电压表就显示出二次谐波的振幅 U_{m2},再调节该网络,使 $f_0 = 3f_1$,电子电压表就显示出三次谐波的振幅 U_{m3},依此类推。

为了保证测量的精确度,图 7-4 中的宽带放大器的频响曲线应当平直而宽,并且能覆盖所要求测量的最高次谐波频率,电压表的频响也需要满足同样的要求。

该选频放大器法的优点是测量线路比较简单,缺点是选频频率 f_0 的调节范围不宽和选择性不高,这样,较高次谐波的测量就不易实现,所以,选频放大器法只能用在测量音频频段较低的谐波。

2. 外差法

用外差法测量基波和谐波的振幅与用外差法测量电压和测量频率的方法类似,如图 7-5 所示。

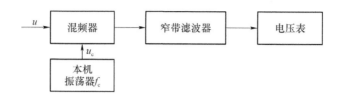

图 7-5 外差法测量原理图

被测信号 u 和本机振荡器产生的频率为 f_c 的信号 u_c，同时加到混频器，混频后的输出信号中包含有被测信号与组合频率，较高的组合频率不能通过窄带滤波器，只有差频信号能通过窄带滤波器。

设被测信号的频率为 f，窄带滤波器的通带为 B，调节本机振荡器的频率为 f_c。当 $|f_c - f| \leqslant B$ 时，差频信号通过窄带滤波器加到电压表上，这样就可以测量出差频信号的振幅。由于本振信号的振幅是恒定的，因此差频信号的振幅正比于被测信号的振幅。

利用外差法来测量信号的失真度，其测量方法是：先测量基波的振幅 U_{m1}，应调节本振频率 f_c，使其满足 $|f_c - f_1| \leqslant B$，此时电压表就指示出 U_{m1}。然后测量二次谐波的振幅 U_{m2}，就应调节本振频率 f_c，使 $|f_c - 2f_1| \leqslant B$，电压表就指示出 U_{m2}，依此类推，相应的测量出三次谐波的电压值 U_{m3}，四次谐波电压值 U_{m4} 等，再按非线性失真系数公式进行计算。

上述测量方法是逐点测量信号中所包含的各种频率成分的振幅，该测量方法是极其烦琐的。如果本机振荡器的频率能自动地连续变化，混频器输出总是固定的中频信号，然后经滤波再用示波方式来显示出被测信号中所包含的各种频率成分的振幅，这种测量方法，实际上就是使用频谱分析仪的测量方法。

3. 频谱分析仪法

图 7-6 表明，本机振荡器是一个扫频振荡器，它的振荡频率受扫描发生器的控制。扫描发生器产生的锯齿波电压一方面加到示波管的 X 轴偏转板上，使亮点在荧光屏上产生水平扫描；另一方面又加到扫频振荡器上，使扫描振荡器的振荡频率跟随着锯齿电压同步变化。

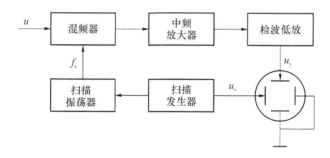

图 7-6 频谱分析仪基本原理示意图

由图 7-7 看出，锯齿电压从最小值上升到最大时，扫描振荡频率也是从最小值 $f_{c\,min}$ 上升到最大值 $f_{c\,max}$。在锯齿电压的回程期间，振荡频率又从 $f_{c\,max}$ 回到了 $f_{c\,min}$。这种频率在一定范围内作周期性变化的信号称为扫描信号。被测信号和扫描信号在混频器中混频之后，就依次产生一串差频信号，经过中频放大器（滤波）和检波低放，便在示波器的荧光屏上显示出一串脉冲，这种脉冲通常称为谱线，如图 7-7(c) 所示。

频谱分析仪里的中频放大器，不仅起放大差频信号的作用，还起窄带滤波器的作用。这是频谱分析仪里关键的部件,取决于频谱分析带宽。

上述频谱分析仪,可实现对低频、高频、超高频频率范围的非线性失真系数的测量,同时,还可适合测量各种调制信号(调幅、调频、脉冲调制等)的频谱。

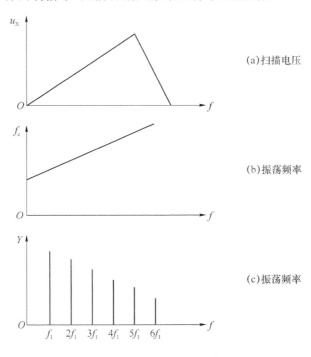

(a)扫描电压

(b)振荡频率

(c)振荡频率

图 7-7 频谱分析仪的波形关系图

7.2.2 非线性失真系数测量的基本原理

由于本振信号的振幅是恒定的,因此差频信号的振幅正比于被测信号的振幅。

1. 非线性失真系数的定义

非线性失真系数又称失真度,它的定义是各次谐波振幅的均方根值与基波振幅之比,用符号 d 来表示。

一个非正弦的周期振荡波为

$$u = \bar{U} + U_{m1}\sin(\omega_1 t + \varphi_1) + U_{m2}\sin(\omega_2 t + \varphi_2) + \cdots + U_{mn}\sin(\omega_n t + \varphi_n)$$

它与正弦振荡波相比失真了,其非线性失真系数 d 为

$$d = \frac{\sqrt{U_{m2}^2 + U_{m3}^2 + \cdots + U_{mn}^2}}{U_{m1}} = \frac{\sqrt{\sum_{n=2}^{\infty} U_{mn}^2}}{U_{m1}} \tag{7-3}$$

为了便于测量,常常把各次谐波振幅的均方根值与信号总电压之比,用 d' 表示:

$$d' = \frac{\sqrt{U_{m2}^2 + U_{m3}^2 + \cdots + U_{mn}^2}}{\sqrt{U_{m1}^2 + U_{m2}^2 + U_{m3}^2 + \cdots + U_{mn}^2}} = \frac{\sqrt{\sum_{n=2}^{\infty} U_{mn}^2}}{\sqrt{\sum_{n=1}^{\infty} U_{mn}^2}} \tag{7-4}$$

实际上,d 和 d' 是可以相互换算的,换算关系为

$$d = \frac{d'}{\sqrt{1 - d'^2}} \qquad (7\text{-}5)$$

或

$$d' = \frac{d}{\sqrt{1 + d^2}} \qquad (7\text{-}6)$$

当非线性失真系数较小时,即 $d' < 25\%$ 时,则 $d' \approx d$。

2. 测量非线性失真系数的基本原理

式(7-2)表明,测量 d' 时,可分别测量出信号的总电压和信号中去掉基波之后所剩的各次谐波振幅的均方根值。具体来说,只要测量两个电压的有效值,即被测信号电压的有效值和把被测信号中的基波滤除后的电压的有效值。这样,就可测量出信号的非线性失真系数。

测量非线性失真系数 d' 的基本原理图,如图 7-8 所示。图 7-8 表明,当开关 K_1 和 K_2 置在位置 1 时,被测信号电压直接加到电子电压表上,测得的是信号的总电压,即式(7-4)的分母;当开关 K_1 和 K_2 置在位置 2 时,被测信号电压要经过基波滤波器之后,才能加到电子电压表上。由于基波被滤除,因此测得的是式(7-4)的分子。由此可以求得非线性失真系数 d'。

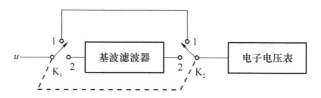

图 7-8 测量非线性失真系数 d' 的基本原理图

7.2.3 基波滤波器

根据非线性失真系数测量的基本原理,在测量系统里,必须有一个性能良好的基波滤波器,它是一个关键的部件。该基波滤波器必须采用具有频率选择特性的网络。例如,双 T 电桥、谐振电桥和文氏电桥,都是常见的选择网络。

1. 双 T 电桥

双 T 电桥的电路图和频响曲线,如图 7-9 和图 7-10 所示。

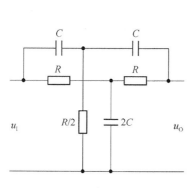

图 7-9 双 T 电桥的电路图

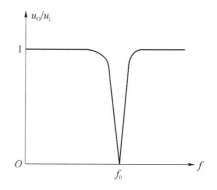

图 7-10 双 T 电桥的频响曲线

双 T 电桥的阻断频率为 f_0,当输入信号电压 u_i 的基波频率等于 f_0 时,电桥的输出电压

u_O中就不包括基波分量,但仍保留全部谐波分量。阻断频率f_0取决于电桥中的元件数值,可用下式表示:

$$f_0 = \frac{1}{2\pi RC} \tag{7-7}$$

由式(7-7)表明,改变电阻或电容的数值就可以改变阻断频率f_0。使用双T电桥可以在较宽的频率范围(频率上限可达$50\,\mathrm{kHz}$)内进行非线性失真系数的测量,它具有公共接地的优点,其缺点是R、C元件的同步调节比较困难,因此,适合于几个固定频率的测量。

2. 谐振电桥

采用谐振电桥作为基波滤波器,其原理如图7-11所示。

在图7-11中,当电路参数满足下列两式,即

$$f_0 = \frac{1}{2\pi \sqrt{LC}} \tag{7-8}$$

$$R_4 = \frac{R_1 R_3}{R_2} \tag{7-9}$$

此时,电桥对基频f_0呈现平衡状态。

对基波来说,电桥平衡时A、B两端是等电位的。所以,u_O中不包含基波分量。如果桥臂EB的Q值$\left(Q=\dfrac{2\pi f_0 L}{R_4}\right)$满足$Q\geqslant 10$,则对各次谐波来说桥臂EB可以认为是开路。因此,这时电桥对谐波的等效电路,如图7-12所示。

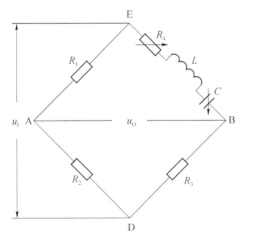

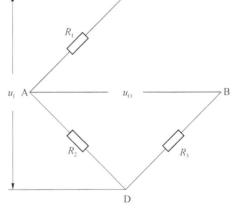

图 7-11 谐振电桥的原理图   图 7-12 谐振电桥在对基波平衡时的等效电路

由于R_3上没有谐波电流流过,因此对于谐波来说,B、D两端等电位。所以,此时在A、B两端之间测得的是谐波分量在电阻R_2上的压降,即

$$u_O = \frac{R_2}{R_1 + R_2}\sqrt{\sum_{n=2}^{\infty} U_{mn}^2} \tag{7-10}$$

或

$$\sqrt{\sum_{n=2}^{\infty} U_{mn}^2} = \left(1 + \frac{R_1}{R_2}\right)u_O \tag{7-11}$$

因此有非线性失真系数为

$$d' = \left(1 + \frac{R_1}{R_2}\right)\frac{u_O}{u_I} \tag{7-12}$$

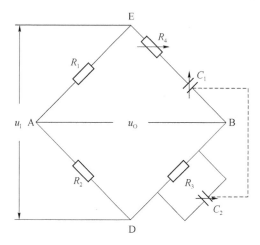

图 7-13 文氏电桥的原理图

用谐振电桥测量非线性失真系数的优点是能够连续地调节谐振频率 f_0，没有双 T 电桥那样的同步调节问题，因而测量的精确度较高，可达 $\pm 1\%$。它的主要缺点是没有公共接地点。

3. 文氏电桥

图 7-13 所示电路是文氏电桥电路，通常取元件参数为：$C_1 = C_2 = C$；$R_1 = 2R_2$；$R_3 = R_4 = R$。

这时电桥的平衡频率 f_0 为

$$f_0 = \frac{1}{2\pi RC} \tag{7-13}$$

若调节双联电容 C 使 f_0 等于被测信号 u_I 的基波频率，则 A、B 两端等电位。因此，有

$$u_O = \frac{R_2}{R_1 + R_2}\sqrt{\sum_{n=2}^{\infty} U_{mn}^2} = \frac{1}{3}\sqrt{\sum_{n=2}^{\infty} U_{mn}^2} \tag{7-14}$$

电桥中 A、D 两端之间的电压等于 R_2 所分得的的分压，即：

$$u_{AD} = \frac{R_2}{R_1 + R_2}\sqrt{\sum_{n=1}^{\infty} U_{mn}^2} = \frac{1}{3}\sqrt{\sum_{n=1}^{\infty} U_{mn}^2} \tag{7-15}$$

故得非线性失真系数为

$$d' = \frac{\sqrt{\sum_{n=2}^{\infty} U_{mn}^2}}{\sqrt{\sum_{n=1}^{\infty} U_{mn}^2}} = \frac{u_O}{u_{AD}} \tag{7-16}$$

用文氏电桥测量非线性失真系数，其优点是所需要的同步元件较少，仅需一只等容量的双联电容器。所以，文氏电桥可以方便地连续调节平衡频率 f_0，频率范围较宽，目前已能做到 2 Hz～200 kHz。这种方法的主要缺点是电路复杂，测量准确度较差（一般为 $\pm 5\%$～$\pm 10\%$）。

7.3 失真度测量仪

7.3.1 概述

目前我国生产的低失真度测量仪产品均是数字化的。它是在总结了我国 1965 年生产的 SZ-3 型、1969 年生产的第一台全晶体化的 BS1 型和 1973 年生产的 BS1A 型（BS1 的改型）失真度测量仪设计的基础上，结合当代技术的发展和客观用户的需要重新设计的，最小

失真测量提高到 0.01%,达到了低失真度测量要求的范围。它是一种性价比高的准智能型的仪器。

被测信号的电压、失真、频率全部由 LED 自动显示,采用真有效值检波,在电压测量范围 300 V～300 μV,频率范围 10 Hz～550 kHz 之内可实现全自动测量,失真度测量范围为 100%～0.01%。

这种失真度测量方式实现了宽范围校准,失真度量值既可以随滤谐过程自动跟踪显示,也可以用手动衰减器按 10 dB 步进跟踪。为了提高测量精度,可以随时使用相位调节和平衡调节。

低失真度测量仪产品种类较多,现有 KH4116B 型低失真度测量仪、KH4137 型低失真度测量仪等产品。

7.3.2 低失真度测量仪产品

1. KH4136 型低失真度测量仪

如图 7-14 所示,KH4136 型低失真度测量仪是新型全自动数字化的仪器,是根据当前科研、生产、计量检测、教学、国防等用户群实现快速精确测量的迫切需要,重新设计的。KH4136 型低失真度测量仪最小失真测量达 0.01%,性价比高,是 KH41 系列全数字失真仪家族中的最新成员。

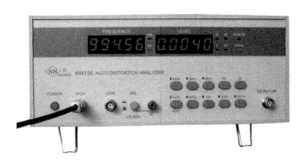

图 7-14　KH4136 型低失真度测量仪

被测信号的电压、失真、频率全部由 LED 自动显示,采用失真有效值检波。电压测量可在输入电压范围 300 μV～300 V,频率范围 10 Hz～550 kHz 内实现全自动测量;失真度测量可在输入电压范围 50 mV～300 V,频率范围 20 Hz～110 kHz 内全自动测量,失真测量范围为 30%～0.01%。该仪器具有平衡输入电压和失真测量的功能,同时还具有测量 S/N(信噪比)、SINAD(信杂比)的功能。幅度显示单位可为 V、mV、dB,失真度显示单位可选择%或 dB,S/N、SINAD 显示单位为 dB。该仪器内设 400 Hz 高通、30 kHz 和 80 kHz 低通滤波器,方便用户使用。该仪器是一台具有全自动测量信号电压、频率和信号失真等多种功能的新一代智能型仪器,也是当前在信号失真测量领域国内唯一一种全数字化、全自动、多功能型的智能化仪器。

2. 主要技术特性

其他技术特性如表 7-1 所示。

表 7-1 其他技术特性

失真度测量
输入信号电压范围:50 mVrms～300 Vrms,最低可测到 30 mV 频率测量范围:20 Hz～110 kHz(不平衡);20 Hz～40 kHz(平衡) 失真度测量范围:0.005%～30% 失真度测量准确度:20 Hz～20 kHz 时为±0.5 dB;20～110 kHz 时为±1 dB;失真在 0.03% 及以下时为±2 dB

SINAD 测量
频率范围:20 Hz～110 kHz(不平衡);20 Hz～40 kHz(平衡) SINAD 测量范围:10～80 dB

AC 电压测量
频率范围:10 Hz～550 kHz(不平衡);10 Hz～120 kHz(平衡) 电压测量范围:300 μV～300 V

7.3.3 失真度测量仪的使用

以上述失真度测量仪为实例,介绍失真度测量仪的使用和操作方法。

1. 失真度测量仪的前面板

1)按键和插座

失真度测量仪的前面板按键和插座的作用如表 7-2 所示。

表 7-2 失真度测量仪前面板按键和插座的作用

按键和插座	作　用
电源开关	开机后直接开始测量。显示频率值和失真度值
失真度键	切换成信号的失真度测量并显示失真度的数值
%/dB 键	使失真数据在 % 和 dB 之间切换显示
电压键	切换成信号的电压有效值测量并显示电压有效值数值
V/dBm 键	使电压数值在 V/mv 和 dBm 之间切换
调节旋钮	对测量信号的陷波频率的调节,按照指示灯的方向调节此旋钮,到与信号频率相近的位置时指示灯会熄灭,此位置就是信号的陷波频率
【输入】	信号输入端
【输出 X】	信号输出端。接到示波器的 X 输入端。与【输出 Y】一起可以观察李沙育图形
【输出 Y】	谐波信号输出端。接到示波器的 Y 输入端。与【输出 X】一起可以观察李沙育图形

2)指示灯

• 【kHz】【Hz】【V】【mV】【dBm】【%】【dB】指示灯:为单位指示灯,指示当前的数值所表示的是频率、电压或失真度。

· 【高】【低】指示灯:指示的是当前陷波频率与信号频率的大小关系,哪个方向的指示灯亮就往那个方向旋转调节旋钮直至两灯全灭。

2. 失真度测量仪的后面板

· 【220 V/50 Hz 0.5 A】插座:带保险丝的电源插座。

· 【100 kHz 低通滤波器】:接通后信号通道内会滤掉 100 kHz 以上的信号。

3. 开机

按下面板上的电源开关,电源接通,仪器进入测量状态。

1)输入信号

此失真度测量仪只有一个输入端。将信号接入面板的输入端,左边的四位数码管显示的是频率,右边四个数码管开机默认是失真度显示。

a)按下电压键测量的是电压有效值同时右边四位数码管显示的数值为电压值;按下失真键测量的是失真度值同时右边四位数码管显示的数值为失真度值;调节旋钮的位置可通过面板上的刻度和显示的频率基本对应上就可以。当测量时需要等待数值稳定后才能读数。如果测量失真度的时候显示的是"E."说明失真超过了 100%。内部量程完全自动切换,所需要做的就是调节旋钮到合适的位置。

b)【X】和【Y】是输出端口,其中 X 输出信号是本身波形,Y 输出信号是滤波后的谐波波形,相应输出波形可以通过示波器的 X/Y 功能观察。切记不要接入信号以免烧毁内部芯片。

2)单位的选择

根据需要选择显示%或 dB,或是 V 或 dBm。

3)关机后再开机

间隔时间应大于 10 s。

4. 100 kHz 低通滤波器

打开后会滤除信号中的 100 kHz 以上的信号,从而测量小信号失真度时更准确。

5. 操作

1)将信号接入面板的输入端,按下电源开关,左边的四位数码管显示的是频率值,右边的四位显示的是失真度或电压值,开机默认显示为失真度值。

2)面板上的电压键和失真键是对测量的切换,按下电压键测量的是电压有效值,同时右边四位数码管显示的数值为电压值;按下失真键测量的是失真度值,同时右边四位数码管显示的数值为失真度值;在测量失真度时要注意调节旋钮上端的指示灯,哪个方向的灯亮就往那个方向调节旋钮直至两灯全灭。调节的位置可通过面板上的刻度和显示的频率基本对应上就可以。V/dBm 键是控制显示的电压值的单位,单位通过单位指示灯来确定。%/dB 键是控制显示的失真度的单位,单位通过单位指示灯来确定。测量时需要等待数值稳定后才能读数。

3)【X】和【Y】是输出端口,X 输出信号是本身波形,Y 输出信号是滤波后的谐波波形,相应输出波形可以通过示波器的 X/Y 通道观察。切记不要接入信号以免烧毁内部芯片。

本 章 小 结

　　本章首先引入并解释了非线性失真（Nonlinear Distortion），非线性失真又称波形失真、非线性畸变，由电子元器特性——曲线的非线性引起。可根据式(7-2)分别测量出信号中的基波和各次谐波的振幅。

　　测量信号的非线性失真，主要是测量信号的非线性失真系数即失真度，失真度是各次谐波振幅的均方根值与基波振幅之比，用符号 d 来表示。测量非线性失真系数通常使用频谱分析法或非线性失真系数测量法。频谱分析法测量的基本原理，基于式(7-2)，在低频范围里，通常采用选频放大器来实现频率分离；而在高频、超高频频段，则要采用外差法来实现频率分离。本章介绍了选频放大器法、外差法、频谱分析仪法的原理及测量方法，详细讲述了非线性失真系数测量的基本原理。基波滤波器是非线性失真系数的测量系统中一个关键的部件。基波滤波器必须采用具有频率选择特性的网络，常见的选择网络是双 T 电桥、谐振电桥和文氏电桥。

第8章 调制系数的测量

8.1 概　　述

在无线电通信、广播、电视等系统中,需要把话音、音乐、图像、编码等低频、视频或数字信息,传输到指定地点去。所以,应在发射机中,先把这些信息变成相应的电信号,然后对高频或微波信号进行调制,最后将已调制信号,通过发射机的天线发射到空间,由接收机接收。接收机是在已调的载波信号中解调出原来的调制信号,如话音信号(低频信号)和图像信号(视频信号)。

高频信号电压或电流,可用下式表示:

$$u(t) = U_m(\cos\omega_0 t + \varphi) \tag{8-1}$$

式中,U_m 为振幅;ω_0 为角频率;φ 为初相角。

对于一个未经调制的高频信号来说,信号振幅 U_m、载频角频率 ω_0 和初相角 φ 都是不随时间改变的常数,这是决定高频信号的三个基本参数。实际上,信号的调制就是通过调制电路,使高频信号的三个基本参数之一按照低频信号的变换规律改变的过程。如果,被控制的参数是 U_m,称为调幅;被控制的参数是 ω 或 φ,称为调频或调相。

调制电路是发射机、电子测量仪器等的重要组成部分。在调幅电路里,主要特性是调幅系数,而在调频电路里主要特性是最大频偏。为此,调制系数的测量,主要是测量调幅信号的调幅系数和调频信号的最大频偏。

8.2　调幅波及其测量

8.2.1　已调幅波的基本特性

高频信号,通常称为高频载波信号。调幅用的低频信号,通常称为低频调幅信号。一个高频载波信号被调幅之后,称为已调幅信号。为了分析方便起见,这里不计初相角,则高频载波电压 u_s 和低频调幅电压 u_Ω 分别为

$$u_s(t) = U_0 \cos\omega_0 t \tag{8-2}$$

$$u_\Omega(t) = U_\Omega \cos\Omega t \tag{8-3}$$

经过调幅调制后,高频电压就成一个幅度随调幅信号变化规律而改变的已调波电压。即

$$u_s(t) = U_0\left(1 + \frac{\Delta U}{U_0}\cos\Omega t\right)\cos\omega_0 t = U_0(1 + m_a\cos\Omega t)\cos\omega_0 t \tag{8-4}$$

式中，ΔU 是高频电压幅度的变化量；m_a 为调幅系数。

可见，m_a 表示高频电压幅度的变化量与高频载波电压振幅之比，也就是，高频电压振幅受调制信号控制所改变的程度，即

$$m_a = \frac{\Delta U}{U_0} \tag{8-5}$$

用正弦波调幅信号进行调制的已调幅波的波形图，如图 8-1 所示。图 8-1 表明：

$$m_a = \frac{\Delta U}{U_0} = \frac{U_{\max} - U_{\min}}{U_{\max} + U_{\min}} \tag{8-6}$$

已调幅波对横坐标是对称的，如果把上、下峰点之间和谷点之间的电压值，分别用 A 和 B 表示，则

$$m_a = \frac{A - B}{A + B} \tag{8-7}$$

在实际应用中，调幅系数 m_a 总是在 $0 < m_a \leq 1$ 的范围内，$m_a > 1$ 是不允许的。

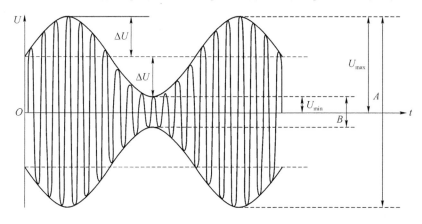

图 8-1　已调幅信号的波形图

8.2.2　调幅系数的测量方法

1. 用示波器测量调幅系数

在示波器上观测并测量调幅系数，常采用直接观测法和梯形图法。下面介绍直接观测法测量调幅系数。

利用示波器来直接观测已调幅信号的波形，在示波器的荧光屏上显示已调幅信号的波形，在屏上直接测出 A 和 B 的长度，可按式(8-7)计算，求得调幅系数 m_a。

直接观测法的连接和波形图，如图 8-2 所示。用导线绕 1~2 匝制成耦合环，与被测电路(或设备)的槽路相耦合，取得已调幅高频信号电压，通过绞线从 Y 轴输入示波器；而 X 轴的偏转板上，应加上一个与调幅信号(基波或谐波)相同步的锯齿波扫描电压。此时，在示波器的荧光屏上就显示出已调幅高频信号波形，如图 8-2(b)所示。

2. 采用调制度测量仪来测量调幅系数

用调制度测量仪测量调幅系数的基本原理，即检波器法，如图 8-3 所示。它的测量原理是，将被测已调幅信号经宽带放大器放大后，输入至调幅检波器，检出调制信号，再经峰值检波器，检出另一个直流电压，通过计算，可按下式求得调幅系数：

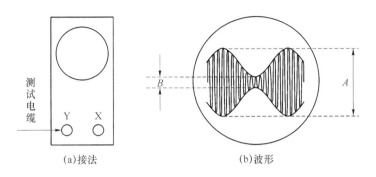

图 8-2　直接观测法的连接和波形图

$$m_{\mathrm{a}} = \frac{U_2}{U_1} \tag{8-8}$$

式中,U_2 为峰值检波器检出的直流分量;U_1 为调幅检波器检出的直流分量。

图 8-3　检波器法测量调幅系数的原理示意图

8.3　调频波及其测量

8.3.1　已调频波的基本特性

在研究调频理论时,通常只讨论用单一余弦信号调制高频载波信号,这样既方便又便于理解调频波的特性。

已调频的高频信号与调幅波不同。对已调频波,就其幅度而言,是一个高频的等幅波,而就其频率而言,是随调频信号的幅度不断改变的,围绕中心频率 ω_0 而上下偏移,频率的偏移值的大小,与调频信号电压 U_Ω 的大小成正比,即

$$\omega(t) = \omega_0 + S_f U_\Omega \cos\Omega t$$

得

$$\omega(t) = \omega_0 + \Delta\omega_f \cos\Omega t \tag{8-9}$$

其中,

$$\Delta\omega_f = S_f U_\Omega \tag{8-10}$$

式中:$\Delta\omega_f$ 称为已调频波的最大频偏;S_f 称为调频灵敏度。S_f 的物理意义是在调频过程中每单位调频电压所产生的角频率(或频率)偏移的程度。一个已调频信号电压可用下式表示:

$$u(t) = U_0 \cos(\omega_0 t + m_f \sin\Omega t + \varphi_0) \tag{8-11}$$

式中,

$$m_f = \frac{\Delta\omega_f}{\Omega} \tag{8-12}$$

这里,m_f 称为调频系数,它的物理意义是在调频过程中每单位调频频率所能产生的角频率偏移的程度。

8.3.2　频偏的测量方法

1. 稳定椭圆法

稳定椭圆法是示波器测量频偏的方法之一,测量原理如图 8-4(a)所示。该测量方法的

原理框图表明,稳定椭圆法测频偏的电路由混频器、本振源、示波器和辅助振荡器等组成。

将频率为 $f+\Delta f\sin\omega t_{\mathrm{m}}$ 的被测调频波与频率为 f 的本振输出的正弦信号同时加到混频器上,之后将混频后的差频输出放大后加到示波器的 Y 轴。由辅助振荡器输出的正弦信号(频率可在略大于所测最大频偏范围内均匀改变)加到示波器的 X 轴。无调制时,混频器输出为零差频信号,示波器上显示一条水平线;加调制后差频按 $\Delta f\mid\sin\omega_{\mathrm{m}}t\mid$ 的规律随时间变化,如图 8-4(b)所示。在差频等于 Δf 的瞬间差频变化最慢。若辅助振荡器输出信号的频率也等于 Δf,则屏上显示一个稳定而光亮的椭圆,由此可得出 Δf 的数值。

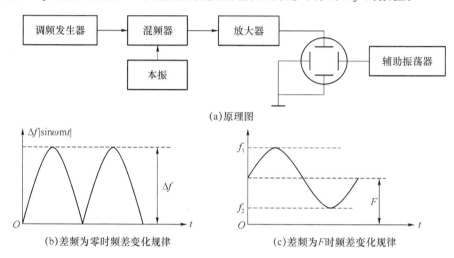

(a)原理图

(b)差频为零时频差变化规律   (c)差频为 F 时频差变化规律

图 8-4　测量频偏的稳定椭圆法

上述测量方法只有在被测信号载频稳定时才能得到可靠的结果,否则将引入极大的误差。为此,可使本振频率为 $f+F$(或 $f-F$)。这样,当有调制时混频器输出的差频如图 8-4(c)所示的曲线变化。当辅助振荡器的频率变到 f_1 和 f_2 时,将出现明亮而稳定的椭圆,其频偏为

$$\Delta f=\frac{f_1-f_2}{2} \tag{8-13}$$

2. 测量频偏的计数器平均值法

测量频偏的计数器平均值法如图 8-5 所示。它是利用计数器测出平均频偏转换为峰值频偏。

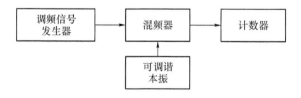

图 8-5　测量频偏的计数器平均值法框图

瞬时频率为 $f+\Delta f\sin\omega_{\mathrm{m}}t$ 的调频信号,与一个在整个频偏范围内可调谐的本振信号同时加到混频器上,调节本振频率使其等于载频 f,则混频器输出为一中心频率为零的调频谱,频率增加到 $\pm\Delta f$,计数器显示出平均频率,若输入频率按正弦变化,计数器的显示值为

N,则峰值频偏为

$$\Delta f = \frac{\pi N}{2} \tag{8-14}$$

由于本振和调频波载频的不稳定都会使差频发生变化,从而引入测量误差,因此这种方法只适合于较大的频偏的测量。

3. 鉴频器法

鉴频器法测量频偏的原理是采用具有线性输入和输出电压特性的鉴频器,把频率变化转换为幅度变化。通常鉴频器响应曲线呈 S 形,中段为线性区。将载频置于特性曲线的中心(零输出电压位置)。当频率向任何一方变动时,将有正、负电压输出。如果线性区的范围设计成大于正、负峰值频偏范围,则输出电压在整个频偏范围内与输入频率成正比,于是通过测量电压的大小便可测出频偏。鉴频器有多种类型,以脉冲计数鉴频器应用较多,其原理如图 8-6 所示。

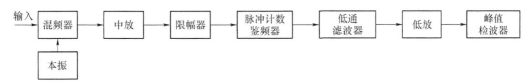

图 8-6 脉冲计数鉴频器频偏仪原理框图

调频波经混频中放后进行限幅,以消除幅度变化的影响,然后送入脉冲计数鉴频器。脉冲计数鉴频器的工作原理是:一个斯密特触发电路,其上升时间的输出经微分后,用来驱动一个脉冲发生器,发生器输出的脉冲经滤波除去高频成分后检出其峰值。当脉冲重复频率随频偏改变时,脉冲的平均值也随之改变,所得波形中检出的交流成分正比于峰值频偏。由于输出幅度依赖于脉冲间隙的大小,故响应曲线是真正线性的,因而可以到极宽的频偏范围。例如,国产 BE-1 型调制度测量仪,其频偏量程可达 500 kHz。

除上述几种测量频偏的方法外,还可用贝塞尔函数零值法来测量频偏,即利用贝塞尔函数将调频波表示式展开,可以得到实用的调频波的频谱和频带宽度。因此,只需要一个能指示贝塞尔函数为零的装置以确定根值 m_0,同时又测出调制频率 f_m,则根据 $\Delta f = m f_m$ 便可确定频偏值 Δf。

由于这种方法是通过贝塞尔函数的零值来确定频偏,因而称为贝塞尔函数零值法,还可称为载波零值法。因为贝塞尔函数零值法能给出已知的频偏值,且准确度较高,一般可达到 $\pm 1\%$,因此常用于频偏仪的校准。

8.4 调制度测量仪

8.4.1 调制度测量仪的工作原理

采用调制度测量仪来测量调幅系数和最大频偏,方便且准确度高。这类测量仪器中,最常采用的产品是 BE-1A 型调制度测量仪、QF4132 调制度测量仪等。调制度测量仪的简化原理如图 8-7 所示。

把被测已调幅或调频信号,由 50 Ω 或 75 Ω 同轴电缆送入测量仪,经输入电路在混频器中与本机振荡器的信号相混频,得差频为 700 kHz 的中频调制波,然后,经宽带放大器放大 4×10^3 倍,获得高电平。

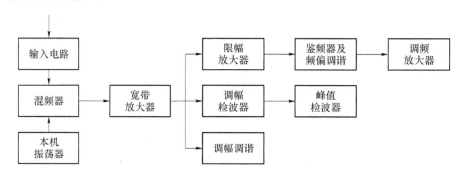

图 8-7 调制度测量仪的简化原理框图

1. 调幅系数测量

调幅系数的测量如图 8-7 所示。该调幅中频信号经调幅检波器(它是一个平均值检波器)检波后,得到一个直流成分和一个交流成分,直流成分与已调幅波中的高频载波电平成正比例,用 U_1 表示。交流成分则保持了已调幅波的形状,它加到峰值检波器,而获得正比于调幅信号峰值的另一个直流成分 U_2。这里,U_2 相当于 ΔU,U_1 相当于 U_0,得调幅系数 m_a 为

$$m_a = \frac{\Delta U}{U_0} = \frac{U_2}{U_1} \tag{8-15}$$

该调制度测量仪在操作时,先调节信号幅度使 U_1 指在电平表的满度,故可直接在电平表上的 U_2 读数读出其调幅系数 m_a 的百分数。

2. 最大频偏的测量

对于调频信号来说,K_1、K_2 的位置向上。调频信号经中频放大后,输入限幅放大器及鉴频器进行频偏解调。鉴频器输出的低频信号电压的大小正比于峰值频偏 $\Delta \omega_f$。这一低频信号电压再经低频放大器放大后,送到峰值检波器检波成直流电压,该直流电压仍然正比于 $\Delta \omega_f$,由电平表指示出来。

应当指出,该调制度测量仪在调试时(或周期校准),预先送入一个标准频偏,校正电路后,就可用于测定调频信号的最大频偏值。

8.4.2 调制度测量仪的产品

1. BE-1A 型调制度测试仪

BE-1A 型调制度测试仪是早期产品,其组成如图 8-7 所示。该调制度测试仪可用于 4～1 020 MHz 频率范围内测量信号的频偏及调幅度,适用于现代无线电技术中的无线电通信、无线电广播、电视设备、导航设备、遥控遥测技术以及调幅、调频信号发生器的校准等方面。

1)频率范围:仪器以 10 个波段覆盖 4～1 000 MHz,即

a)波段 4～7 MHz;   b)波段 7～13 MHz;

c)波段 12～24 MHz;   d)波段 23～45 MHz;

e)波段 40～75 MHz;   f)波段 70～140 MHz;

g)波段 135～270 MHz;   h)波段 270～540 MHz;

i)波段 170～340 MHz;   j)波段 510～1 020 MHz。

2)输入阻抗:射频输入端提供 75 Ω 及 50 Ω 两种阻抗输入。

3)测量范围。

a)频偏:在 10/30/100/500 kHz 范围内测量上、下频偏。

b)调幅:在 0～96% 范围内测量上、下调幅度。

4)调制频率。

a)频偏:30 Hz 及 150 kHz。

b)调幅:50 Hz 及 10 kHz。

5)基本误差。

a)频偏:载频 4～1 000 MHz,调制频率 50 Hz～15 kHz 为满刻度的 ±3%。

        载频 4～510 MHz,调制频率 30～50 Hz;15～130 kHz 为满刻度的 ±6%。

        载频 510～1 000 MHz,调制频率 30～50 Hz,15～130 kHz 为满刻度 ±8%。

b)调幅:载频 4～510 MHz,调制频率 400 Hz～5 kHz 为满刻度的 ±3%。

        调制频率 30～50 Hz,5～10 kHz 为满刻度的 ±5%。

        载频为 510～1 000 MHz,误差参考 4～510 MHz 要求。

6)输入电压。

a)载频 4～510 MHz。在 50 Ω 输入端灵敏度为:频偏测量时不次于 30 mV;调幅测量时不次于 20 mV。

b)载频 510～1 000 MHz。频偏测量时不次于 100 mV;调幅测量时不次于 60 mV。

7)中频输入:输出电压在调幅测量时约为 8 V,频偏测量时约 15 V。

8)低频输出如下。

a)输出幅度:调幅及频偏测量时,满表度输出时约 4 V。

b)解调失真度如下。

①幅解调失真:载频 510 MHz,调幅度 60%,调制频率 1 kHz,工作种类开关置于调幅电平位置小于 3%。

②调频解调失真:载频 510 MHz,频偏 100 kHz,调制频率 1 kHz,工作种类开关置于频偏电平位置小于 3%。

③剩余频偏在不计及信号源的寄生频偏时,在 a～f 波段,g、i 波段为小于 200 Hz,在 h 波段小于 400 Hz,在 j 波段小于 1 kHz。

9)保证仪器基本误差条件:

a)被测信号源为单一信号;

b)无外界强电、磁场干扰;

c)必须对信号进行正确调谐和电平调整。

2. QF4132 调制度测量仪

1)QF4132 调制度测量仪的功能

QF4132 调制度测量仪,如图 8-8 所示。它的主要功能如下:

a)用于中短波已调信号的调制度测量,即调幅信号的调幅深度和调频信号的最大频偏的测量。

b)具有良好的解调性能,极低的机内噪声,可用作测量 RF 信号的伴随调制、剩余调制、调制信噪、调制失真。

c)按国际规定,设置有通信广播标准的去加重滤波器(750 μs)及解调后置滤波器(LPF、BPF)。

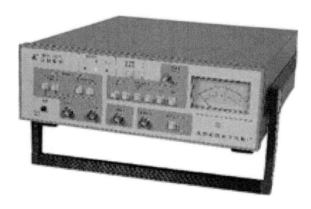

图 8-8　QF4132 调制度测量仪

2)应用

QF4132 调制度测量仪,是国内 0.1～30 MHz 范围内调制度测量仪,适合于低于 30 MHz 短波广播,通信测量。

3)QF4132 调制度测量仪的主要技术指标

表 8-1　QF4132 调制度测量仪的主要技术指标

高频(RF)输入	
频率范围灵敏度	0.1～30 MHz≤30 mV
灵敏度输入阻抗	≤30 mV
输入阻抗	50 Ω
输入电平范围	30～75 mV(f_c≤2.5 MHz);60～150 mV(f_c≥2.5 MHz)
调幅(AM)测量	
调幅度	0%～100%
AM 测量误差	±1.5%～±4%(at 1 kHz、BW 300 Hz～3 kHz)
AM 解调失真	±0.5%～±1.5%(at 1 kHz、BW300 Hz～3 kHz)
调制音频范围 AM 噪音	50 Hz～10 kHz≤−50 dB(相对于 AM 100%)
AM 噪音	≤−50 dB(相对于 AM 100%)
调频(FM)测量	
FM 频偏	0～150 kHz
FM 测量误差	≤3%(at 1 kHz)
FM 解调失真	≤1%(f_c≤30 MHz、FM at 150 kHz)
调制音频范围	BW 50 Hz～10 kHz
去加重	750 μs

本 章 小 结

调制电路是发射机、有关电子设备、电子测量仪器等仪器的重要组成部分。信号的调制就是通过调制电路,使高频信号的三个基本参数(信号振幅 U_m、载频角频率 ω_0 和初相角 φ)之一按照低频信号的变换规律改变的过程。调制系数的测量,主要是测量调幅信号的调幅系数和调频信号的最大频偏。之后分别介绍了已调幅波与以调频波的基本特性和测量方法:直接观察法和检波器法测量调幅系数;稳定椭圆法、计数器平均值法和鉴频器法测量频偏。

简述了调制度测量仪测量调幅系数、最大频偏的原理。以 BE-1A 型调制度测量仪、QF4132 调制度测量仪为例,说明了其主要技术指标。

第9章 频率特性的测量

9.1 线性系统频率特性的测量

9.1.1 正弦测量技术

1. 线性系统的频率特性

线性系统(以下简称系统)对正弦输入的稳态响应称为频率响应或频率特性。经分析，当正弦输入时，系统的稳态响应具有与输入的频率相同的正弦输出，输出量的幅值为输入量的$|H(j\omega)|$(传递函数)倍，其相角与输入量相差φ。所以，对正弦输入而言，可写成：

$$Y(j\omega) = H(j\omega)F(j\omega) \tag{9-1}$$

或

$$H(j\omega) = \frac{Y(j\omega)}{F(j\omega)} = \frac{正弦输出}{正弦输入} \tag{9-2}$$

2. 增益或衰减的测量

测量增益(或衰减)的测试框图，如图9-1所示。

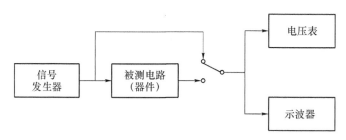

图 9-1 测量增益(或衰减)的测试框图

若被测系统的增益(或衰减)用分贝表示，即

$$A = 20\lg \frac{U_o}{U_i}[\text{dB}] \tag{9-3}$$

式中，U_o为输出电压；U_i为输入电压。

9.1.2 扫频测量技术

1. 扫频图示法的工作原理图

扫频图示法测量幅频特性的组成如图9-2所示。

2. 扫频信号源

1)扫频信号源的主要工作特性

a)有效扫频宽度；

b)振幅平稳性。

2)获得扫频信号的方法

a)变容二极管扫频可获得较高频率(几十 MHz 到几百 MHz)的扫频信号。

b)YIG 扫频是一种单晶铁氧体材料,利用铁磁谐振现象,YIG 磁调谐振荡器可作为扫频振荡器,可获得更高的频率(达 GHz)。

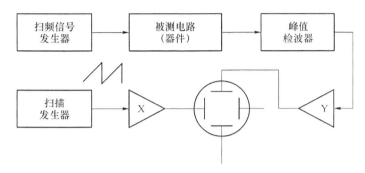

图 9-2　扫频图示法测量幅频特性的组成框图

9.1.3　测试网络的特性

测试网络(有源电路、无源器件或设备)的频率特性是研究网络特性的一个重要手段。被测网络可能是有源网络(如放大器、变频器等),也可能是无源网络(如滤波器、衰减器、功分器、耦合器等)。对于网络的特性,通常有幅频特性、相频特性和阻抗特性。

9.1.4　网络的幅频特性

当加到网络输入端上的正弦信号电压的幅度保持恒定,而其频率在一定范围内变化时,网络的输出电压将随着信号频率的变化而变化,这种特性称为网络的幅度-频率特性,简称为幅频特性。幅频特性可用曲线来表示,其曲线的横坐标为频率,纵坐标为输出电压,或输出电压与输入电压之比(即电压传输系数或电压增益)。

9.1.5　网络的相频特性

不同频率的信号通过网络时所产生的相移也不同,描述网络的相移-频率特性的曲线,称为网络的相位-频率特性,简称为相频特性。

9.1.6　网络的阻抗特性

网络的阻抗特性,是指网络的输入、输出端阻抗的特性。阻抗是线性电路理论中的一个重要参量,定义为电路上所加正弦电压和电路中流过的电流之比。根据工作频率的不同,阻抗分为集中参数阻抗和分布参数阻抗。现在,把集中参数阻抗称为高频阻抗;把分布参数阻抗称为微波阻抗。

在阻抗测量里,尤其是微波阻抗测量,通常不是直接测量的,而是直接测量以被测阻抗作为传输线负载所造成的驻波参量或反射参量,从而获得阻抗值。由此看来,网络的阻抗特性,也可以认为是网络输入、输出端的驻波或反射特性。

网络的幅频特性和相频特性合称为网络的频率特性。放大器的幅频特性和相频特性曲线,如图 9-3 所示。

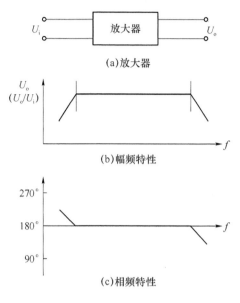

(a)放大器

(b)幅频特性

(c)相频特性

图 9-3 放大器的幅频和相频特性曲线

9.2 幅频特性测量方法

9.2.1 点频法测量幅频特性

用点频法测量网络的幅频特性,其测量时的连接图,如图 9-4 所示。在图 9-4 中,频率可调的正弦信号电压,加到被测网络的输入端,经过网络,其输出电压的大小,由电压表指示出来。在整个测量过程中,必须保持网络输入的正弦信号电压大小不变。

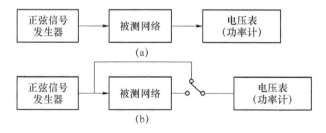

图 9-4 点频法测量幅频特性的连接图

9.2.2 扫频法测量幅频特性

扫频法测量幅频特性,实际上是采用扫频仪或频率特性测试仪的测量原理,测量幅频特性。扫频法测量幅频特性的原理如图 9-5 所示。图 9-5 表明,该图的测量原理,实际上就是扫频仪的简化框图,扫频仪基本上是扫频振荡器和示波器的组合。扫描发生器产生的扫描电压起着主控信号的作用。它一方面加到示波器的水平放大器上,产生示波管 X 轴的扫描电压;另一方面加到扫频振荡器上,作为频率调制信号,使扫频振荡器的瞬时频率随着扫描电压的变化而变化。这样,在示波管荧光屏上,光点的每一个位置都与扫频振荡器的某个瞬时频率相对应。

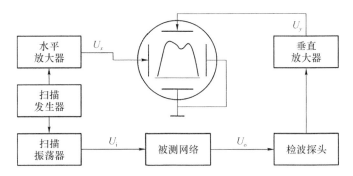

图 9-5　扫频法测量幅频特性原理框图

9.2.3　脉冲法测量幅频特性

网络(如放大器等)对于不同频率的正弦信号有不同的响应,也可以这样说,网络对不同频率的正弦信号有不同的电压传输系数(增益或衰减量)和不同的相移。若网络输入端加的不是正弦信号,而是脉冲信号,由于脉冲信号是由许多不同频率的正弦信号组合成的,当这些正弦信号通过网络时,它们的电压传输系数和相移不等。因此,这些信号在网络输出端重新组合成脉冲信号时,脉冲波形将会发生变化。

如果输入网络的脉冲信号是一个理想方波,如图 9-6(a)所示,网络输出的脉冲信号就不再是理想的方波,而是成为如图 9-6(c)所示的波形。由图 9-6(c)看出,输出脉冲的参数有:上升时间 t_r、下降时间 t_f、上冲 δ 和顶降 Δ。这些特性取决于网络的特性,其中上升时间 t_r、下降时间 t_f、上冲 δ 取决于网络的高频特性;而顶降 Δ 取决于网络的低频特性。

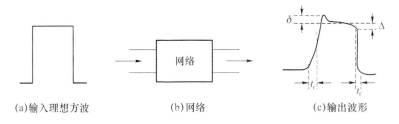

(a)输入理想方波　　　　(b)网络　　　　(c)输出波形

图 9-6　网络的输入波形和输出波形图

由此说明,当理想的方波信号经放大器放大后,输出的波形不再是理想的方波,由输出信号的参数可得到该放大器的频带。由网络的脉冲特性严格推算网络即放大器的频率特性是较困难的。通常只作近似计算。在输入的是理想方波的情况下,输出波形上升时间 t_r 和网络带宽 B 的乘积等于常数,即

$$t_r B = 0.35 \sim 0.45 \tag{9-4}$$

式(9-4)中,数值 0.35 对于上冲 δ 小于 5% 的网络大多符合得较好,数值 0.45 对于上冲 δ 大于 5% 的网络大多符合得较好。网络带宽 B 和上升时间 t_r(上冲 δ 小于 5%)的对应数值,如表 9-1 所示。

表 9-1　网络带宽 B 和上升时间 t_r(上冲 δ 小于 5%)的关系表

B/MHz	t_r/ns	B/MHz	t_r/ns	B/MHz	t_r/ns
10	35	45	7.8	150	2.3
15	23	60	5.8	200	1.8
30	12	100	3.5	300	1.2

根据式(9-4),可用脉冲法测量网络,如放大器等的带宽。实际上,这种方法常用在宽带放大器(如示波器的 Y 轴放大器)的测量里,用该法可对示波器的频带进行检定。

用脉冲法测量宽带放大器带宽的流程如图 9-7 所示。

图 9-7　用脉冲法测量宽带放大器带宽的流程框图

标准脉冲信号发生器产生的方波信号具有很短的上升时间,要比被测放大器的上升时间小 10 倍,而上冲量不大于 1%。用来观测的示波器,其本身的上升时间不大于被测波形上升时间的五分之一。否则,要用下式扣除示波器本身的上升时间:

$$t_r = \sqrt{t_{r1}^2 - t_{r2}^2} \qquad (9\text{-}5)$$

式中,t_{r1} 为示波器荧光屏上观测到的波形的上升时间;t_{r2} 为示波器的 Y 轴上升时间;t_r 为被测波形实际的上升时间。

9.3　频率特性测试仪及应用

9.3.1　频率特性测试仪

1. 概述

由于矢量网络分析仪的更强大功能、更高频率,大部分的频率特性测试仪都用矢量网络分析仪代替了,例如,SA1000 数字频率特性测试仪,其整机如图 9-8 所示。

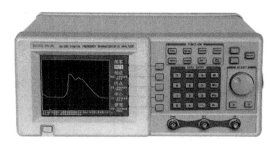

图 9-8　数字频率特性测试仪

2. 频率特性测试仪特性及技术指标

1)主要功能特性

a)扫频信号源采用直接数字合成技术,DSP 控制。

b)内置检波器,无须检波探头。

c)可完成 $20\sim300\,\mathrm{MHz}$ 范围内的幅频特性及相频特性的测试。

d)实现 $20\sim300\,\mathrm{MHz}$ 范围内的 S 参数测量,可测量驻波系数(反射系数、回波损耗)。

e)扫描方式可任意设置,如线形、对数、点频等。

f)可直接显示光标位置的频率值、幅度值、相位值。

g)5.7 寸 TFT 彩色液晶屏,视觉舒适,清晰度高;两级菜单,操作方便;在扫描范围内同时设置和显示四个光标。

h)可选配 GPIB 接口、USB 接口、232 接口、阻抗匹配器。

2)主要技术指标

主要技术指标如表 9-2 所示。

表 9-2 数字频率特性测试仪主要技术指标

项目	范围	项目	范围
频率范围	$20\sim300\,\mathrm{MHz}$	输出衰减	$0\sim80\,\mathrm{dB}\pm180°$
频率误差	$\leqslant50\,\mathrm{PPM}$	相位分辨率	$\pm180°$
扫描输出	$\geqslant0.5V_{\mathrm{rms}}$	显示分辨率	$1°$
输入、输出阻抗	$50\,\Omega$	机械性能	$330\,\mathrm{mm}\times155\,\mathrm{mm}\times300\,\mathrm{mm},3.7\,\mathrm{kg}$

3. S 参数的测量原理

1)S 参数的基本概念

S 参数是描述网络各端口的归一化的入射波和反射波之间的网络参数,图 9-9 所示的单端口网络和双端口网络,设进入网络方向为入射波方向,离开网络方向为反射波方向。

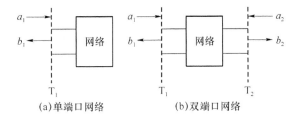

(a)单端口网络   (b)双端口网络

图 9-9 单、双端口网络扫频图示法测量幅频特性的组成框图

对于单端口网络和双端口网络的 S 参数的定义及其物理含义如下。

a)单端口网络

单端口网络,此时 $n=1$,如图 9-9(a)所示,可得 $b_1=S_{11}a_1$,则有

$$S_{11} = b_1 / a_1 = \Gamma_1 \tag{9-6}$$

即为 1 端的反射系数。

b)双端口网络

在射频的有源、无源电路里,大多数电路和器件都是双端口网络,如有源电路里放大器、检波器等,无源器件里衰减器、滤波器等。双端口网络在射频电路里得到广泛应用,所以测量双端口网络的 S 参数,是极其重要的。

$$b_1 = S_{11} a_1 + S_{12} a_2 \tag{9-7a}$$

$$b_2 = S_{21} a_1 + S_{22} a_2 \tag{9-7b}$$

对于双端口网络的 S 参数: S_{11}、S_{22}、S_{12}、S_{21},其定义及其物理含义如下:

- $S_{11} = b_1/a_1 \mid a_1 = 0 = \Gamma_1$ 为 2 端口接匹配负载时,1 端口的反射系数;
- $S_{22} = b_2/a_2 \mid a_1 = 0 = \Gamma_2$ 为 1 端口接匹配负载时,2 端口的反射系数;
- $S_{12} = b_1/a_2 \mid a_1 = 0$ 为 1 端口接匹配负载时,由 2 端口至 1 端口的电压传输系数;
- $S_{21} = b_2/a_1 \mid a_2 = 0$ 为 2 端口接匹配负载时,由 1 端口至 2 端口的电压传输系数。

2)SA1000 数字频率特性测试仪测量 S 参数的原理

该测量 S 参数的 SA1000 数字频率特性测试仪是由测试仪的主机和高方向性的定向耦合器组成的测量系统,如图 9-10 所示。

由于机内插入一个高方向性的定向耦合器与频率特性测试仪组成一套网络分析仪功能的测试仪器,可测量被测电路(器件)的 S_{11}(驻波比)、S_{21}(幅频特性:增益、衰减)参数。

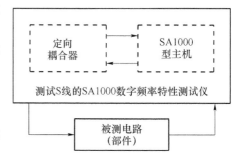

图 9-10　测量 S_{11} 的测试框图

9.3.2　数字频率特性测试仪应用

1. 数字频率特性测试仪的特点、测试前的准备和测试方法

1)特点

数字频率特性测试仪是采用直接数字合成技术(DDS),利用快速数字处理器(DSP)和大规模可编程逻辑控制器(CPLD)进行控制的全数字电路频率特性测试仪,扫频范围为 20 Hz～30 MHz。除操作方便、显示清晰、低功耗(<60 W)的特点之外,最主要的是该仪器的信号输入端口采用了 50 Ω 阻抗和高阻输入两种工作方式,大大拓宽了该仪器的适用范围,除输入输出阻抗为 50 Ω 匹配负载的电路之外,还特别适用于放大器、有源滤波器、RC、RL、RLC 选频网络等一般有源、无源四端网络的频率特性测试。

该仪器的另一个特点是低频范围宽。最低频率可以设置为 20 Hz,幅频特性的保精度测量下限频率为 500 Hz,所以可以满足音频范围的频率特性测试,特别适合于大学实验室的实验教学。这是其他型号的频率特性测试仪很难做到的。

当数字频率特性测试仪设置为"点频"状态时,其输出信号是一个频率和幅度可以任意设置的正弦波,因此该仪器也可以作为正弦波信号源使用。

2)面板介绍

数字频率特性测试仪的面板如图 9-11 所示。除电源开关和显示屏外,共有五个菜单项目选择键(位于显示屏的右侧,垂直排列,键面上没有文字标识,为了叙述方便,现从上到下依次把键号编为 $C_1 \sim C_5$)。利用这些操作键和输入输出插头,即可方便地完成被测电路的频率特性分析。

3)测试前的准备、校准和接线

a)预热和准备校准

按下面板左下角的电源开关,接通 220 V 交流电源,测试仪就开始初始化。为了保证测量的准确性,一般应让仪器预热 10～30 min,待机内的频率基准工作稳定后进行校准,然后才能进行精确测量。

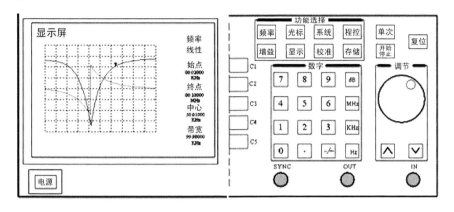

图 9-11　频率特性测试仪操作面板

表 9-3　频率特性测试仪操作面板的按键及插头

分类	按键及插头
八个功能选择键	频率、光标、系统、程控、增益、显示、校准、存储
三个单次功能键	单次、开始/停止、复位
十六个数字键	0、1、2、3、4、5、6、7、8、9、dB、MHz、kHz、Hz、·、−/←
两个调节键	∧、∨ 和一个调节手轮
BNC 插头	SYNC(同步输出，测量时一般不用)、OUT(输出)、IN(输入)

在测试过程中，如果改变了输出频率的范围(始点频率和终点频率)，要重新进行校准。校准前应首先设置频率范围、输出输入增益和测试仪输入阻抗，具体操作如下。

①进入频率菜单和设置频率范围：

• 频率菜单包括"频率线性""频率对数""频率点频"三种状态。在"频率线性"状态下显示屏的横坐标为线性显示方式，共显示"始点频率""终点频率""中心频率"和"带宽"四组数据，设置参数时由 C2～C5 四个键分别选定。在"频率对数"状态下，显示屏的横坐标为对数显示方式，只有始点频率和终点频率，设置参数时由 C2 和 C3 键分别选定。在"频率点频"状态下，测试仪的输出是单一正弦波，频率为设定值，故只显示一个"频率"值，由 C2 键选定后设置参数。

• "频率对数"和"频率点频"菜单的进入和设定方法与"频率线性"相同。这里仅介绍"频率线性"菜单的进入和设定方法。

• 按一下面板上的功能选择栏内的频率键即可进入频率菜单。接着按 C1 键使显示屏显示"频率线性"菜单("频率"二字的下方呈现"线性"二字，并呈现反白)即可。

• SA1030 数字频率特性测试仪的工作频率范围为 0.02 kHz～0.1 MHz 和 0.1～30 MHz 两挡。当始点频率设定值在 0.02～4.999 kHz 时，终点频率只能在 0.1 MHz 内设置，始点频率设定值≥500 kHz 时，终点频率可在 0.525～30 MHz 范围内设定。

注意：始点频率和终点频率之间的差值必须大于或等于 250 Hz，否则测试仪自动将差值设定为 250 Hz。例如，将始点频率设为 0.5 kHz 之后，如将终点频率再设为 0.51 kHz，则测试仪会自动将始点频率改成 0.26 kHz。如这时再把始点频率改成 0.5 kHz,则终点频率又会自动修改为 0.75 kHz。

如果始点频率和终点频率之差低于 20 Hz,或(30 MHz-始点频率)≤250 Hz,则操作无效,测试仪保持原来的设置值。

②设定频率范围的具体操作方法如下:

设定始点频率。依次按 C2 键、数字键(含"·"键)和"MHz"键(或"kHz"键、"Hz"键)即可。要注意的是本仪器的下限测量频率为 20 Hz,上限测量频率为 30 MHz,如果始点频率设定值小于 20 Hz 或大于(30 MHz~250 Hz),则设定无效,仪器保持原有的始点频率值。另外,在进行校准时,始点频率设定值如果小于 500 Hz,则 500 Hz 以下频率段的校准结果是不可靠的(大于 500 Hz 的频率段仍然是可靠的)。测量时 500 Hz 以下频率段的曲线只能作为定性分析之用。

• 设定终点频率。依次按 C3 键、数字键(含"·"键)和"MHz"键(或"kHz"键、"Hz"键)即可。同样要注意终点频率设定值必须大于(20+250)Hz 或小于 30 MHz,否则设定无效。始点频率和终点频率设定之后,中心频率和带宽显示值就会自动设定。

③进入系统设置菜单和设定测试仪的输入阻抗:

• 按功能选择栏中的系统键即可进入系统设置菜单。该菜单包括"声音""输入阻抗""扫描时间"三个选项,由 C2~C4 键分别控制。

• 本测试仪的输出阻抗为 50 Ω,输入阻抗有"0 Ω"和"高阻"两种状态("高阻"状态下的输入阻抗为 500 kΩ),可以满足输入输出阻抗为 50 Ω 的电路测试和输入阻抗为 50 Ω、输出阻抗不为 50 Ω 的电路测试。

• 当被测电路的输入阻抗大于 50 Ω 又不属于高阻时(如 RC、RL 和 RLC 等无源四端网络),测试时应考虑测试仪输出电阻的影响。当被测电路的输入阻抗远远大于 50 Ω 时(例如运算放大器)可忽略测试仪输出阻抗的影响。

• 被测电路要求输出端为 50 Ω 匹配负载时,测试仪的输入阻抗应设为 50 Ω。如果被测电路的输出端不是 50 Ω 匹配负载、或要分析被测电路的开路输出特性时,测试仪的输入阻抗应设为高阻。

• "输入阻抗"的下边列出了"50 Ω"和"高阻"两个可选项,这种格式在测试仪的功能选择菜单中很多,凡是这种格式,反复按相应的项目选择键,使需要选定的项目呈现反白,就是该项目被选中了。例如,选择测试仪的输入阻抗时按 C3 键使"50 Ω"或"高阻"呈现反白即可。在以下的叙述中,除特别说明要把测试仪"输入阻抗"设置为 50 Ω 外,均应设置为"高阻"。

• "系统"菜单中还有"声音"和"扫描时间"两个选项,一并介绍如下:

◇ "声音"设置由 C2 键控制。选择"开"时,每次操作按键,测试仪内部的蜂鸣器就发一次短声,选择"关"时蜂鸣器不发声。

◇ "扫描时间"由 C4 键控制,设置扫描时间只能用"∧"或"∨"键和调节手轮操作,调节步距为 1 倍。扫描时间的倍数越大,测试仪扫描一次所用的时间就越大,速度就越慢。开机时的默认值为 2 倍,当扫描始点频率和终点频率设置得较低时,应适当增加扫描时间的倍数值,这样可大大提高曲线的稳定性和准确性。

b)校准和设置增益菜单

①以上准备工作完成后,将输出 BNC 插座与输入 BNC 插座用双插头电缆短接(或用两

根 BNC 双夹线短接),然后按"校准"键进入校准菜单,显示屏显示"请将测试线连接到输出输入端口,然后按'确定'键,按'取消'键将恢复到未校准状态",此时仪器提示将输入输出端用测试电缆连接,按"确定"(C5 键),仪器开始校准,大约 6 s 后完成校准并回到频率菜单,如果电缆未连接好,6 s 后仪器会提示"测试线未连接,请将测试线连接到输出输入端口,然后按'确定'键,按'取消'键将恢复到未校准状态",连接好电缆后再次按"确定"(C5 键)进入校准。如要取消校准,按一下"取消"(C4 键)即可。

校准结束后,显示屏上应出现一条与水平电器刻度平行的红色水平基线,当"基准"设置值改变时,该基线会相应地上下平移。

②进入增益菜单和设定输出输入增益:

• 仪器在执行校准时会自动将输出增益设为 -20 dB(幅度约为 $0.67U_{P-P}$),输入增益设为 0 dB(无衰减)。校准结束后,往往还要根据测试的要求重新设定输出增益。

• 按功能选择栏内的增益键即可进入增益菜单,增益的显示只有"对数"一种方式,所以该菜单中所有的参数都是以电压增益 dB 为单位 $\left(A=20\lg\dfrac{u_O}{u_I}\right)$ 按对数关系给出的。该菜单中包括"输出""输入""基准"和"增益"等四个选项,由 C2~C5 四个键分别控制。

• "输出"二字下面的设置值代表测试仪的输出电平值,0 dB 时输出电平的峰峰值实测为 $6.7U_{P-P}$。"输入"二字下面的设置值代表测试仪输入端所带衰减器的衰减值,0dB 代表无衰减。"基准"二字下面的设置值代表显示曲线在显示屏上的基准位置,为了观察曲线的方便,应适当设置和调整"基准"值。当"输出""输入"和"基准"设置完成并执行校准后,所显示的曲线是一条与显示屏水平电器刻度平行的直线。无论上述哪组设置值减小(增加),曲线都会向下(向上)平移相应 dB 的刻度。

③输出增益的设置:

• 进入增益菜单后,再按 C2 键和"$-/\leftarrow$""2""0""dB"键即完成输出增益设为 -20 dB 的操作。也可调节手轮改变"增益"设置值(逆时针减小,顺时针增加,调节步距 1 dB),或者按调节键"$\wedge$"或"$\vee$"进行调节,每按一次改变 10 dB。

• "输出"增益的设置范围是 0~-80 dB,用数字键设置时,如果设置值大于 0 或小于 -80 dB,则操作无效,测试仪保持原有设置值。

④输入增益的设置:

按 C3 键和"0""dB"键即完成输入增益设为 0 dB 的操作。输入增益的设置范围是 10~-30 dB,步距为 10 dB,用数字键设置输入增益时,如果输入值不是 10 的整倍数,测试仪则首先将输入值按四舍五入的规则进行预处理,然后将处理后的结果作为设置值。同样,输入增益的设置值也可以用手轮或者用调节键"$\wedge$"或"$\vee$"进行改变。

⑤扫描线位置基准设置:

"基准"的设置范围为 -50~150 dB。按 C4 键后再按相应的数字键和"Hz"键,或旋转调节手轮,均可改变基准值。按"$\wedge$"或"$\vee$"键也可以改变基准值,但"$\wedge$"和"$\vee$"键的调节步距为 25 dB。

⑥增益刻度比例设置:

菜单中最下边的"增益"表示水平电器刻度在垂直方向每大格所代表的增益值,共有"10 dB""5 dB"和"1 dB"三种显示方式,连续按增益键,三种显示方式会依次轮流以反白方式出现。

c)接线

校准完毕后,用工厂提供的 BNC 头双夹线按图 9-12 所示的方法,将测试仪的输出端(OUT)与被测电路的输入端(IN)连接、被测电路的输出端(OUT)与测试仪的输入端(IN)连接。注意红夹子所连的是芯线(信号线),黑夹子所连的是地线,不可接错。当被测电路频率高于 8 MHz 时,最好使用双端都是 BNC 插头的电缆连接。在测

图 9-12　测试前被测件与仪器线缆连接图

试过程中不可改变频率菜单中的设定值,否则要重新校准。

2. 无源四端网络频率特性测试

1)*RC* 选频网络的频率特性测试

比较典型的 *RC* 选频网络一般有图 9-13 所示的电路图。图 9-13(a)是双 T 型四端网络带阻滤波器,在 $f_\circ = \dfrac{1}{2\pi RC}$ 处的增益 $G=0$,且相位移为 0。图 9-13(b)为文氏桥振荡器中常用的选频网络,在 $f_\circ = \dfrac{1}{2\pi RC}$ 的增益 $G=1/3$,且输出与输入之间的相位差 $\varphi=0$。当电阻 R 选用 10 kΩ、电容选 22 nF 时,这两种电路的 $f_\circ$ 理论值都等于 723 Hz。测试这两种电路时,都可把始点频率设为 20 Hz,并让终点频率自动设定为 1 kHz。

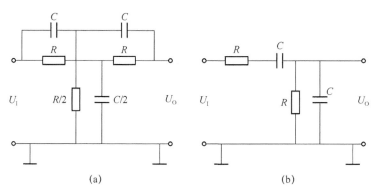

图 9-13　*RC* 带阻网络和文氏桥选频网络电路

图 9-13(a)所示的 *RC* 带阻网络所示电路的幅频特性曲线和相频特性曲线参数设置如表 9-4 所示,特性曲线显示窗如图 9-14 所示,判读结果如表 9-5 所示。

图 9-13(b)所示文氏桥选频网络电路的幅频特性曲线和相频特性曲线参数设置同表 9-4,特性曲线显示窗如图 9-14 所示,判读结果如表 9-6 所示。

表 9-4　测试 *RC* 带阻网络和文氏桥选频网络时测试仪参数的设置

功能选择	菜单名称	参数设置
	频率	对数
频率	始点	20 Hz
	终点	0.1 MHz

续表

功能选择	菜单名称	参数设置
增益	输出	−20 dB
	输入	0 dB
	基准	006
	增益	5.0 dB/div
光标	光标	常态(或差值)
	光标1	开
	光标2	开(自动)
	光标3	关
	光标4	关
	光标幅频	测量幅频特性曲线时选中
	光标相频	测量相频特性曲线时选中
显示	幅频	开
	相频	开
系统	声音	开
	输入阻抗	高阻
	扫描时间	2倍

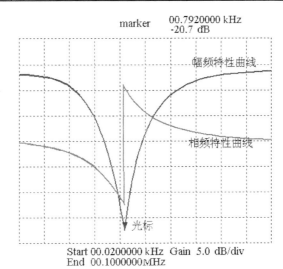

图 9-14 双 T 型 RC 网络的输出电压频率特性曲线显示窗

表 9-5 RC 带阻网络的判读结果

幅频特性		相频特性	
谐振频率 f_o	0.792 kHz	最小相位	趋近于 0°
下边频 f_{CL}	134 Hz	最大相位	趋近于 ±∞
上边频 f_{CH}	4.21 kHz	相位超前区间	$>f_o$
通频带宽	3.92 kHz	相位滞后区间	$<f_o$
f_o 点电路增益	−26.9 dB	f_o 点相位特性	双向、间断

表 9-6 文氏桥选频网络的判读结果

幅频特性		相频特性	
谐振频率 f_o	0.74 kHz	最小相位	趋近于 0°
下边频 f_{CL}	232 kHz	最大相位	趋近于 ±90°
上边频 f_{CH}	2.523 kHz	相位超前区间	$< f_o$
通频带宽	2.291 kHz	相位滞后区间	$> f_o$
f_o 点电路增益	−10 dB	f_o 点相位特性	极大值、连续

2)RC 低通滤波器的频率特性测试

RC 低通滤波器电路如图 9-15 所示,当信号频率趋近于 0 Hz 时,电容容抗趋近于无穷大,电路增益趋近于 0 dB,相位趋近于 0°。当信号频率趋近于 ∞ 时,电容容抗趋近于 0,电路增益趋近于 −∞ dB,相位趋近于 −90°。增益下降3 dB 时的截止频率为

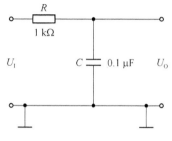

$$f_C = \frac{1}{2\pi RC} \tag{9-8}$$

图 9-15 RC 低通滤波器

电压相位为 −45°。取 $R = 1$ kΩ,$C = 0.1$ μF,$f_C = 1.591$ kHz。测试仪的功能菜单设置方式如表 9-7 所示。特性曲线显示窗如图 9-16 所示。判读结果如表 9-8 所示。

表 9-7 测试 RC 带阻网络时测试仪参数的设置

功能选择	菜单名称	参数设置
频率	频率	对数
	始点	20 Hz
	终点	100 kHz
增益	输出	−20 dB
	输入	0 dB
	基准	006
	增益	5.0 dB/div
光标	光标	常态(或差值)
	光标 1	开
	光标 2	开(自动)
	光标 3	关
	光标 4	关
	光标幅频	测量幅频特性曲线时选中
	光标相频	测量相频特性曲线时选中
显示	幅频	开
	相频	开
系统	声音	开
	输入阻抗	高阻
	扫描时间	2 倍

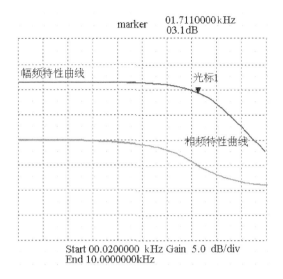

图 9-16　RC 低通滤波器的输出电压幅频特性和
输出电压相频特性曲线显示窗

表 9-8　RC 低通滤波器的判读结果

幅频特性		相频特性	
低频最大增益	0 dB	最小相位	趋近于 0°
截止频率 f_C	1.59 4kHz	最大相位	趋近于 −90°
f_C 点电路增益	−3 dB	相位超前区间	无
通频带宽	1.594 kHz	相位滞后区间	全部
f_C 点幅度特性	单调减	f_C 点相位	−45°、单调减

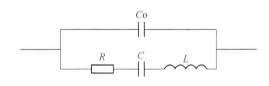

图 9-17　石英晶体的等效电路

3）晶体振荡器频率特性的测试

晶体振荡器是一种比较特殊的元件，其等效电路如图 9-17 所示。其中 C_o 为晶体的等效静电电容，其范围为几 pF 到几十 pF；R 为晶体的损耗电阻，其值约为 100 Ω；C 为晶体的弹性等效电容，其值为 0.01～0.1 pF；L 为晶体的机械震动惯性等效电感，其值为 1～10 mH。

由石英晶体等效电路的频率特性可知，石英晶体具有两个谐振频率，即并联谐振频率和串联谐振频率。

其中 LCR 支路谐振时，电路的谐振频率称为串联谐振频率，用 f_s 表示，其表达式为

$$f_s = \frac{1}{2\pi \sqrt{LC}} \tag{9-9}$$

当 $f = f_s$ 时，等效电路的电抗最小，为电阻性，其值 X 为

$$X \mid_{f=f_s} = R \tag{9-10}$$

LCR 支路与 C_o 发生谐振时，电路的谐振频率称为并联谐振频率，用 f_P 表示，其表达

式为

$$f_P \approx \frac{1}{2\pi \sqrt{L\dfrac{CC_0}{C+C_0}}} = f_S \sqrt{1+\frac{C}{C_0}} \tag{9-11}$$

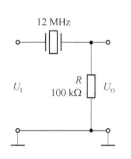

图 9-18 测量晶体频率
特性的电路

通常 $C_0 \gg C$，故 f_S 和 f_P 非常接近且串联谐振频率低于并联谐振频率。一般市售晶体上标出的频率值为 f_S。

测量晶体频率特性的电路如图 9-18 所示。因为频率特性测试仪的信号输入阻抗即使被设置为"高阻"，也只有 500 kΩ 左右，所以在实际测量时也可以将取样电阻 R 省略掉，把测试仪的输入阻抗直接等效为取样电阻。基本上不影响频率特性的测量。

若取 12 MHz 二脚晶体为例，测试时仪器的设置如表 9-9 所示。

表 9-9   测试 12 MHz 晶体时测试仪参数的设置

功能选择	菜单名称	参数设置
频率	频率 始点 终点	线性 11.975 MHz 12.040 MHz
增益	输出 输入 基准 增益	−20 dB 0 dB 040 5.0 dB/div
显示	幅频 相频	开 开
系统	声音 输入阻抗 扫描时间	开 高阻 2 倍

特性曲线显示窗如图 9-19 所示。图中光标 1 所在的位置为晶体串联谐振幅度峰点，光标 2 所在的位置为晶体并联谐振相位峰点。由图可知，两个谐振频率之差仅 2.34 kHz。同时可以看到，当频率小于串联谐振频率和大于并联谐振频率时，电路输出信号的电压相位都是超前的，即晶体呈电感性，频率在串并联谐振频率之间时，输出信号的电压相位是滞后的，即晶体呈电容性。显示窗的数据判读结果如表 9-10 所示。

3. 有源四端网络频率特性测试

1）二阶有源低通滤波器频率特性测试

二阶有源低通滤波器电路如图 9-20 所示。

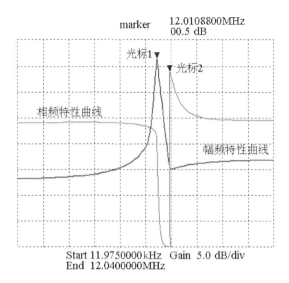

图 9-19　12 MHz 晶体频率特性曲线显示窗

表 9-10　LC 串联谐振电路的判读结果

幅频特性		相频特性	
串联谐振频率 f_S	12.010 88 MHz	f_S点相位	$-24°$(曲线存在误差)
f_S点增益	-9.9 dB	低频端相位	$+35.4°$
低频端增益	-32.5 dB	f_P点相位	$\pm\infty$
串联谐振频率 f_P	12.013 22 MHz	高频端相位	$+37.2°$
f_P点增益	-36 dB	相位超前区间	$f<f_S, f>f_P$
高频端增益	-33.5 dB	相位滞后区间	$f_S<f<f_P$

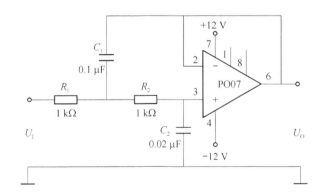

图 9-20　二阶有源低通滤波器

该电路的传递函数为

$$A(\mathrm{j}\omega) = \frac{1}{1 - \omega^2 R^2 C_1 C_2 + \mathrm{j}2\omega R C_2} \qquad (9\text{-}12)$$

令
$$\begin{cases} f_1 = \dfrac{1}{2\pi R \sqrt{C_1 C_2}} \\ f_2 = \dfrac{1}{4\pi R C_2} \end{cases} \tag{9-13}$$

则幅频特性为

$$A = \frac{1}{\sqrt{\left[1 - \left(\dfrac{f}{f_1}\right)^2\right]^2 + \left(\dfrac{f}{f_2}\right)^2}} \tag{9-14}$$

对数幅频特性为

$$G = 20\lg A = -20\lg \sqrt{\left[1 - \left(\frac{f}{f_1}\right)^2\right]^2 + \left(\frac{f}{f_2}\right)^2} \tag{9-15}$$

由式(9-15)可知：

- 当 $f \ll f_1$ 时，G 为幅度趋近于 0 dB 的水平直线。

- 当 $f \gg f_1$ 时，G 趋近于 $-40\lg \dfrac{f}{f_1}$ 的斜线，其斜率为 $-40/10$ 倍频。

- 当 $f = f_1$ 时，$G = 20\lg A = -20\lg \dfrac{f}{f_2} = -20\lg \dfrac{f_1}{f_2} = -10\lg \dfrac{4C_2}{C_1}$。

本例中 $\dfrac{C_1}{C_2} = 5$，所以在 $f = f_1$ 点有 $G = -10\lg 0.8 = 0.97$ dB，曲线产生 0.97 dB 的隆起。

将图 9-20 中的参数代入式(9-15)可得

$$f_1 = \frac{1}{2\pi R \sqrt{C_1 C_2}} = \frac{1}{2\pi \times 10^3 \sqrt{10^{-7} \times 2 \times 10^{-8}}} \text{ kHz} = 3.559 \text{ kHz}$$

$$f_2 = \frac{1}{4\pi R C_2} = \frac{1}{4\pi \times 10^3 \times 2 \times 10^{-8}} \text{ kHz} = 3.979 \text{ kHz}$$

测试图 9-20 所示的二阶有源低通滤波器电路时测试仪的设置如表 9-11 所示。

表 9-11　测试二阶有源低通滤波器电路时测试仪参数的设置

功能选择	菜单名称	参数设置
频率	频率	对数
	始点	1 kHz
	终点	10 kHz
增益	输出	-20 dB
	输入	0 dB
	基准	10
	增益	5.0 dB/div
光标	光标	常态(或差值)
	光标 1	开
	光标 2	开(自动)
	光标 3	关
	光标 4	关
	光标幅频	测量幅频特性曲线时选中
	光标相频	测量相频特性曲线时选中

续表

功能选择	菜单名称	参数设置
显示	幅频	开
	相频	开
系统	声音	开
	输入阻抗	高阻
	扫描时间	2 倍

电路的特性曲线显示窗如图 9-21 所示。图中光标 1 所在点的频率值为 f_1，实测值为 3.597 kHz。在 f_1 点的相位为 $-90°$。显示窗数据判读结果如表 9-12 所示。

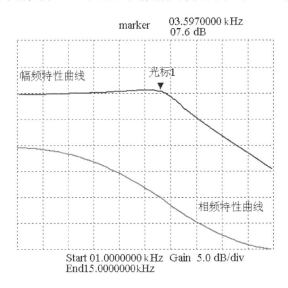

图 9-21 二阶有源低通滤波器的特性曲线显示窗

表 9-12 二阶有源低通滤波器电路的判读结果

幅频特性		相频特性	
低频最大增益	0 dB	最小相位	低频端趋近于 0°
转折频率 f_1	3.597 kHz	最大相位	高频端趋近于 $-360°$
f_1 点电路增益	$+1.3$ dB	相位超前区间	无
-3 dB 频率 f_C	5.152 kHz	相位滞后区间	全部
f_1 点幅度特性	接近极大值	f_C 点相位	$-132°$、单调减

2）晶体管交流放大器频率特性测试

图 9-22 所示电路为 NPN 晶体管交流反相放大器，该电路输出信号相位为 $180°$（输出与输入反相），放大倍数正比于晶体管的 β。本例中放大倍数约等于 44，理论增益应为

$$A = 20\lg K = 20\lg 44 \approx 33 \text{ dB} \tag{9-16}$$

所以测试仪的输出增益应设为

$$-20 \text{ dB} - 33 \text{ dB} = -53 \text{ dB} \approx -50 \text{ dB} \qquad (9\text{-}17)$$

对于交流放大器,往往需要了解完整的频率特性曲线,包括高频段和低频段。遇到这种情况,可以分两次测试,先测试高(低)频段,再测试低(高)频段。测试图 9-22 所示电路的高频段时,测试仪的设置如表 9-13 所示。晶体管交流反相放大器高频段的特性曲线显示窗如图 9-23 所示。

表 9-13 测试晶体管交流放大电路高频段特性时测试仪参数的设置

功能选择	菜单名称	参数设置
频率	频率	对数
	始点	5 kHz
	终点	15 MHz
增益	输出	−50 dB
	输入	0 dB
	基准	−50
	增益	10.0 dB/div
系统	声音	开
	输入阻抗	高阻
	扫描时间	2 倍

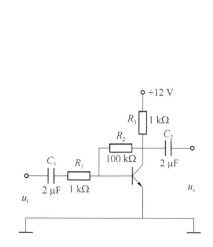

图 9-22 NPN晶体管反相放大器电路

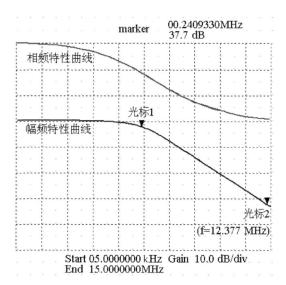

图 9-23 晶体管交流反相放大器的
高频段特性曲线显示窗

该曲线与直流运放电路的频率特性曲线相似,所不同的是转折频率 f_1 等于(240 kHz 左右)点,f_1 点相位实测值为 +129.31° 左右。频率高于 f_1 时,输出按 −6 dB/倍频程的斜率衰减。电路增益下降到 0 dB 时的频率 f_C 为 12.378 MHz 左右(光标 2 的位置),0 dB,f_C 点的输出信号相位也下降到接近 0°。可见,晶体管电路的通频带要比运放电路的通频带宽得多。高频段特性曲线显示窗数据判读结果如表 9-14 所示。测试该电路的低频段时,测试仪的设置如表 9-15 所示。晶体管交流反相放大器低频段的特性曲线显示窗如图 9-24 所示。

表 9-14　晶体管交流反相放大器的高频段特性曲线判读结果

幅频特性		相频特性	
低端增益	32.7 dB	低频段相位	+180°
转折频率 f_1	240.933 kHz	f_1 处相位	+129.31°
f_1 点电路增益	-3 dB	相位反相区间	低频段
0 dB 增益点频率 f_c	12.377 MHz	相位滞后区间	无
f_c 点幅度特性	连续、递减	f_c 点相位	该点相位曲线不准

表 9-15　测试晶体管交流放大电路低频段特性时测试仪参数的设置

功能选择	菜单名称	参数设置
频率	频率	对数
	始点	20 Hz
	终点	0.1 MHz
增益	输出	-50 dB
	输入	0 dB
	基准	-50
	增益	10.0 dB/div
系统	声音	开
	输入阻抗	高阻
	扫描时间	2 倍

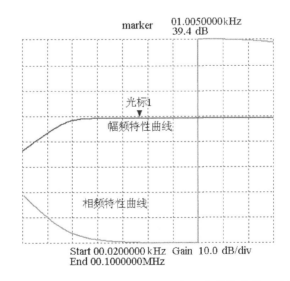

图 9-24　晶体管交流反相放大器的低频段特性曲线显示窗

应该说明的是,该曲线显示窗中频率低于 500 Hz 的部分因仪器性能所限,数据精度可能不够,仅供参考。另外,相频特性曲线在频率等于 18 kHz 附近由 +180°跳跃到 -180°,这是正常现象,说明当频率小于 18 kHz 时,被测电路输出信号相位实际上不再与输入信号反相,而是滞后输入信号且滞后角度小于 180°。低频段特性曲线显示窗数据判读结果如

表 9-16 所示。

表 9-16 晶体管交流反相放大器的低频段特性曲线判读结果

幅频特性		相频特性	
1 kHz 点增益	34 dB	f_1 处相位	$-135.4°$
转折频率 f_1	57 Hz	低频段相位	滞后
f_1 点电路增益	-3 dB	相位反相区间	$\geqslant 18$ kHz
0 dB 增益点频率 f_c	无法测试	相位滞后区间	$\leqslant 18$ kHz
f_c 点幅度特性	无法测试	f_c 点相位	无法测试

9.4 网络分析仪

9.4.1 网络分析仪的组成及工作原理

从广义上来讲,凡是直接测量或显示反射系数的装置,都可为反射计。现在把反射计分为点频反射计和扫频反射计等。随着电子测量发展,在扫频反射计法基础上发展起来,形成了能够兼测网络的反射参数和传输参数的标量网络分析仪、矢量手动网络分析仪和自动网络分析仪,目前广泛应用的自动网络分析仪有 HP8753D 等。

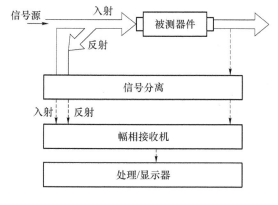

图 9-25 网络分析仪的组成框图

网络分析仪由信号源、信号分离设备、接收设备和信号处理及显示设备四部分组成,如图 9-25 所示。

1)信号源

工作在射频或微波的信号源,产生激励被测器件的入射信号。通过扫频信号源的频率,就可以测出被测器件的频率响应特性。网络分析仪中的信号源主要有扫频振动器和合成扫频振动器(包括合成信号发生器)两种类型。

2)信号分离

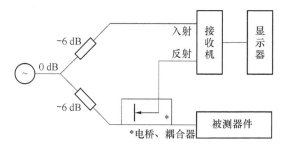

图 9-26 一种反射测试的构成形式图

信号分离是网络分析仪测试过程的第二步。将信号源发出的信号分为入射、反射和透射,然后测出它们各自的幅度和相位。可由定向耦合器、电桥、功率分配器,甚至高阻探头来实现信号分离。一种反射测试的构成形式,如图 9-26 所示。

反射测试需要定向器件,入射信号和反射信号的分离可采用双定向耦合器或电桥来实现。虽然定向耦合器在主臂中损耗较小,但由于电桥在较宽的频率范围内具有较好的响应,所以通常使用电桥实现这一功能。

3)接收机

接收机是一种复数比值指示器,又称幅相接收机,它是将参考信号和测试信号变换成低频信号,然后在低频上进行模值和相位测量。如图 9-27 所示,首先将输入信号的频率通过取样变频成 20.278 MHz 中频,20.278 MHz 中频信号再与第二本振混频,变成 278 kHz 低频信号。由于 278 kHz 低频信号中保留被测网络的幅度和相位信息,所以被测网络的 S 参数可在低频上通过幅度和相位测量获得。

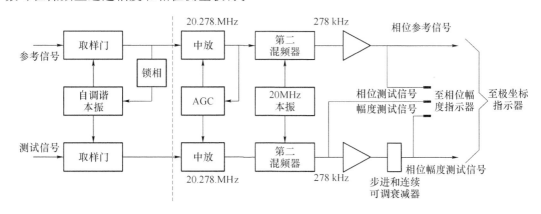

图 9-27 复数比值指示器原理框图

4)显示器

显示器可以显示各通道中的绝对信号电平、通道间的相对信号电平(比率测试即未知信号与参考信号比值的对数)以及通道间的相位差,有相位幅度显示器、直角坐标显示器和极坐标显示器三种类型。

9.4.2 PXIe 矢量网络分析仪

1. 主要特性及功能

现以 M9375A PXIe 矢量网络分析仪为例,具体介绍。Keysight PXI VNA 是具有全双端口功能的矢量网络分析仪,仅占用一个插槽,可以执行快速且精确的测量。并且,使用单台 PXI 机箱构建集成解决方案,可以同时表征多个双端口或多端口器件,从而降低测试成本。

2. M9375A PXIe 矢量网络分析仪的技术指标

表 9-17 M9375A PXIe 矢量网络分析仪的技术指标

硬件	技术指标	硬件	技术指标
最大频率	26.5 GHz	内置端口数量	2 端口
动态范围	115 dB	本底噪声	−108 dBm
输出功率	7 dBm	扫描速度最高可达 201 个点	6 ms
轨迹噪声	0.003 dBrms		

3. M9375A PXIe 矢量网络分析仪基本组成及数据流程图

矢量网络分析仪通常由信号源、信号分离设备、接收设备和主控系统(信号处理及显示设备)四部分组成,如图 9-28 所示。

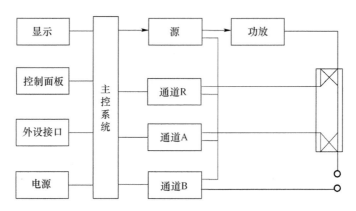

图 9-28　DS7631 矢量网络分析仪系统框图

a)信号源:信号源输出频率范围为 300 kHz～26.5 GHz 的扫频信号,幅度范围是 115 dB。

b)接收机:接收机的工作原理是将通过被测器件的扫频信号(300 kHz～26.5 GHz)变频,并通过高速 A/D 变换成数字信号,再经数字信号处理器(DSP)处理后显示到液晶显示器上。

4. 数据处理流程图

DS7631 矢量网络分析仪的数据处理流程图,如图 9-29 所示。

5. 网络分析仪的矢量测试功能

1)幅度测试

测量幅度和相位的功能由两个通道组成,即参考通道和测试通道组成,输入两个通道的射频信号分别为参考信号 R 和测试信号 T。幅相接收机的作用就是测出这两路信号的幅度之比和两路信号的相位之比,幅度测量的原理图,如图 9-30 所示。

图 9-30 表明,幅度测试的基本原理是被测的射频频率较高。为此,频率较高的射频频率的参考信号和测试信号分别和本振信号(L_0)频率进行混频,下变频到频率较低的中频(IF)信号,经过中频滤波、检波、放大和求比值的电路,求出两个幅度之比值,然后在显示器上显示出被测电路(器件)的幅频特性。

2)相位测试

矢量网络分析仪相位测量的原理如图 9-31 所示。

由图 9-31 看出,相位测量的原理与幅度测量不同之处是,两路信号在经过中频滤波后直接送到相位检波器,再求出两信号的相位之差。该分析仪的相位显示的范围是±180°。

幅度和相位接收机为取比值的系统,这样的系统可以更好地克服信号源输出电平变化的影响,并且大大地提高信号源的配匹能力,这对于测试系统的稳定和测试结果的准确性是很有利的。

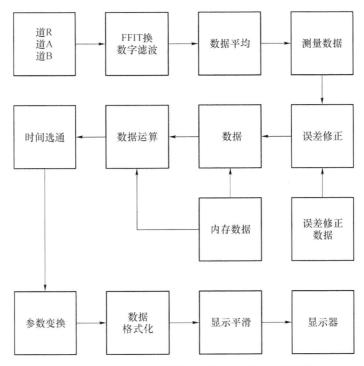

图 9-29　DS7631 矢量网络分析仪数据处理流程图

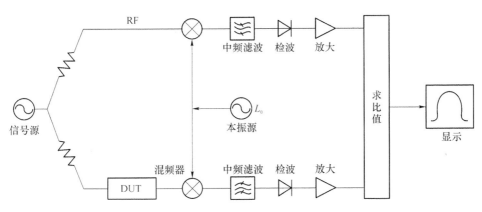

图 9-30　矢量网络分析仪幅度测量原理框图

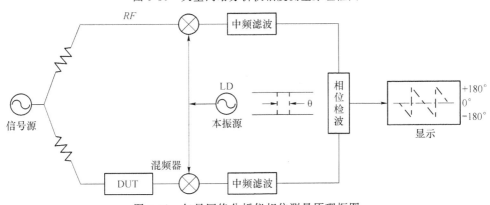

图 9-31　矢量网络分析仪相位测量原理框图

9.4.3　网络分析仪产品的型号与主要技术参数

目前,常用的几种网络分析仪产品的型号与主要技术参数,如表 9-18 所示,供选用时参考。

表 9-18　常用的几种网络分析仪的型号与主要技术参数

序号	型号	频率范围	动态范围
1	M9370A	300 kHz～4 GHz	100 dB
2	M9371A	300 kHz～6.5 GHz	93 dB
3	M9372A	300 kHz～9 GHz	100 dB
4	M9373A	300 kHz～14 GHz	110 dB
5	M9374A	300 kHz～20 GHz	115 dB
6	M9375A	300 kHz～26.5 GHz	115 dB

本 章 小 结

线性系统对正弦输入的稳态响应称为频率响应或频率特性。测试网络的频率特性是研究网络特性的一个重要手段。网络的特性通常有幅频特性、相频特性和阻抗特性。用点频法、扫频法、脉冲法测量网络的幅频特性。S 参数是描述网络各端口的归一化的入射波和反射波之间的网络参数。使用数字频率特性测试仪测量 S 参数的原理以及低通滤波器的测试和 LC 串联谐振电路的测试。数字频率特性测试仪是采用直接数字合成技术(DDS),利用快速数字处理器(DSP)和大规模可编程逻辑控制器(CPLD)进行控制的全数字电路频率特性测试仪。本章详细介绍了数字频率特性测试仪的性能指标,以及测试无源四端网络频率特性(RC 选频网络的频率特性、RC 低通滤波器的频率特性、晶体振荡器频率特性)和有源四端网络频率特性(二阶有源低通滤波器频率特性、晶体管交流放大器频率特性)的原理和参数设置。之后介绍了网络分析仪的各部分组成,以 M9375A PXIe 矢量网络分析仪为例阐明了网络分析仪的矢量测试功能。

第 10 章　频谱分析仪

10.1　概　　述

10.1.1　频谱分析仪的主要用途

频谱分析仪是一种能在显示器或记录仪上显示出信号频谱幅度分布图形的仪器。它是一种连续选频式电压表或扫频测试接收机对高频及微波的频谱分析仪,能测量不同频谱成分的幅度,主要用来观察各种已调制信号(调幅、调频及脉冲调制)频谱,检查调制度及调制质量;观察各种信号源的载波频谱纯度;检查信号经过传输与处理之后,有无谐波失真、寄生调制以及非相干的寄生信号及杂散干扰出现;检查一定频率范围内所存在的各种无线信号的分布情况;可作为一般的测试接收机及作为灵敏信号的电平指示器使用。

现代频谱分析仪有着极宽的测量范围,观察信号频率可高达几十 GHz,幅度跨度超过 140 dB,故有着相当广泛的应用场合。在无线通信工程中,频谱分析仪成为一种最基本的测量工具,可以测量射频/微波收发系统的技术指标,采用频谱分析仪可测量各种电路的信号特性指标,所以,在射频/微波电路实验系统里,频谱分析仪是必备的测量仪器。

表 10-1　频谱分析仪的应用范围及具体作用

应用范围	具体作用
正弦信号的频谱纯度	信号的幅度、频率和各寄生频谱的谐波分量
调制信号的频谱	调幅波的调幅系数、调频波的频偏和调频系数,以及它们的寄生调制参量
非正弦波的频谱	脉冲信号、音频视频信号等
通信系统的发射机质量	发射机的发射频率及频率稳定度、发射功率及 1dB 压缩点功率、发射信号的信号质量(杂散、三阶互调等)
激励源响应的测量	滤波器的传输特性(滤波特性)、放大器的幅频特性、混频器与倍频器的变换特性(变换损耗、谐波分量等特性)
放大器的性能测试	放大器的幅频特性、寄生振荡、谐波与互调失真、输出功率(电平)
噪声频谱测量及分析	可测定噪声的频谱分布,确定噪声规律,也可用来分析和滤除干扰或开展电子对抗
电磁干扰的测量	可测定辐射干扰和传导干扰、电磁干扰,也可用来侦察和测量施放的干扰

频谱分析仪的主要应用范围表明,频谱分析仪在现代射频/微波技术领域里,得到了广泛应用,是极其重要的射频/微波测量仪器。

10.1.2　频谱分析仪的分类

频谱分析仪可分为模拟式与数字式两大类。模拟式频谱仪是以模拟滤波器为基础的，而数字式频谱仪是以数字滤波器或快速傅里叶变换为基础的。

1）模拟式频谱仪

a）实时：并行滤波频谱仪。

b）非实时：①顺序滤波频谱仪；②可调频谱仪；③扫频外差频谱仪。

2）数字式频谱仪

a）数字滤波式频谱仪；

b）快速傅里叶变换式频谱仪。

10.1.3　频谱分析仪的工作原理

1. 模拟式频谱仪

1）并行滤波频谱仪

模拟频谱仪中的并行滤波法的原理如图 10-1 所示。

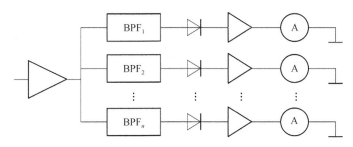

图 10-1　并行滤波频谱仪方案示意图

并行滤波频谱仪的输入信号经放大后送入一组带通滤波器（BPF），这些滤波器的中心频率是固定的，并按分辨率的要求依次增大，在这些滤波器的输出端分别接有检波器和相应的检测指示仪器。这种方法的优点是各频谱分量被实时地同时检出来，缺点是结构复杂、成本高。

2）顺序滤波频谱仪

顺序滤波频谱仪方案示意图如图 10-2 所示，其原理与并行滤波法相同，只是为了简化电路、降低成本，各路滤波器通过电子开关轮流共用检波、放大及显示器，但不能做实时分析。

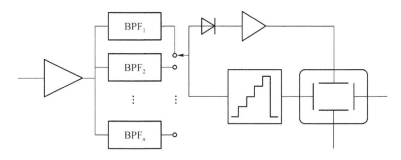

图 10-2　顺序滤波频谱仪方案示意图

3）可调滤波频谱仪

可调滤波频谱仪原理示意图如图 10-3 所示。该可调滤波频谱仪采用中心频率可调滤波器，可简化顺序滤波频谱仪方案。由于可调滤波器的通带难以做得很窄，因此，只适用于窄带频谱仪。

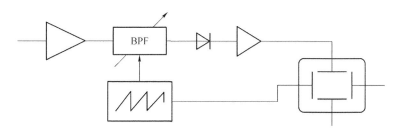

图 10-3　可调滤波频谱仪原理示意图

4）扫频外差频谱仪

扫频外差频谱仪是模拟式频谱仪中最成功的一种仪器，该法是将频谱逐个移进不变的滤波器，其简化原理示意图如图 10-4 所示。图 10-4 中窄带滤波器的中心频率是不变的，被测信号与扫频的本振混频，再将被测信号各频谱分量逐个地移进窄带滤波器，然后与扫描锯齿波信号同步地加在示波管上显示出来。

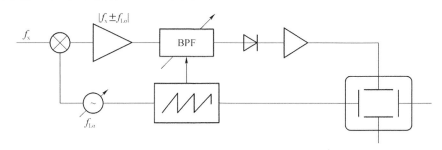

图 10-4　扫频外差频谱仪简化原理示意图

2. 数字式频谱仪

1）数字滤波式频谱仪

所谓"数字滤波"，其主要功能是对数字信号进行处理，用数字滤波式频谱仪来替代模拟滤波式频谱仪。数字滤波式频谱仪的简化原理框图如图 10-5 所示。

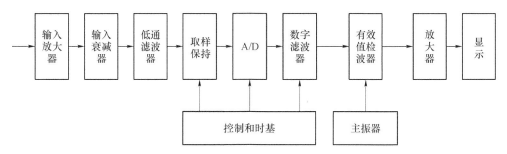

图 10-5　数字滤波式频谱仪的简化原理框图

图 10-5 表明，由于输入/输出信号都是数字序列，所以数字滤波式频谱仪实际上是一个

序列运算加工过程。与模拟滤波式频谱仪相比,它具有滤波性能好、可靠性高、体积小、重量轻、便于大规模生产等优点。

2)快速傅里叶变换式频谱仪

快速傅里叶(FFT)分析法是一种软件计算法。若知道被测信号 $f(t)$ 的取样值 f_K,则可用计算机按快速傅里叶变换的计算方法求出 $f(t)$ 的频谱。快速傅里叶变换式频谱仪的简化原理如图 10-6 所示。

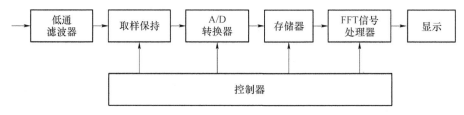

图 10-6　快速傅里叶变换式频谱仪的简化原理图

图中低通滤波器、取样电路、A/D 转换器和存储器等组成数据采集系统,采用 FFT 计算器(FFT 信号处理器)与数据采集和显示电路相配合,则可组成快速傅里叶变换式频谱仪。它是将被测信号转换成数字量,送入 FFT 计算器中按快速傅里叶计算法计算被测信号的频谱,并显示在显示器上。通常采用 DSP(数字信号处理器)来完成 FFT 的频谱分析功能。

目前,扫频外差式模拟频谱仪使用最普遍。现代的频谱仪则采用模拟与数字混合的方案。

10.2　外差式频谱分析仪

10.2.1　外差式频谱分析仪的工作原理

外差式频谱分析仪,也可称为扫频外差式频谱仪,它是按外差方法来选择所需的频率分量,这种方法的特点是中频频率是固定的,其原理如图 10-7 所示。

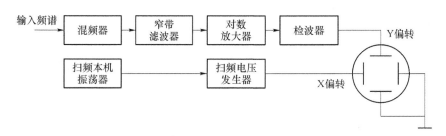

图 10-7　外差式频谱分析仪的原理框图

用扫频振荡器作为外差接收的本机振荡器,这样,当扫频振荡器的频率 $f_L(t)$ 在一定范围内扫动时,输入信号中的各个频率分量(如 f_{x1}),在混频器中与扫频本机振荡器产生差频 $f_0 = f_L(t) - f_{x1}$,它们依次落入窄带滤波器的通带内,被滤波器选出并经检波器和放大器加到示波管的 Y 偏转系统,即光点的垂直偏移正比于该频率分量幅值。由于示波管的水平扫描电压就是调制扫频振荡器的调制电压,故水平轴已变成频率轴,这样,将显示出输入信号的频谱图。

实际的频谱分析仪组成要比图 10-7 所示的更复杂。为了获得高的灵敏度和频率分辨率,都采用多次变频,以便在几个中频上进行电压放大。若在第一本振上进行扫频,则可实现宽带扫频,扫频也可以在最后一个本机振荡器中进行,这时频谱仪是窄带的。

10.2.2 实例

AV4301/2 系列频谱分析仪的原理简化图,如图 10-8 所示。该频谱仪是由微处理器控制的外差式频谱仪。它采用了四次变频技术的超外差接收机,其频率范围为 9 kHz～26.5 GHz,本振采用了跟踪锁相技术,分辨带宽为 30 Hz～3 MHz,显示平均噪声电平为 −125 dBm(灵敏度指标)。

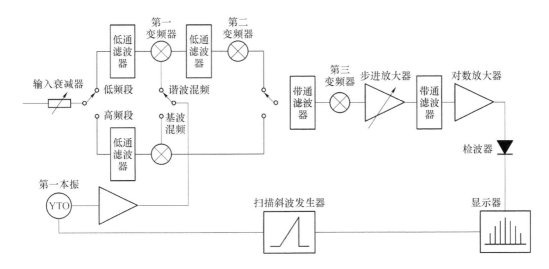

图 10-8　AV4301/2 系列频谱分析仪的原理简化图

1)输入衰减器

输入衰减器是一个 0～70 dB,以 10 dB 步进的程控衰减器,该衰减器的主要用途是扩大频谱仪的幅度测量范围,使幅度测量上限扩展到 +30 dBm。其作用是:

a)用于优化混频器电平,以实现最大的测量动态范围;

b)用于防止第一变频器过载;

c)该衰减器的默认状态设置是 10 dB,用于改善频谱仪和被测源之间的匹配。

2)低通滤波器

低通滤波器,其作用是防止宽带外差式频谱仪中特有的镜像频谱的混淆。在宽带频谱仪设计中,抑制镜像有两种方案:一是采用预选器;二是采用上变频。由于预选器频率下限的限制,宽带频谱仪总是被划分成高、低两个波段。低波段采用高中频(上变频)的方案,它只要一个固定的低通滤波器,而不是可调的低通或带通滤波器,就可以对镜像进行抑制。加入低通滤波器有效抑制镜像频率的原理图,如图 10-9 所示。

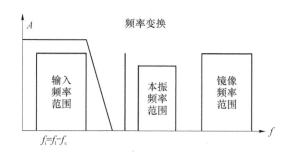

图 10-9　加入低通滤波器有效抑制镜像频率的原理图

该频谱分析仪具有自校准、自适应、自诊断、自动搜索、自动跟踪、最大保持、峰值检测、快速傅里叶变换、存储/调用、带宽测试、交流测试等一百多种功能,还具备存储卡,可以方便地存储或调用测试数据及测试程序。

10.3　频谱分析仪的主要技术特性分析

10.3.1　选择性

在频谱仪里,选择性表明选择信号频谱的能力,通常用频谱分辨率来表示选择性的优劣。频谱分辨率是指能把靠得最近的相邻两个频谱分量(两条相邻谱线)分辨出来的能力。分辨率的高低主要取决于窄带中频滤波器的带宽。

1)分辨率的定义

频谱仪的分辨率主要取决于对中频窄带滤波器频率特性的-3 dB 点和-60 dB 点的描述,带宽越小,则分辨率越高。

2)分辨带宽 RBW(-3 dB 带宽)

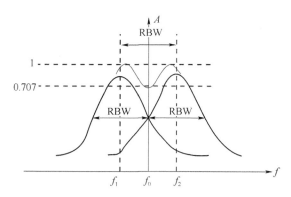

图 10-10　-3 dB 分辨率带宽 RBW

窄带滤波器的-3 dB 带宽用于区别两个等幅信号的最小频率间隔的能力,如图 10-10 所示,当两频率的距离等于滤波器半功率点带宽(-3 dB 带宽)时,两曲线中间有一个凹陷。当凹陷比峰值低 3 dB 时,就能明显地区分出两个峰,也就是能分辨出两条谱线。故此通常用-3 dB 带宽 BW 作为分辨率的技术指标,还可称为分辨率带宽(RBW)。

3)分辨带宽 RBW(−60 dB 带宽)

窄带滤波器的−60 dB 带宽用于区别两个信号幅度不等的情况,如图 10-11 所示。在这种情况下,幅度较小的信号容易被淹没在幅度较大信号的裙带之下,从而使实际分辨率变差。通常把两个相邻频谱分量幅度相差 60 dB 时的分辨率称为裙边分辨率,它主要取决于滤波器−60 dB 通带宽度,故用 $BW_{60\,dB}$ 表示。

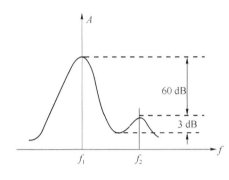

图 10-11 裙边分辨率示意图

4)形状因子 FF

形状因子,可称为滤波器的选择性或矩形系数。为了描述滤波器的频率选择特性的优劣,把滤波器在−60 dB 处的带宽与−3 dB 处的带宽之比称为滤波器通带特性的形状因子 FF:

$$FF = BW_{60\,dB}/BW_{3\,dB} \qquad (10\text{-}1)$$

FF 的理想值应为 1,但实际上,达不到 1。对于老式的频谱仪中,FF=25/1,而现代频谱仪中所设计的模拟滤波器幅频特性呈高斯分布,可做到 FF=15/1~11/1。

随着数字信号处理技术的发展,在一些新型频谱仪中应用了数字滤波器。与模拟滤波器相比,数字滤波器响应速度快,选择性好,形状因子可达到 FF=5/1。

频谱仪的分辨率反映出频谱仪的性能高低,对于经济型的频谱仪,分辨率为 1 kHz~3 MHz;多功能中挡型频谱仪,分辨率为 30 Hz~3 MHz;高挡型的频谱仪,分辨率为 1 Hz~3 MHz。

上述分辨率的概念,实际上是中频滤波器的静态分辨率。当扫频速度非常快时,其幅频特性不同于静态,如图 10-12 所示。

图 10-12 表明,其谐振峰颠向扫描方向偏移,峰值下降,3 dB 带宽展宽,特性曲线不对称,扫描速度越高,则偏离越大,其原因是中频滤波器实际是由惰性元件 L、C 组成的谐振电路,信号在其上建立或消失都需要一定的时间,当扫描速度太大时,信号在其

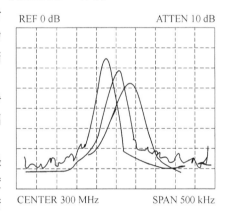

图 10-12 动态频率特性图

上来不及建立或消失,故谐振曲线出现滞后与展宽,出现了失敏或钝化现象。

上述分析表明,使用频谱分析仪要掌握好扫描速度,否则频谱仪的分辨带宽被展得太宽,会使频谱分辨率变差。因此,使用频谱仪时要求正确选择好静态分辨带宽和扫描速度,而扫描速度要选择好扫频范围(通常称为跨度 SPAN)和扫描时间(ST)。为了达到动态分辨带宽为最佳值,要保持正确的读数状态应满足下面的要求:

$$ST = K(SPAN)/RBW^2 \quad (RBW < VBW) \qquad (10\text{-}2)$$

式中,K 为比例因子,取值与滤波器的类型及其响应误差有关。对 4 级或 5 级级联的模拟滤波器,K 取 2.5;对高斯数字滤波器,K 可取 1 甚至小于 1 的值。

式(10-2)中,VBW 是频谱仪的视频带宽。当视频带宽小于分辨带宽时,所需的最小扫描时间受限于视频滤波器的响应时间。视频带宽越宽,视频滤波器响应或建立时间越短,扫

描时间响应也越短。视频带宽与扫描时间之间成线性反比,视频带宽减小 n 倍,扫描时间增加 n 倍。

上述分析表明,使用频谱仪时,在一定的扫描宽度下,分辨带宽越窄,要求的扫描周期越长,就使测量速度变慢。为此,要减小扫频宽度,缩短扫描周期。总之,要选择既满足扫频宽度要求,又要满足分辨带宽要求的最快的扫描周期。

10.3.2　影响分辨率的因素

1. 本振的稳定度

本振,尤其是第一级本振影响最大。通常,频谱仪的第一本振是调谐电路加到这些电极上的电压,或多或少带有一定波纹的直流电压,这些波纹使振荡器的输出频谱不是单一的振荡频率,而是带有少量调频的振荡波。因此,其输出频谱是频率抖动的。对于这样的输出频谱,称为振荡器的剩余调频。由于剩余调频的存在,使得本振的频率不稳定,这种不稳定度会使本振输出频率抖动,与信号混频后,剩余调频会模糊信号,以至于剩余调频之内的两个信号不能被分辨出来。

由此表明,频谱分析仪的剩余调频决定了最小分辨率带宽和最高分辨率。

2. 本振的相位噪声

频谱仪本振频率稳定度还会受到噪声干扰的影响,使其相位随时间起伏变化,称为相位噪声,由于相位噪声的存在,使得在频谱仪上,会在各频谱分量的两边出现,如图 10-13 所示。当测量小信号时,被测小信号将被相位噪声掩盖影响了分辨率。当测量大信号时,这些噪声边带影响大信号附近小信号的分辨率。

综上所述,频谱分析仪的分辨率主要用分辨带宽 RBW 表征,高挡的频谱仪已做到 1 Hz。通常在 1 Hz~3 MHz 范围内按 1~3 量级步进。

3. 灵敏度

1)基本概念

灵敏度是表示接收微弱信号的能力,而限制接收机灵敏度提高的主要因素是内部噪声电平。频谱仪在不加任何信号时也会显示噪声电平,这个平均噪声电平 DANL(Displayed Average Noise Level)通常称为本底噪声(Noise Floor)。本底噪声在频谱图中表现为接近显示器底部噪声基线。因此,被测信号小于本底噪声则测不出来。

本底噪声是频谱仪自身产生的噪声,其大部分来自中频放大器第一级前的器件与电路的热噪声,且是宽带白噪声。

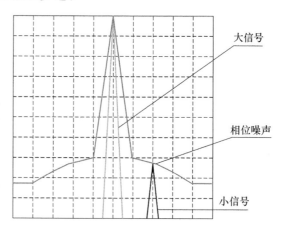

图 10-13　本振相位噪声对分辨率的影响

2)定义

频谱仪灵敏度定义为在特定的分辨带宽下或归一化到 1 Hz 带宽时的本底噪声,常以 dBm 为单位。常用的频谱仪的灵敏度,一般数量级为 $-150\sim-100$ dBm。

3)分析

频谱仪灵敏度指标表征的是频谱仪在没有信号存在时,因噪声而产生的读数,只有高于该读数的输入信号才可能被检测出来。因此,灵敏度常常用最小可测的信号幅度表示,其数值等于显示的平均噪声电平 DANL。因为,这时信号功率等于平均噪声功率,显示器上的功率电平被加倍(增加 3 dB)。信号将高出噪声 3 dBm,如图 10-14(a)所示。通过上述分析表明,可以得到如下两个结论:

a)若要提高灵敏度,即降低最小可测量信号,要求频谱仪必须降低内部噪声电平。

b)减小分辨带宽,可以降低内部噪声电平,图 10-14 所示为分辨带宽减小 10 倍时,噪声电平下降 10 dB 的示意图。由此表明,减小分辨带宽,可以提高灵敏度,但减小分辨带宽会大大增加测量的时间。

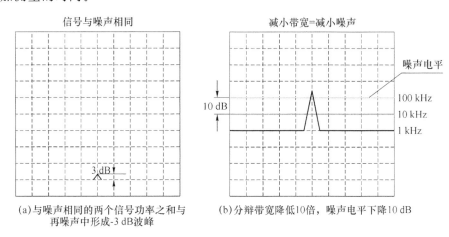

(a)与噪声相同的两个信号功率之和与再噪声中形成-3 dB波峰　　(b)分辨带宽降低10倍,噪声电平下降10 dB

图 10-14　噪声电平对频谱分析的影响

4. 动态范围

1)定义

频谱分析仪的动态范围指标是用来表征频谱仪测量大小信号的能力,用最大信号与最小信号之比的 dB 值表示。

2)影响频谱仪的动态范围的因素

a)混频器的内部失真——限制了最大信号电平

当加到混频器上的高频信号加大时,混频器工作在非线性状态,混频器产生了失真,混频中高次谐波的影响加大,使输出中频频谱不同于输入高频信号的频谱,尤其是二次、三次谐波的失真更为严重。因此,为减小混频器内部失真,输入高频信号不能太大,以免影响频谱仪的动态范围。

b)内部噪声电平——限制了最小信号电平

频谱仪的动态范围是指最大与最小可测信号幅度之比,内部噪声电平则限制了最小信号,故也将噪声电平称为噪声门限。

频谱仪的动态范围与噪声电平和失真的关系,如图 10-15 所示。图 10-15 中纵坐标为频谱仪内部噪声或失真电平,以 dBc(在混频器中低于信号电平的 dB 数,即噪声或失真信号与输入信号功率比)表示。横坐标为频谱仪混频器工作信号电平(等于输入功率减衰减器衰减量），以 dBm 表示。

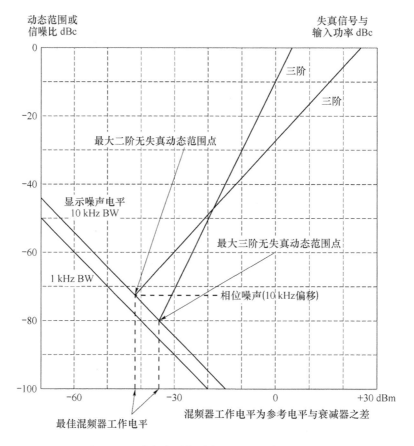

图 10-15　动态范围与噪声电平和失真的关系图

从图 10-15 中可以看出，混频器最佳输入电平在 −40～−30 dBm 时，对应纵坐标动态范围最大，可达 −80 dBc。若混频器输入增大，二阶、三阶失真加大，使动态范围缩小。如在混频器输入电平 −10 dBm 时，二阶失真使动态范围缩为 −40 dBm，三阶失真使动态范围缩小为 −30 dBm。若混频器输入电平太小，则噪声电平的影响加大。

图 10-15 中画出了分辨带宽 10 kHz 和 1 kHz 下，噪声电平对动态范围的影响。从图中可看出：

①为了获得最好的信噪比，希望混频器的工作电平尽可能高；

②希望产生的内部失真最小，则要求混频器工作电平尽可能低。

因此，衰减器设值要在两者间折中考虑，即最大动态范围是在这些曲线的交叉点处。在实际应用中是要调节输入衰减器，使加到混频器的工作电平在 −40～−30 dBm 之间，这样可以得到最高的信噪比和最高的信号失真比，将使测量误差最小。

c)本振相位噪声——限制了测量近端微弱信号的能力

当测量点离信号载频较近时，如 100 kHz 之内，由于本振频率不稳定性引起相位噪声影响时，动态范围还要变小，因为相位噪声边带限制了测量微弱信号的能力。图 10-15 所示为近端测试动态范围受本振相位噪声影响的示意，原来只考虑 10 kHz BW 与三阶失真时，动态范围可达 −80 dBc，图中虚横线表示计入本振相位噪声（10 kHz 偏移处）的影响后，会

将动态范围限制为 -75 dBc。

根据上述分析,频谱仪在使用时要注意上述影响因素,以获得较大的动态范围。通常,频谱分析仪的动态范围为 $70 \sim 120$ dBc。

10.4 频谱分析仪产品介绍

10.4.1 基础频谱分析仪(BSA)——N9320B 射频频谱分析仪

1. 概述

N9320B 射频频谱分析仪是一种新型的频域测试仪器,该频谱仪具有精确度高、稳定性高、可操作性强以及安全可靠的特性。

N9320B 射频频谱分析仪的主要特性和功能为在 9 kHz~3 GHz 频率范围内进行快速频谱分析;0.5 dB 总体幅度精度;高效的 AM/FM、ASK/FSK 调制分析套件,可用于 IoT 发射机表征;3 GHz 跟踪发生器提供激励响应测量以进行元器件表征;自动化和通信接口提供行业标准的 SCPI 语言支持和 USB/GPIB/LAN 连通性选择;非常适合研发、低成本制造和射频教育领域。

2. 技术指标

表 10-2 N9320B 射频频谱分析仪的技术指标

技术指标	取值范围	技术指标	取值范围
频率范围	9 kHz~3 GHz	DANL	启用前置放大器,-148 dBm
非零扫宽最小时间	10 ms	全频段幅度测量精度	±0.5 dB(典型值)
分辨率带宽	10 Hz~1 MHz		

3. 工作原理

N9320B 射频频谱分析仪可测量频率范围在 9 kHz~3 GHz 的电子信号的频谱成分。被测信号和它的内容必须有再现性。对比示波器(示波器的纵向坐标为电平显示,横坐标为时域,频谱仪的纵坐标为电平显示,横坐标为频域),对于同样一个信号,示波器只可以显示其合成波;而在频谱仪上,可观察到各个频谱分量。

N9320B 射频频谱分析仪依据超外接收机原理工作,其组成如图 10-16 所示。这是一种宽带的接收机,通过一个锯齿波电压控制本地振荡的频率(VCO)和输入信号混频变成一个

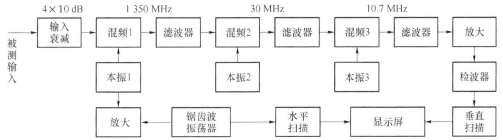

图 10-16 N9320B 射频频谱分析仪的组成框图

固定中频(IF),然后再进行第 2 次、第 3 次变频,再送到检波电路,在荧光屏"Y"轴输出的幅度就可以相对应测出输入信号的频率幅度。

4. 面板各功能键的使用

本频谱仪可以检测到 0.15～1 050 MHz、9 kHz～3 GHz 的电信号频谱分量,被测信号必须是周期性的,它是属于频域的显示仪器。该频谱分析仪的面板如图 10-17 所示。

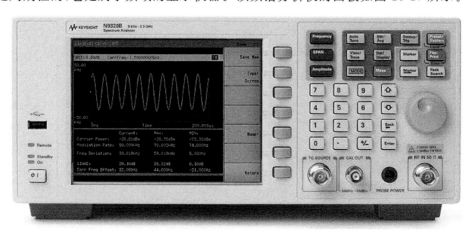

图 10-17　N9320B 射频频谱分析仪的面板图

5. 仪器的连接

频谱仪的测量线存在发射与干扰影响,因此对于输入的信号线要求:

1)屏蔽同轴电缆外层接地;电缆长度小于 3 m;

2)符合阻抗 50 Ω 而且可以通过 3 GHz 信号。

6. 输入部分的保护

频谱仪最容易损坏部分是输入部分,因此必须注意以下几点:

1)在无衰减情况下,最大输入信号不可以超过+10 dBm,而$|U_{DC}|$不超过 25 V;

2)在检测未知信号功率大小时,应该使用 40dB 最大衰减量,然后再依输入功率大小,逐步减少衰减量;

3)当 LISN(在线干扰)测量时,必须和电源阻抗稳定网络联用,而且用瞬变限幅保护。

7. "零"频与衰减器

在 0 Hz 出现零拍的频谱线,是第一本振形成的。其幅度大小不尽相同,其幅度高低和频谱仪的灵敏度无关。在正常操作情况下,−27 dB(即 10 mV)输入时,在衰减 10 dB 后,电平应处在荧光屏最上层以下一格。衰减值与基线参数如表 10-3 所示。

表 10-3　衰减数值与基线参数

衰减数值	相对于基线的输入幅度大小（满格）		基线
0 dB	−27 dBm	10 mV	−107 dBm
10 dB	−17 dBm	31.6 mV	−97 dBm
20 dB	−7 dBm	100 mV	−87 dBm
30 dB	+3 dBm	316 mV	−77 dBm
40 dB	+13 dBm	1 V	−67 dBm

10.4.2 改进型频谱分析仪——N9322C 基础频谱分析仪(BSA)

1. 概述

N9322C 基础频谱分析仪(BSA)是一种改进型的频谱仪,如图 10-18 所示。

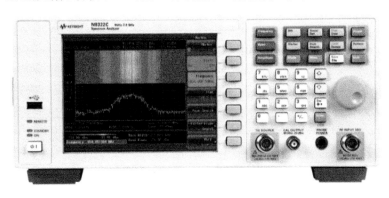

图 10-18 N9322C 基础频谱分析仪

该频谱分析仪是一款运行速度快、价格经济的通用分析仪,可提供高达 7 GHz 的频率、−152 dBm DANL 和 +0.6 dB 总体幅度精度,能够快速执行关键分析;提供游标解调、一键优化和用户定义的功能键,可执行简单高效的操作;拥有可靠的测量特性能够准确表征您的产品;有自动化和通信接口提供行业标准的 SCPI 语言支持及 USB 和 LAN 连通性选择。

2. 主要技术指标

N9322C 基础频谱分析仪的主要技术指标如表 10-4 所示。

表 10-4 N9322C 基础频谱分析仪的技术指标

项目	范围	项目	范围
频率范围	9 kHz～7 GHz	1GHz 时的 DANL	−152 dBm
最大分析带宽	1 MHz	总体幅度精度	±0.6 dB
带宽选件	1 MHz		

典型产品的主要技术性能参数如表 10-5 所示。

表 10-5 频谱分析仪的典型产品的主要技术性能参数

序号	型号	频率范围	1 GHz 时的 DANL	最大分析带宽	1 GHz 时,10 kHz 频偏处的相位噪声	总体幅度精度
1	N9041B UXA	3 Hz～110 GHz	−171 dBm	1 GHz	−136 dBc/Hz	±0.16 dB
2	N9040B UXA	26.5 GHz,混频器达 1.1 THz	−171 dBm	510 MHz	−136 dBc/Hz	±0.16 dB
3	N9030B PXA	3 Hz～50 GHz	−171 dBm	510 MHz	−136 dBc/Hz	±0.19 dB
4	N9020B MXA	10 Hz～26.5 GHz	−166 dBm	160 MHz	−114 dBc/Hz	±0.23 dB
5	N9010B EXA	10 Hz～44 GHz	−163 dBm	40 MHz	−109 dBc/Hz	±0.27 dB

续表

序号	型号	频率范围	1 GHz 时的 DANL	最大分析带宽	1 GHz 时,10 kHz 频偏处的相位噪声	总体幅度精度
6	N9000B CXA	9 kHz～26.5 GHz	−163 dBm	25MHz	−110 dBc/Hz	±0. dB
7	N9030B PXA	3 Hz～50 GHz, Mixers to 1.1 THz	−171 dBm	160MHz	−132 dBc/Hz	±0.19 dB
8	N9020B UXA	10 Hz～26.5 GHz, Mixers to 1.1 THz	−166 dBm	160 MHz	−114 dBc/Hz	±0.23 dB
9	N9010B UXA	10 Hz～44 GHz, 混频器至 1.1 THz	−163 dBm	无	−105 dBc/Hz	±0.27 dB
10	N9000B UXA	9 kHz～26.5 GHz	−163 dBm	无	−102 dBc/Hz	±0.5 dB
11	M9290A CXA-m	10 Hz～26.5 GHz	−163 dBm	无	−110 dBc/Hz	±0.5 dB
12	N9038A MXE EMI	3 Hz～44 GHz	−167 dBm	85 MHz	−106 dBc/Hz	±0.5 dB

本 章 小 结

  本章介绍了频谱分析仪的主要用途及分类,简单叙述了模拟式频谱仪与数字式频谱仪的工作原理。以模拟式频谱仪中的外差式频谱分析仪为例,介绍其工作原理。频谱分析仪的主要技术特性分析,包括了选择性、动态频率特性与自适应关系,以及影响分辨率的四个因素(本振的稳定度、本振的相位噪声、灵敏度、动态范围)。并对基础频谱分析仪(BSA)——N9320B 射频频谱分析仪进行了产品介绍。

  测量信号的非线性失真系数(即失真度),用频谱分析法。该法是把非正弦周期振荡信号的基波、各次谐波逐个分离出来进行测定,然后获得其失真度数据。这种测量方法的特点是测量的准确度较高,但需要配备高性能的频谱分析仪,同时,测量时间也比较长。频谱分析法可用于低频、高频和超高频信号的非线性失真测量。

第11章 数据域测试仪

11.1 概　　述

随着通信、控制、仪器仪表和其他电子信息领域对计算机、大规模数字和混合集成电路、可编程逻辑器件和高速数字信号处理器的广泛应用,大量产品都向着数字化方向发展。

目前,各种电子设备里,若使用微计算机或微处理器,通常都要经过数据采集、存储、A-D变换、D-A变换等方式与微机或微处理器联系,同时,各种通用及专用集成电路芯片中数字部分也得到广泛应用。

对于数字设备和数字系统,传统的、用于模拟电路的时域和频域分析很难实现,为此必须进行数据域测试。数据域分析处理的是逻辑信号,一般为二进制信息,这些信息被称为"数据"。数据域测量面向的对象是数字逻辑电路,这类电路的特点是以二进制数字的方式来表示信息。由于晶体管"导通"和"截止"可以分别输出高电平或低电平,分别规定它们表示不同的"1和"0"数字,由多位0、1数字的不同组合表示具有一定意义的信息。在每一特定时刻,多位0、正数字的组合称为一个数据字随时间的变化按一定的时序关系形成了数字系统的数据流。数据域分析就是研究以包括离散时间在内的事件(event)为自变量,以状态空间数据流为因变量的分析领域。

11.2　数据域分析的基本概念

在传统的时域分析中,通常是以时间为自变量,以被测信号(电压、电流、功率)为因变量进行分析。例如,示波器常用来观测信号电压随时间的变化,它是典型的时域分析仪器。频域分析是在频域内描述信号的特征。例如,频谱分析仪是以频率为自变量,以各频率分量的信号值为因变量进行分析的。而数据域分析处理的是逻辑信号,一般为二进制信息,这些信息被称为"数据"。数据域分析得到了广泛应用,相应地产生了数据域测试仪器,即逻辑分析仪。

图11-1所示为一个简单的十进制计数器,该计数器的输出是由4位二进制码组成的数据流,自变量为计数时钟的作用序列,其输出值是计数器的状态。

图11-1的左部分是在不同时钟作用下的高低电平表示;右部分是在时钟序列作用下的"数据字"表示,这个数据字是由信号状态的二进制码组成的。两种表示形式不同,但表示的数据流内容却是一致的。

在数据域分析中往往是一个涉及设备结构和数据格式的状态空间数据流,而不是一个信号的具体电压值。所以通常可以认为,数据域分析是研究数据流、数据格式、设备结构和用状态空间概念表征的数字系统的特征。

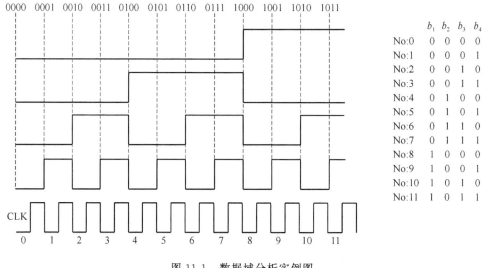

图 11-1   数据域分析实例图

11.3   逻辑分析仪

1. 概述

逻辑分析仪（Logic Analyzer，LA）是以单通道或多通道实时获取与触发事件相关的逻辑信号、并显示触发事件前后所获取的信号、供软件及硬件分析的一种仪器。它能够用表格、波形或图形等形式显示具有多个变量的数字系统的状态，也能用汇编形式显示数字系统软件，从而实现对数字系统硬件和软件的测试。随着微处理器技术在逻辑分析仪中的普遍应用，使逻辑分析仪能够更加方便地用于微处理器系统的调整与维护。

现代的逻辑分析仪可以同时检测几百路甚至上千路的信号，有灵活多样的触发方式，可以方便地在数据流中选择观测窗口。逻辑分析仪还能观测触发前和触发后的数据流，具有多种便于分析的显示方式。

2. 简易逻辑测试设备

简易逻辑电平测试设备，常见的有逻辑笔（用于单路信号）、逻辑夹（用于多路信号），主要用来判断一路或多路信号的稳定（静态）电平、单个脉冲或极低脉冲序列。这些测试设备的工作原理基本相同，只不过逻辑夹是多路并列的，可测集成电路片等多路信号电平。

一路双色指示的逻辑电平测试电路如图 11-2 所示，该电路可看成是逻辑笔的组成。

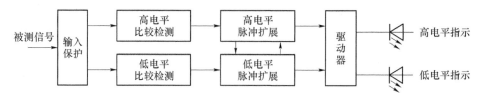

图 11-2   一路双色指示的逻辑电平测试电路

该测试电路的测试原理，是将被测信号经过输入保护电路后，加至高低电平比较器，然后将比较的结果加至脉冲扩展电路，以保证在测单个窄脉冲时有足够的时间点亮指示灯。

脉冲扩展电路的另一个作用是,通过高、低电平两个宽电路的相互影响,使电平测试电路在一段时间里指示确定的电平,从而只有一种颜色的指示灯亮。保护电路用来防止输入信号过大时造成检测电路的损害。

11.4 逻辑分析仪的基本原理

11.4.1 逻辑分析仪的基本组成

逻辑分析仪的构成如图 11-3 所示。逻辑分析仪主要的作用是采样和存储。逻辑分析仪由采样部分、触发控制部分、存储控制部分和显示处理部分组成。其中最重要的是采样和显示处理部分。逻辑分析仪一般先进行数据采集并存储,然后进行数据分析显示处理。

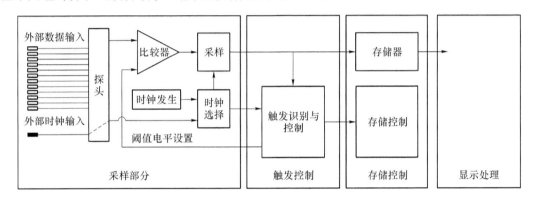

图 11-3 逻辑分析仪的基本组成框图

数据采样部分包括信号输入、比较采样、触发控制、数据存储和时钟选择等。外部被测信号通过探头送到信号输入电路,在比较器中与设定的阈值电平(也称门限电压)进行比较,大于阈值电平的信号为高电平,反之为低电平。采样电路在采样时钟(外时钟和内时钟)控制下对信号进行采样,并将数据流送到触发模块中,产生触发信号。数据存储电路在触发信号的作用下进行相应的数据存储控制。数据捕获完成之后,由分析显示电路将存储的数据处理之后以相应的方式显示出来。

11.4.2 逻辑分析仪的触发

逻辑分析仪主要用于定位系统运行出错时的特定波形数据,通过观察该波形数据来推断该系统出错的原因,从而有针对性地找出解决该错误的方案。

运用逻辑分析仪定位出错波形数据的方法主要有两种方式:一种是通过抓取运行过程中大量的数据,然后在这些数据中通过其他方法来查找出错误点的位置,该方法费时费力,而且受制于逻辑分析仪存储容量,并不一定每次都可以捕捉到目标波形数据;另一种是通过触发的方式在特定波形数据到来时开始捕捉数据,从而精准地定位目标波形数据。

触发的概念最初出现在模拟示波器上,示波器在设置的特定波形的信号到来时停止采集,并将波形绘制在屏幕上。逻辑分析仪用于分析数字系统时沿用了该概念。

数字系统在运行过程中,大多数情况下数据是连续不断的,逻辑分析仪要显示观测的数据必须被存储下来,而逻辑分析仪的储存深度毕竟有限,这相当于在传输带上抽取一定的数据,抽取的数据量取决于逻辑分析仪的存储深度。通过触发的方式,在特定波形数据信号产生的条件下,观测与其相关的信号在该条件产生的前或(和)后时刻的状态。直观的表现就是触发位置的设置。如果触发位置设置为跟踪触发开始,则存储器在触发事件发生时开始存储采集到的数据,直到存储器满;如果选择跟踪触发结束,则触发事件发生前存储器一直存储采集到的连续数据,直到触发时停止存储,当存储器满而触发事件尚未发生时新数据将自动覆盖最早存储的数据。

逻辑分析仪的触发方式很多,主要分为以下几大类:边沿触发、定时触发、码型触发、协议触发、综合触发、立即触发。其中,边沿触发、定时触发、码型触发以及立即触发属于简单触发的范畴,协议触发和综合触发属于复杂触发的范畴。

1. 边沿触发

边沿触发是由通道上的电平出现前后时刻出现某一跳变引起的触发,主要有上升沿触发、下降沿触发、边沿(上升沿或下降沿)触发等。

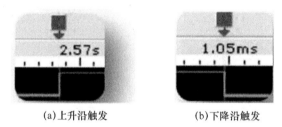

(a)上升沿触发　　　　　　　(b)下降沿触发

图 11-4　上升沿触发和下降沿触发

对电平信号的跳变(不管是由低到高,还是由高到低)事件进行触发称为边沿触发。

在使用示波器的边沿触发功能时,通过调节示波器上的触发电平旋钮来设置电压比较器的比较电平,示波器在输入电压超过该电平时触发,进行数据采集。逻辑分析仪的边沿触发与示波器的边沿触发类似,但触发电平预置成逻辑门限,高于该门限电压为高电平,低于该门限电压为低电平。尽管逻辑设备都与电平相关,但这些设备的时钟信号和控制信号通常是在有效边沿到来时才对系统起作用,它们一般对边沿敏感。

例如,通过边沿触发,用户可以在智能设备发出写信号的有效边沿时对总线数据进行采样,这样可以过滤掉操作过程中总线上的无效数据,而单一地针对写过程时信号的数据采集,以确定由智能设备送出的数据正确与否。

2. 定时触发

定时触发包括脉宽触发、延迟触发等。

脉宽触发即某一信号出现宽度大于(小于或等于)指定宽度的脉冲信号时产生触发。

在同步逻辑系统中,有一种非常典型的故障就是在信号通道上的速度较慢的外设引起的定时延迟。例如,在一个数字电路中,某些总线因为某些电路设计缺陷的原因造成了总线间的串扰,在数据传输时产生许多错误的毛刺脉冲造成数字器件的误动作,这就有可能在电路中产生各种各样的时序问题。如果用户怀疑有这类问题的存在,可将逻辑分析仪设置为脉宽触发。如果时钟脉冲为 1 μs,则可以将逻辑分析仪的触发条件设置为脉宽小于 1 μs 时触发。如果确实存在这样的问题,逻辑分析仪将会捕捉到可能引起电路误动作的毛刺脉冲信号。

延迟触发指在数据流中检测到特定触发字的时候并不产生触发信号,而是等待指定的延时之后再产生触发。延迟触发有两种:一种是触发字到来时延时后触发,即从检测到触发字开始计时到延时结束;另一种是触发字结束延时后触发,即检测到的触发字结束后开始计时到延时结束。这两种功能可以有效地利用有限的存储容量捕捉所需要的信息。

3. 码型触发

码型触发包括总线数据触发(电平触发)、队列触发等。

总线数据触发是指总线上出现特定数据时产生触发,电平触发是总线数据触发在总线只有一个通道信号的情况下的特例。例如,在数字系统设计中,某一寄存器的设置出现错误,就可以使用该功能,将特定寄存器的地址作为触发条件,捕捉对应的数据,查看该错误是否是由于发送数据本身的错误引起。

为方便用户使用,绝大多数的逻辑分析仪触发数据不仅可用二进制来设置,而且可用十进制、八进制、十六进制甚至 ASCII 字符设置。在查看 4 bit 倍数宽度的总线时,使用十六进制的触发数据就会比较方便。很明显,用二进制设置触发数据来捕捉 32 bit 宽度的数据总线就没有用十六进制表示来得简洁清晰。

4. 协议触发

随着逻辑分析仪的功能不断完善,协议分析与触发在现代的数字设计中得到飞速发展和广泛应用。协议触发是协议分析的产物,简单地说,它根据某一特定的协议的一个特定触发字而进行触发。

以 UART(Universal Asynchronous Receiver/Transmitter,通用异步收发传输器)协议触发为例。UART 协议是数据链路层的协议,可以使用多种不同的物理层协议来传输数据,包括 RS-232、RS-422、RS-485 串口通信或红外(IrDA)等。UART 协议作为一种低速通信协议,广泛地应用于通信领域等各种场合。

异步串口通信协议作为 UART 的一种,其工作原理是将传输数据的每个字符移位传输。图 11-5 给出了其工作模式。

图 11-5　UART 工作模式示意图

图 11-5 中各位的意义如下。

起始位:先发出一个逻辑"0"的信号,表示传输字符的开始。

数据位:紧跟着起始位之后。数据位的个数可以是 4、5、6、7、8 等,构成一个字符。通常采用 ASCII 码,从最低位开始传送。

奇偶校验位:数据位加上这一位后,使得"1"的位数应为偶数(偶校验)或奇数(奇校验),以此来校验数据传送的正确性。

停止位:它是一个字符数据的结束标志。可以是 1 位、1.5 位、2 位的高电平。

空闲位:处于逻辑"1"状态,表示当前线路上没有数据传送。

如图 11-6 所示,当需要捕捉 UART 开始传输的第一个数据时,就可以使用 UART 协议中的起始位作为触发条件。当 UART 开始传输数据时,总线上的状态由空闲位变为起始位,表明数据传输开始,逻辑分析仪在该时刻触发,用户就能捕捉到传输的第一个数据。

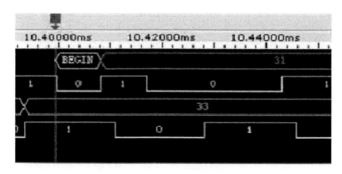

图 11-6　UART 起始位触发

在虚拟仪器不断发展的今天,协议触发在基于通用 PC 平台和可编程器件的虚拟仪器上得到了很好的发展,可以分析的协议包括 UART、高速 SPI、SSI、I2 C、MODBUS、Wiegend、1-Wire 等。通过不断地更新现有的 PC 端的用户软件,生产厂商可以及时地解决协议分析触发功能的 bug,不断地增强和完善旧的协议触发功能,同时开发新的协议触发功能以适应新的需要,而用户只需要花费很少的代价(通过 Internet 下载生产厂商提供的用户软件,取得授权后使用新的功能)而不需要改动硬件设备。

5. 综合触发

根据逻辑分析仪的设计,综合触发实现难度较大。综合触发一般分为两类:一类是组合触发;另一类是多级触发。

组合触发是多个条件同时满足时进行的触发。在触发具有复杂关系信号的时候,通过组合多个条件可以更为精确地捕捉到所需要的数据。例如,在数字设计中要捕捉微处理器写入某个地址的数据,就可以组合边沿触发与码型触发,将写信号设置为有效边沿触发,同时设置地址线为特定地址触发,就可以捕捉到所需要的数据。

如果说单独用一个触发字是最简单的触发方式,那么多级触发就是能适应多种触发要求的复杂触发方式。通常可以把上一级触发结果作为下一级触发事件,各触发事件相连构成触发序列,甚至可以在每个事件中使用组合触发。用这种触发序列进行触发,能跟踪更加复杂的程序,无论是对于分析程序的分支、跳转、嵌套和循环,还是对于分析其他复杂系统都带来很多方便。

多级触发一般具有复位功能,以便在某种情况下重新开始辨认触发事件序列,多级触发也可以和计数、计时功能配合应用,完成计数统计事件次数和计算响应时间、程序执行时间等。

6. 立即触发

立即触发是一种人工强制触发,也称为手动触发。立即触发是一种无条件的触发,在使用该触发方式时,逻辑分析仪不会搜索任何触发字,只要启动采样就进行触发,一般是在逻辑分析仪存储器满的时候自动停止采样或在存储器还未存满时有用户手动停止采样,然后显示数据。由于该方式下观察窗口在数据流中的位置没有规律,随机出现,也称该触发方式为随机触发。

11.4.3 逻辑分析仪的数据获取和存储

1. 数据获取的主要方式

逻辑分析仪获取数据一般采用采样方式,即在时钟的跳变沿上获取数据。

1)数据采集

采样电路如图 11-7 所示,每路输入数据在经过电平判别电路以后,在采样时钟的作用下,以 0、1 两种形式存入输入寄存器。

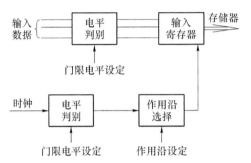

图 11-7　数据采集电路

2)电平判别

电平判别电路实际上是一个电平比较器,由于被检测的电路可能工作在 TTL、ECL 或 CMOS 等不同的门限电平,逻辑分析仪在对输入信号电平判别时,设定的门限应与被测系统一致。例如,对 TTL 电路,选取的门限电平应为 1.4 V 左右,如图 11-8 所示。

3)时钟判别

对于时钟信号也要求进行电平判别,以确定其前后沿的作用时间。逻辑分析仪本身要求的时钟采样沿是确定的,例如要求下降沿采样。而使用者却往往要根据需要选择时钟的作用沿,特别是当选用被测系统的时钟作为逻辑分析仪的外时钟时,作用沿应选得与被测系统一致。为此采样电路中设置了作用沿选择电路,以便在设定的时钟沿采样。时钟沿选择电路实际上可以输出极性相反的两种脉冲,选择其中一种就可以实现对时钟沿的选择,如图 11-9 所示。

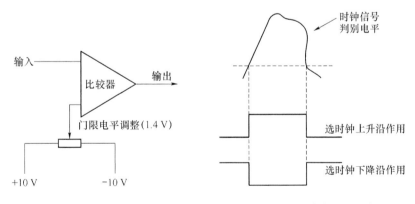

图 11-8　电平判别电路　　　　图 11-9　时钟作用沿选择

由图 11-10 可知,采样后的存储数据与原来的输入信号主要有两点不同:①由于采样时钟是对电平判别的输出信号进行采样。它只能反映高、低两种电平,而不能反映原输入信号的幅度。②采样后的输出波形,只能在选择的时钟作用沿上才能发生跳变(图 11-10 中为时钟下降沿跳变),而对两个时钟作用沿之间的波形变化不予理睬,因此输入波形与判别电平相交的时刻并不严格等于存储显示信号电平跳变的时刻。

由于以上两种不同,如果把逻辑分析仪采集的数据在显示器上用高、低电平作波形显示,所显示的波形常称为伪波形。

4)同步采样和异步采样

根据逻辑分析仪用途不同,它的采样可以
与被测系统同步工作,也可以异步工作。

①同步采样

同步采样是利用被测电路的时钟或某些
信号作为逻辑分析仪的时钟进行采样。这个
从被测电路取得的时钟,对逻辑分析仪来说是
外时钟。同步采样能保证逻辑分析仪按被测
系统的节拍工作,获取一系列有意义的状态。
这种采用外时钟的、用于分析被测系统逻辑状

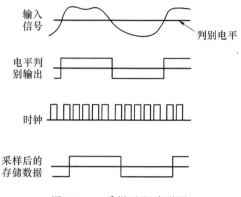

图 11-10 采样过程波形图

态的分析仪叫逻辑状态分析仪(LSA),又叫同步分析仪。

用于采样的外时钟可以是等时间间隔的,也可以是非等时间间隔的。例如,测计算机程序
时若选用它的读信号作采样时钟,就往往不是等时间间隔的。和触发限定类似,在同步采样时
可以对采样时钟进行限定,即只有符合限定条件的时钟才能采样(如图 11-11 所示),这就增加
了逻辑分析仪挑选数据的能力。在时钟限定的情况下,采样时钟非等时间间隔的情况就更常
见了。同步采样充分地体现了数据域测试的特点,即显示的数据流不是以时间为自变量,而是
以事件序列为自变量,这个事件就是采样信号的指定跳变沿出现,同时满足限定条件。

②异步采样

采样时钟如果与被测系统没有同步关系,则称为异步采样。这时采用等时间间隔的时钟,
通常是利用逻辑分析仪内部的不同周期采样时钟。例如,HP1630A/D 逻辑分析仪内时钟的采
样周期为 5 ns～500 ms,按 1～2～5 的序列分为 25 挡可供选用,可满足多种测量要求。

异步采样所采集的是等时间间隔离散点上的数据。如果时钟周期选择恰当,CRT 上显
示的图形基本上能反映信号的电平随时间的变化,因而采用这种方式的逻辑分析仪被称为
逻辑定时分析仪(LTA)、时间分析仪或异步分析仪。但是如果时钟周期选择不当,采样后
的波形将会严重失真或者没有显示。通常应选时钟频率为被测信号频率或最窄观察脉冲频
率的 5～10 倍。异步时钟的选择对采样后波形的影响如图 11-12 所示。

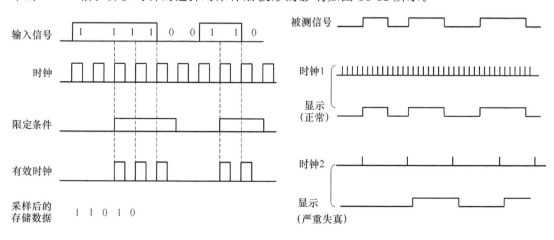

图 11-11 时钟限定图　　　　　图 11-12 异步时钟的选择图

2. 逻辑分析仪的数据存储

逻辑分析仪的存储器主要有移位寄存器和随机存取存储器(RAM)两种。移位寄存器,数据以并行或串行的方式输入到该器件中,然后每个时间脉冲依次向左或右移动一个比特,在输出端进行输出。而随机存取存储器是按写地址计数器规定的地址向 RAM 中写入数据。每当写时钟到来,计数值加 1,并循环计数。因而在存储器存满以后,新的数据将覆盖旧的数据。这两种存储器都是先入先出的方式存储的。现代逻辑分析仪大多采用随机存储方式。

逻辑分析仪的数据存储电路组成框图,如图 11-13 所示。该存储器的存储过程,是逻辑分析仪的数据存储和显示是交替进行的,每当显示结束都会产生一个复位信号,使开始触发器、存储计数器和终止触发器复位。终止触发器向写时钟发"允许"信号,写时钟控制器使写时钟起作用,输入数据就按写时钟的节拍写入 RAM。但是,这时存入的数据不一定是有效数据,即将来不一定在显示器上显示。真正要在显示器上显示的只是数据流中的一个窗口,这个窗口的位置是由触发方式决定的。

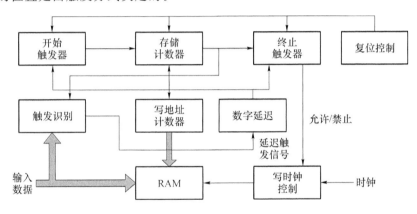

图 11-13　数据存储电路组成框图

3. 始端触发的数据存储

在始端触发的情况下,数据存储过程是这样的,一旦进入存储阶段,触发识别电路就从输入的数据中找出触发字,当满足条件时就产生触发信号。若同时采用延迟触发,则需经过数字延迟电路才产生延迟触发信号,即有效触发信号(不采用延迟触发时,可视为延迟量等于零)。

11.4.4　逻辑分析仪的显示

逻辑分析仪在存储结束后进入显示阶段,将存储的有效数据字逐个取出加以显示。因为延迟触发信号的到来可能在任意时刻,所以第一个有效数据字往往可能存入存储器的任意一个地址。但是由于 RAM 中的数据是循环存储的。当存储结束时最后一个有效数据必然与第一个有效数据紧靠在一起。因而在存储结束时只要地址加 1,就为以后的读出显示做好了准备,如图 11-14 所示。

现代的逻辑分析仪的显示,都采用屏幕显示。不同用途的逻辑分析仪,显示的方式各不相同。最基本的显示方式是状态表显示和定时图显示,它们分别用来显示同步和异步采集的数据。

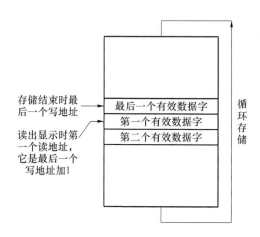

图 11-14　由存储到显示的地址变化

1. 状态表显示

在逻辑分析仪的显示采用状态表显示时,在显示器上每行显示一个字。这个数据字是经过多个通道,在与被测系统同步的外时钟作用下存入的,通常是计算机地址、程序机器码等多位信息。

状态表显示是以各种数值(如二进制、八进制、十进制、十六进制)的形式将存储器中内容显示在屏幕上。例如,图 11-15(a)的各显示行(LINE)只有一组数据 A,它是用二进制(BIN)数据显示的;图 11-15(b)中操作者把数据分成两组,都用十六进制(HEX)数显示。实际上 A 组 4 个十六进制数是由 16 个输入端引入的,在本例中是一个微计算机地址,C 组两个十六进制数是由 8 个输入端引入的,本例中接至微计算机数据线,是一段程序的机器码。

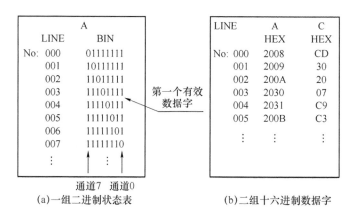

图 11-15　状态表显示

2. 定时图显示

定时显示是以逻辑电平表示的波形图的形式将存储器中的内容显示在屏幕上,显示的是一串经过整形后类似方波的波形,高电平代表"1",低电平代表"0"。由于显示的波形不是实际波形,所以也称"伪波形"。图 11-16 所为一个 3 线-8 线译码器输出信号的定时图,它由与被测系统异步的逻辑分析仪内时钟进行采样。每个通道的信号波形反映该通道在等间隔离散时间点上的信号的逻辑电平值。

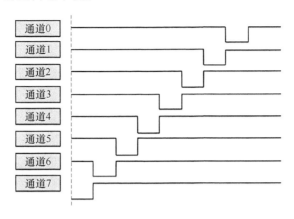

图 11-16　定时图显示(对应存储的第一个有效数据字 01111111)

定时图显示多用于硬件分析。例如,分析集成电路各输入端的逻辑关系,分析计算机外部设备的中断请求与 CPU 的应答信号间的定时关系等。

现代微机化逻辑分析仪都兼有状态表和定时图两种显示功能。例如,图 11-13 的定时仪采集的数据,如果用状态表显示,则第一个有效数据是 01111111。这与图 11-12 中第一个数据是一样的,因为后者的数据也是从 3 线-8 线译码器输出数据中采集的。由于定时仪和状态仪的时钟不同,对同一电路的采样值也随时钟位置而变化。

11.5　安捷伦 16800 系列便携式逻辑分析仪产品

11.5.1　概述

当今世界,已经是数字信息化的时代,与模拟技术相比,信息的传输和测量有着很大的差别。在空间分布上是大量的数据通道同时传输,在时间分布上是按一定格式组成的数据码流,这些数据码流是以离散时间为自变量的数据字,而不是以连续时间为自变量的模拟波形。在模拟信号分析中的一些重要参数,在数字信号分析中可能并不那么重要。例如,数字信号对电压的分析往往只注意电压高于或低于某一门限电压时的情况,对时间的分析往往只注意这些数字信号之间的相对关系。因此,传统的检测设备(如电压表、示波器等)已不能有效地检测和分析数字系统,无法满足数字系统的电路设计和调试的要求。正是在这种情况下,产生了一种新型的数据域测量仪器——"逻辑分析仪",这种仪器能够很好地解决数字信息处理中对数字信号的观察和测试。数字系统设计和调试中的一些特殊问题,如传输延迟、竞争冒险、毛刺干扰等,没有逻辑分析仪是很难观察和解决的。如今大量的仪器设备都使用了数字电路和总线技术,为了分析和验证信息处理的结果,查找程序编制和运行中的错误,测量和比较数字逻辑电路的状态,都必须使用逻辑分析仪。

安捷伦 16803 便携式逻辑分析仪整机如图 11-17 所示,该机正是符合这一要求的一种数据域实用测量仪器。

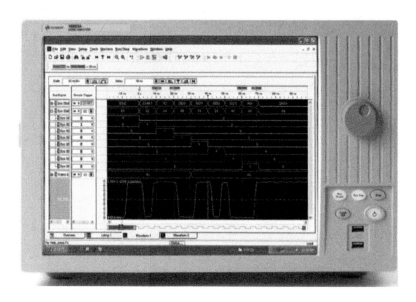

图 11-17　安捷伦 16803 便携式逻辑分析仪整机

11.5.2　特性及功能

安捷伦 16803 便携式逻辑分析仪的特性：

1）15 英寸彩色显示器，带有触摸屏——查看大量信号和总线之间的关系，更迅速地确定问题所在。

2）码型发生器——使用唯一带有内置码型发生器的便携式逻辑分析仪，可在单一仪器中同时获得激励和响应。最大时钟速率为 300 MHz；最大存储器深度为 16 M 矢量。

3）32 M 深存储器——及时捕获相距遥远的症状和根本原因。

4）多达 204 个通道——8 种型号可供选择，能够满足特定的测量要求。

5）可升级的存储器深度和状态速度——能够满足现在的性能要求，还可以根据以后的需求进行升级。

安捷伦 16803 便携式逻辑分析仪的功能：

1）用标配的 64 K 存储深度和 4 GHz(250 ps)采样速率的定时缩放功能精确地测量精密的时序关系。

2）用可扩展至 32 M 存储器深度的深存储采样模式找到在时间上相隔甚远的异常信号。

3）通过眼图查找器精确地采样同步总线。眼图查找器自动调整阈值及建立和保持时间，可进行高速总线测量提供最高的置信度。

4）通过以波形、列表、趋势图、反汇编及源码跟踪等形式观察或比较显示中的时间相关数据，跨若干测量模式地从现象追踪至产生问题的根本原因。

5）通过直观的简单、快速和先进的触发功能快速地设置触发。把新的触发功能和直观的用户界面组合到一起。

6）信号的接入是解决系统问题的关键，安捷伦 16803 具有业内品种最多的探测附件，其电容性负载低至 0.7 pF。

7)具有把一台逻辑分析仪一分为二的能力,从而能监视和相关多组总线,它提供对单个和多总线的支持(包括只作时序分析、只作状态分析、一部分通道作时序分析/另一部分通道作状态分析、一部分通道作状态分析/另一部分通道也对另外的总线作状态分析等多种配置)。

11.5.3 技术参数

表 11-1 **Keysight 16803A 逻辑分析仪的技术参数**

Keysight 型号	16803A
逻辑分析仪通道数	102
码型发生器通道数	48
高速计时缩放模式	4 GHz(250 ps),64 K 深度
最大计时采样率 (半/全通道)	1.0 GHz(1.0 ns)/500 MHz(2.0 ns)
最大状态时钟速率	450 MHz(使用选件 500) 250 MHz(使用选件 250)
最大状态数据速率	500 Mbit/s(使用选件 500) 250 Mbit/s(使用选件 250)
最大存储深度	1 M(使用选件 001) 4 M(使用选件 004) 16 M(使用选件 016) 32 M(使用选件 032)
支持的信号类型	单端
自动阈值/采样位置查找, 所有通道的同步眼图	有
探头兼容性	40 针电缆连接器
定时分析采样速率	4 GHz(250 ps)
时间间隔精度(同一探头组内)	±(1.0 ns＋0.01％时间间隔读数)
时间间隔精度(不同探头组间)	±(1.75 ns＋0.01％时间间隔读数)
存储器深度	64 K 样本
触发位置	开始,中间,结束,用户定义
最小数据脉冲宽度	1 ns
电压阈值设置范围	−5～5 V(10 mV 增量)
电压阈值精度	±50 mV＋1％设置值

本 章 小 结

数据域分析处理的是逻辑信号,一般为二进制信息,这些信息常称为数据。数据域分析就是研究以包括离散时间在内的事件(event)为自变量,以状态空间数据流为因变量的分析领域。

数据域分析是研究数据流、数据格式、设备结构和用状态空间概念表征的数字系统的特征。简易逻辑电平测试设备,常见的有逻辑笔(用于单路信号)、逻辑夹(用于多路信号)。主要用来判断一路或多路信号的稳定(静态)电平、单个脉冲或极低脉冲序列。

逻辑分析仪由采样部分、触发控制部分、存储部分和显示部分组成。其中最重要的是采样和显示部分。数据采样部分包括信号输入、比较采样、触发控制、数据存储和时钟电路等。逻辑分析仪的触发方式主要分为:边沿触发、定时触发、码型触发、协议触发、综合触发、立即触发,其中边沿触发、定时触发、码型触发以及立即触发属于简单触发的范畴,协议触发和综合触发属于复杂触发的范畴。

第 12 章　现代电子测量技术

12.1　概　　述

现代科技、生产领域特别是通信、雷达、卫星、导航、测空等领域的发展,对电子测量技术和仪器(设备)提出了越来越高的要求;测试项目和范围不断地扩展;对测试速度、效率、精度、可靠性等提出更高的要求,尤其是对测试数据的可交换性、测试系统的智能化、自动测试的要求与日俱增。

在信息化的当今时代,微电子技术、计算机技术、网络技术、信号处理技术的高速发展,改变了电子测量技术和仪器的传统观念,促进了现代电子测量技术向自动化、智能化、网络化和标准化方向发展。相应地产生了自动测试系统、智能仪器、虚拟仪器等新兴的测量技术和仪器。

1)自动测试系统:通常把以计算机为核心,在程控指令的控制下,能自动完成某种测试任务而组合起来的测量仪器和其他设备的有机整体称为自动测试系统。

2)智能仪器:内含微处理器和 GPIB 接口的仪器称为智能仪器。这种智能仪器具有通用的测试功能,既可以单独使用,也可以通过 GPIB 接口由微处理器控制,作为可程控仪器组建自动测试系统。

3)虚拟仪器:在计算机上加上一组软件和少量硬件,使用者在操作这台计算机时,就如同是在操作一台专用的传统电子测量仪器。

4)自动测试系统的集成:根据实际任务进行系统级设计,将测量仪器、计算机平台、操作系统和软件环境组合集成构建多种开放式测试系统,也就是说,系统设计主要利用现成的技术进行集成。

12.2　自动测试系统

12.2.1　自动测试系统的发展概况

随着科学技术的不断发展和生产的需要,在功能、性能、测试速度、测试准确度等方面对测试设备的要求也不断提高。传统的人工测试已经很难满足要求,自动测试系统在测量领域里的作用,表现在以下几个方面:

1)随着生产规模增加、产品复杂程度提高、生产领域过程和产品的测试、检验手段,自动测试系统是极其重要的。

2)在现代大规模生产中,用于测试的工时和费用均占 $20\%\sim30\%$;在现代国防武器,如导弹、飞机等电子设备里,其价值甚至可能占整体的 $60\% \sim 70\%$,其中主要是测试和控制设备。在这些领域中,采用了自动测试系统的测试技术,可解决很多测试中遇到的困难、降低测试的工时和费用,而且对大规模生产的发展起到良好的作用。

a)在现代科技和生产领域,用自动测试系统,实现测试速度快和测量精度高的效果。

b)在现代化生产线上,往往要求实时检测和自适应处理,用了自动测试系统,利用计算机操作,可实现自动校准、自动调整测试点、自动切换量程和频段、自动记录和处理数据,只有采用自动测试,才能提供足够的速度进行实时测量、实时处理和实时控制,使测试、分析和测试结果的应用融为一体。

c)自动测试系统可使测量的准确度大为改善,还可以通过自动校准克服某系统误差的影响,对测试误差进行修正。同时,自动测试系统可用快速多次测量求得平均值的方法,削弱随机误差的影响,提高测量精度。

3)在长期进行定时或不间断测试时,如检定高稳定度频标时,需要长时间进行测量频标的指标;要求不间断的监测,均需要进行自动测试。

4)危险或测试人员难于进入测试现场地的测试,必须采用自动测试系统。

自动测试系统中,通常采用计算机控制,它具有很强的实时控制、逻辑判断、记忆存储和运算处理能力。这种系统可按事先编好的程序快速、准确地进行操作,可以自动切换测试点和进行检测,容易适应测试内容复杂、工作量大的要求。另外,利用计算机的功能,还可以把一些复杂的测试加以简单化。

自动测试系统的发展经历了如下三个阶段。

1. 第一代自动测试系统:专用系统

第一代自动测试系统是一种专用系统,通常是针对某项具体任务而设计的。它主要用于要求大量重复测试、要求可靠性高的复杂测试,或者为了提高测试速度及工作于测试人员难以停留的场合。这是早期的自动测试系统,主要有数据自动采集系统、产品自动检验系统、自动分析及自动监测系统等。

第一代自动测试系统现在只有少量应用,主要原因是设计和组建第一代自动测试系统存在不少困难,系统组建者需自行解决仪器与仪器、仪器与计算机之间的接口问题。这种系统适应性不强,改变测试内容一般需要重新设计电路,即接口电路不具备通用性。因此,很快就发展了采用标准化通用接口总线的第二代自动测试系统。

2. 第二代自动测试系统:台式或装架叠放式系统的标准化

在第二代自动测试系统中,各设备都用标准化的接口和总线按积木的形式连接起来。系统中的各种设备,包括计算机、可程控仪器、可控开关等均统称器件或装置,各器件均配以标准化接口电路,用无源总线联起来。

目前,普遍使用的一种可程控测量仪器的接口系统,是在 1972 年由美国 HP 公司首先提出的,称为 HPIB。以后该系统为美国电气和电子工程师学会(IEEE)及国际电工委员会(IEC)接受,并正式颁布了标准文件。对这套系统最常用的称为是通用接口总线(General Purpose Interface Bus,GPIB)系统,它被称为 IEC625 及 IEEE488 系统。这套系统也被我国采用,并制定了相应的国家标准。

除了 GPIB 接口系统,还存在其他的通用接口系统。例如,CAMAC 系统(即 IEEE 538 系统)又称计算机自动测量与控制接口系统,它主要用于核物理中的电子测量系统或其他大型的自动测试系统,也可以和 GPIB 接口系统结合起来使用。此外,RS-232 是一种串行接口系统。这种接口除用于在设备间传递信息外,还可与通信线路等连接,经过一定的变换进行较远距离离散数据传输。与 RS-232 类似或者说其改进型的还有 RS-422 和 RS-485 总线。

近年来,在微机上普遍配置了 USB(通用串行总线)和 LAN(局域网)总线,用 USB 程控仪器是一个值得注意的动向。

3. 第三代自动测试系统:虚拟化、模块化和网络化的标准系统

1)虚拟化

在第三代自动测试系统中,用强有力的计算机软件代替传统仪器的某些硬件,用人的智力资源代替很多物质资源。特别是在这种系统中用微型计算机直接参与测试信号的产生和测量特性的解析,即通过计算机直接产生测试信号和测试功能。这样,仪器中的一些硬件甚至整件仪器从系统中"消失"了,而由计算机及其软件来完成它们的功能,形成一种所谓的"虚拟仪器"(Virtual Instrument)。

2)模块化

模块化也是第三代自动测试系统的重要特征,采用了 VXI 及 PXI 总线的模块化仪器系统。其中 VXI 表示 VME 总线在仪器领域的扩展,PXI 表示 PCI 总线在仪器领域的扩展,它们的仪器和其他器件都是标准尺寸的模块,插入主机箱内,因此这种系统被称为具有主机箱的模块式或卡式系统。

3)网络化

网络在科技和人类生活中的影响日益突出,它在测量和仪器领域最有影响的事件是,在 2004—2005 年推出了 LXI。LXT 融合了 LXI 和 LAN 的优势,为用户提供了一种体积小、性能高的测试平台。由于 LXI 也具有模块化的特点,而且它形式灵活,适用性强,能够作为正在兴起的合成仪器基本组成单元。LXI 仪器可望成为下一代测试技术和测试系统的标准平台。

由上述分析可以看出,测量仪器的虚拟化、模块化和网络化相互配合,成为第三代自动测试系统的显著特性。

12.2.2　自动测试系统的组成概述

自动测试系统的组成如图 12-1 所示。图 12-1 中自动测试设备(ATE)包括计算机、测试仪器、接口总线及其他硬件。

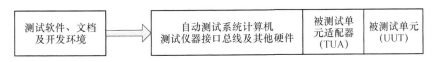

图 12-1　自动测试系统的组成框图

测试仪器通常都应该能接受计算机程控,测试仪器包含信号源、测量及分析仪器、电源及开关等。测试接口总线是自动测试系统中最有特色的部分,微型计算机就是通过它们来控制仪器的。计算机在软件支持下才能工作,现代自动测试系统还特别重视测试文档和软件开发工具,它们大大地提高了编程效率并有利于系统的使用、维护和改进。

被测试单元适配器（Test Unit Adapter,TUA）用来连接自动测试设备（ATE）与被测单元（Unit Under Test,UUT）。被测试单元适配器常采用插接的方式连接,自动测试设备部分只要加以改动就能适应多种被测对象。

12.3　智能仪器

12.3.1　概述

电子测量仪器与微型计算机相结合,形成了所谓微型计算机化仪器（Microcomputer Based Instruments）。此类仪器主要有两种类型：智能仪器和个人仪器。

在智能仪器中,每个仪器都包括一至数个处理器或微型计算机。以微型计算机的软件为核心,对传统的测量仪器进行了重新设计,使测量仪器的测量部分和微型计算机部分互相融合。与传统的测量仪器相比,其性能明显提高、功能大大丰富,而且,这些智能测量仪器均具有自动量程转换、自动校准、自动检测、自动切换备件进行维修的能力。在测量仪器中,原来用硬件较难解决的问题,可以用计算机软件来解决,测量仪器还可以进行数据的运算和处理。

智能测量仪器大多配有通用接口,以便多台测量仪器按需组合成自动测试系统。所谓自动测试系统（Automatic Test System,ATS）,是指在最少的人工参与下,自动地进行测量、数据处理,并以适当的方式显示或输出测试结果。

12.3.2　智能仪器的特点

智能仪器与传统测量仪器相比,具有如下特点：

（1）测量过程软件化。

（2）数据处理功能强。

（3）测量速度快、精度高。

（4）多功能化,具有自测功能,包括自动调零、自动故障与状态检验、自动校准、自诊断及量程自动转换等。

（5）面板控制简单灵活,人机界面友好。

（6）具有可程控操作能力。

12.3.3　智能仪器的组成

智能仪器主要由硬件和软件两部分组成。

（1）硬件

硬件主要包括：主机电路、模拟量输入输出通道、人机接口和标准通信接口电路等,如图 12-2 所示。

主机电路通常由微处理器、程序存储器以及输入输出（I/O）接口电路等组成,有时,主机电路本身就是个单片机。主机电路主要用于存储程序与数据,进行系列的运算和处理,并参与各种功能控制。模拟量输入输出通道主要由 A/D 转换器,D/A 转换器和有关的模拟信号处理电路组成,主要用于输入和输出模拟信号,实现 A/D 与 D/A 转换。人机接口主要

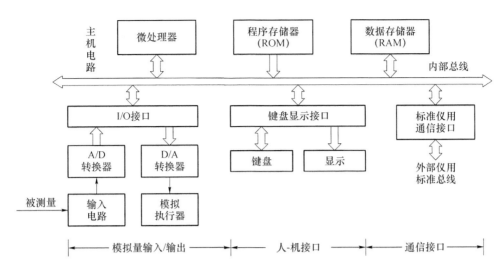

图 12-2　智能仪器的硬件组成

由仪器面板上的键盘和显示器等组成,用来建立操作者与仪器之间的联系。标准通信接口使仪器可以接受计算机的程控命令,用来实现仪器与计算机的联系。一般情况下,智能仪器都配有 GPIB 等标准通信接口。此外,智能仪器还可以与 PC 组成分布式测控系统,由单片机作为下位机采集各种测量信号与数据,通过串行通信将信息传输给上位机——PC,由 PC进行全局管理。

（2）软件

软件即程序,主要包括监控程序、接口管理程序和数据处理程序三大部分。

监控程序面向仪器面板和显示器,负责完成如下工作:通过键盘操作,输入并存储所设置的功能、操作方式和工作参数;通过控制 I/O 接口电路进行数据采集,对仪器进行预定的设置;对数据存储器所记录的数据和状态进行各种处理;以数字、字符、图形等形式显示各种状态信息以及测量数据的处理结果。接口管理程序主要面向通信接口,负责接收并分析来自通信接口总线的各种有关功能、操作方式和工作参数的程控操作码,接口管理程序主要面向通信接口,负责接收并分析来自通信接口总线的各种有关功能、操作方式与工作参数的程控操作码,并根据通信接口输出仪器的现行工作状态及测量数据的处理结果及时响应计算机远程控制命令。

12.4　虚 拟 仪 器

12.4.1　概述

1. 什么是虚拟仪器

虚拟仪器（Visual Instruments,VI）,是电子测量技术与计算机技术深层次结合的新一代电子仪器。虚拟仪器是利用计算机及测控系统实现传统仪器的功能,并在计算机屏幕上模拟传统仪器的操作面板,实现人机交互,使得人们在操作计算机的同时就像操作自己设计的仪器一样。虚拟仪器要比传统的电子仪器更为通用,在组建仪器、确定功能和技术更新等方面更为灵活,更为经济,更能适应故障诊断技术对测量技术和测量仪器不断提出的扩展功能和提高性能的要求。

2. 虚拟仪器构成的系统应具备的要素和特征

1)以个人计算机为核心,具有足够的仪器硬件功能。

2)以强大的仪器操作和测试等软件为支撑。

3)在通用计算机平台上用灵活的虚拟软面板实现仪器的测试和控制功能。

3. 虚拟仪器的特点

1)可以由用户定义测量功能。虚拟仪器是一种软件化的测量装置,用户可以通过软件定义一台虚拟仪器和虚拟面板,然后通过计算机进行控制,计算机就像一台万用的仪器一样,只要改变软件就可以改变它的功能。

虚拟仪器不需要大量的开关、连接线和按键,要改变功能只需通过软件构成虚拟面板,由用户自行定义仪表的用途及控制、显示方式。可以说虚拟仪器完全是一种由用户自己组装、自己选择功能的仪器。

2)虚拟仪器可以实现多任务操作。虚拟仪器一般运行于 Windows 环境,因此可以同时启动多个对象,组成一个测量系统。例如,可以同时测量电压数值、波形以及对波形进行频谱分析,而且建立系统速度快,无须像传统仪表那样,要组成一个测量系统,不但需要许多专用仪器,而且需要将这些专用仪器进行复杂的连接才能完成。

3)虚拟仪器的研究周期比传统仪器大为缩短。

4)虚拟仪器开放、灵活,可与计算机同步发展,与网络及其他周边设备互联。

4. 虚拟仪器与传统仪器的比较

虚拟仪器与传统仪的比较如表 12-1 所示。

表 12-1 虚拟仪器与传统仪器的比较

仪器类别	传统仪器	虚拟仪器
功能定义	仪器厂家	用户
技术关键	硬件	软件
功能升级	固定	通过修改软件进行增减
开放性	封闭	基于计算机开放系统
技术更新	较慢	较方便、较快
开发周期	较长	相对快
工作频率	可工作在较高频率	受限于 A/D 或 D/A 的速度
应用领域	通用测量、计量	大多为测控系统
价格	较高	价格较低且可重复利用

12.4.2 虚拟仪器的一般结构

传统的测试仪器通常由信号的采集、产生与控制;信号的分析与处理;测量结果的表示与输出三部分组成,而虚拟仪器把测试技术与计算机技术结合起来,将测量仪器的三大功能全部放在计算机上实现。

虚拟仪器可在计算机内插入数据采集或数据卡,经 A/D 或 D/A 变换器,用软件对信号进行分析与处理,并在计算机屏幕上生成仪器面板,完成仪器的控制和显示,最终实现测试仪器的所有功能。

虚拟仪器的一般结构如图 12-3 所示。虚拟仪器系统既可作为信号分析仪器使用,也可作为信号发生器使用。图 12-3 中的显示器是由计算机"软件板"构成的,可显示被测信号的电压、波形或频谱,也可显示产生信号的频率或电平等参数。

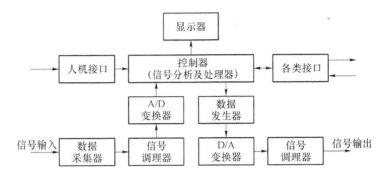

图 12-3　虚拟仪器的一般结构图

12.4.3　现代虚拟仪器的结构方式及其比较

1. 现代虚拟仪器的结构方式

目前虚拟仪器系统的基本构成采用数据采集系统、GPIB 仪器控制系统、VXI 计算机总线系统以及三者之间的任意组合。系统构成框图如图 12-4 所示。

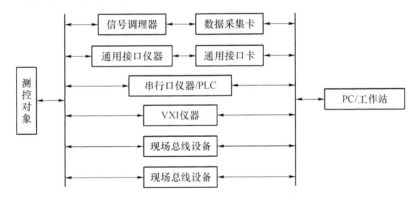

图 12-4　虚拟仪器系统构成框图

由系统构成框图可见,虚拟仪器主要组成部分为硬件和软件两类。硬件是基本的框架,是系统的支撑,软件是仪器的灵魂,是系统运作的关键。

在以计算机为核心组成的硬件平台的支持下,可以通过不同测试功能模块的组合,来实现仪器的多种测控功能。计算机与外界的通信主要通过对外通信接口(如 RS232C,GPIB,1394 等)、信号转换功能(如 A/D,D/A,I/O 卡等)以及总线通信(如 VXI,PXI 等)来实现,本书主要列举下列六种类型加以简单说明。

(1)RS232C 串口通信接口。串口通信是以 Serial 标准总线的仪器,具有独立的通信功能,实现计算机的串口通信实现数据交换。尽管 RS232C 总线是 PC 早期采用的通用串行总线,但由于其传输简单、便利,所以至今仍然适用于传输速率较低的虚拟仪器或测试系统。

（2）GPIB 总线接口。GPIB 总线主要是将带有 GPIB 接口的仪器,通过 GPIB 总线与计算机通信,实现数据交换。GPIB 仪器有专用的总线标准,具有独立的仪器功能。GPIB 为 8 位并行传输,所以传输速率比串口通信效率高,速度快。目前正在使用的传统测量仪器产品中,许多带有 GPIB 接口总线,所以只要将计算机接入 GPIB 接口板,就可与之通信。但 8 位并行仪器总线的传输速率和传输距离是有限的,已经跟不上当今大规模自动测试系统的需求。

（3）USB 和 1394 接口。USB 接口是 Intel、Microsoft 等大厂商为解决计算机外设种类的日益增加,与有限的主板插槽和端口之间的矛盾,而设计的一种通用串行总线接口。USB 设备具有较高的数据传输率(目前流行的 USB 2.0,速度可达 480 Mbit/s),具有使用灵活、易扩展等优点。计算机上的 1394 接口是为采集数字摄像机图像而设计的,它与 USB 是两代标准,其通信速率可达 400 Mbit/s,比最快的 USB 通信速率快 8 倍多,所以近来也出现了一些利用 1394 接口来进行数字信号传输的设计。

（4）A/D 和 D/A 接口板。A/D 指模拟量与数字量转换,可实现将外部模拟信号输入计算机;D/A 指数字量与模拟量转换,可实现计算机控制信号的输出。A/D 和 D/A 接口板早期为计算机内置插板式,即将接口板插入计算机的 PCI 或 ISA 插槽或笔记本计算机的 PC-MA 插槽中;后来出现一些并口数据采集板,即将接口板连接在计算机外部的并口上,方便用户进行拆卸;目前发展较快的是远端串口模块和 USB 接口的数据转换模块。所有上述各种方式,都是将外部模拟信号与计算机的数字信号进行相互转换。

（5）I/O 接口板。I/O 指计算机的数字量输入、输出,即实现外部数字信号输入计算机或计算机控制信号的输出。与 A/D 和 D/A 接口板雷同,I/O 板早期为计算机内置插板式,后来出现一些并口 I/O 板,近来大力发展的是远端串口 I/O 模块和 USB 接口的 I/O 模块。

（6）PXI 系统和 VXI 模块。PXI 标准总线是 PCI 总线的扩展。PXI 系统可完成某些特定的功能,通过 PXI 总线与计算机交换数据。VXI 模块有专用的 VXI 标准总线,VXI 模块单独集成在 VXI 标准箱内,完成某些特定的功能,通过 VXI 总线与计算机实现数据交换。VXI 模块以其高速和高可靠性来满足当代科学技术发展的测试要求,成为世界各国开发虚拟仪器时最重视的开发对象。

上述板卡、模块或仪器,与传感器和计算机组成完整的虚拟仪器系统。计算机可以是台式计算机或工作站,也可以是便携的笔记本计算机。最终用各种实用化的计算机软件来实现各种特定的功能。

2. 不同总线的虚拟仪器的比较

由于应用场合的不同及测试任务的需要,出现了基于不同总线的虚拟仪器,最常见的有 PC 总线、PXI 总线及 VXI 总线三种。表 12-2 所示为三种总线的主要性能和特点比较。

表 12-2　PC 总线、PXI 总线及 VXI 总线的主要性能和特点比较

比较项目	PC 总线	PXI 总线	VXI 总线
总线结构	总线数:62/36	总线数:62/36(24)24 为本地总线	总线数:VME＋96 24 条本地总线
数传方式	外设 DMA	外设 DMA	由 DSO, DSI, WRITE 和 DTACK 控制

续表

比较项目	PC 总线	PXI 总线	VXI 总线
总线容量	5 槽可扩	每机箱 10 个仪器模块一个控制器模块,可扩	每机箱 13 个模块,可扩
I/O 地址	通常 63 个	可扩至 500 个	256 个,可扩
电磁兼容	不好	较好	好
重组性	较好	较好	好
主要优点	1)良好的开放式软件、硬件平台 2)接口总线简化系统构成扩充变更容易 3)众多 PC 用户推广容易 4)系统总价格低	1)改善仪器模块工作环境 2)具有本地总线功能 3)I/O 地址可扩充,PC 可连接多个仪器模块 4)系统价格适中	1)数传速度快(40 M/Bs) 2)系统重组及再组性好 3)电磁兼容及冷却好 4)具有同步触发功能 5)数字/模拟混合总线 6)机电规范标准
主要缺点	1)电磁兼容性能差 2)冷却性差 3)只能传输数字 4)不能同步触发	1)无标准 2)数传速度低于 VXI	1)系统总价高 2)需专人开发维护
价格	最低	较低	较高

本 章 小 结

1. 自动测试系统在测量领域里的作用。

2. 自动测试系统的发展概况:

- 第一代自动测试系统为专用系统。

- 第二代自动测试系统为台式或装架叠放式标准化系统。

- 第三代自动测试系统为虚拟化、模块化和网络化的标准系统。

3. 自动测试系统的组成:自动测试设备(ATE)包括计算机、测试仪器、接口总线及其他硬件。

4. 智能仪器的特点:测量过程软件化;数据处理功能强;测量速度快、精度高;多功能化,具有自测功能,包括自动调零、自动故障与状态检验、自动校准、自诊断及量程自动转换等;面板控制简单灵活,人机界面友好;具有可程控操作能力。

5. 智能仪器主要由硬件和软件两部分组成。

- 硬件主要包括主机电路、模拟量输入输出通道、人机接口和标准通信接口电路等。

- 软件即程序,主要包括监控程序、接口管理程序和数据处理程序三大部分。

6. 虚拟仪器(Visual Instruments,VI),是电子测量技术与计算机技术深层次结合的新一代电子仪器。

7. 虚拟仪器系统应具备如下要素和特征:

- 以个人计算机为核心,具有足够的仪器硬件功能;

- 以强大的仪器操作和测试等软件为支撑;
- 在通用计算机平台上用灵活的虚拟软面板,实现仪器的测试和控制功能。

8. 虚拟仪器的特点:

- 可以由用户定义测量功能。
- 虚拟仪器可以实现多任务操作。
- 虚拟仪器的研究周期比传统仪器大为缩短。
- 虚拟仪器开放、灵活,可与计算机同步发展,与网络及其他周边设备互联。

9. 虚拟仪器与传统仪器的比较:为了说明虚拟仪器的功能、技术关键、功能升级等特点,本章将虚拟仪器与传统仪器进行了比较。

10. 虚拟仪器的一般结构。

11. 目前虚拟仪器系统的基本构成是数据采集系统、GPIB 仪器控制系统、VXI 计算机总线系统以及三者之间的任意组合。虚拟仪器主要组成部分有硬件和软件两类。硬件是基本的框架,是系统的支撑;软件是仪器的灵魂,是系统运作的关键。

12. 在以计算机为核心组成的硬件平台支持下,可以通过不同测试功能模块的组合,来实现仪器的多种测控功能。计算机与外界的通信主要通过对外通信接口(如 RS232C, GPIB,1394 等)、信号转换功能(如 A/D,D/A,I/O 卡等)以及总线通信(如 VXI,PXI)等来实现,本书主要列举六种类型加以简单说明。

13. 由于应用场合的不同及测试任务的需要,出现了基于不同总线的虚拟仪器,最常见的有 PC 总线、PXI 总线及 VXI 总线三种。本章对三种总线的主要性能和特点进行了比较。

参 考 文 献

[1]孙续,吴北玲.电子测量基础[M].北京:电子工业出版社,2011.

[2]黄纪军,戴军,李高升,等.电子测量技术[M].北京:电子工业出版社,2009.

[3]吉天祥.电子测量原理[M].北京:机械工业出版社,2004.

[4]秦云.电子测量技术[M].西安:西安电子科技大学出版社,2008.

[5]韩志本.电子测量技术[M].江苏:江苏科学技术出版社,1983.

[6]孙续.电子示波器在挑战中发展[J].国外电子测量技术.2009,28(3):1-4.

[7]李希文,赵建.电子测量技术[M].西安:西安电子科技大学出版社,2008.

[8]胡玫,王永喜.电子测量基础[M].北京:北京邮电大学出版社,2015.

[9]张世箕.测量误差及数据处理[M].北京:科学出版社,1979.

[10]赵会兵,朱云.电子测量技术[M].北京:高等教育出版社,2011.

[11]蒋焕文,孙续.电子测量[M].3版.北京:中国计量出版社,1988.

[12]王梓坤.科学发现纵横谈[M].北京:北京师范大学出版社,2006.

[13]胡孟春,李忠宝,周刚,等.基于网络分析仪幅度频率特性快速测量[M].中国仪器仪表
    与测控技术,2007.

[14]陈光禑.现代电子测量技术[M].北京:国防工业出版社,2000.

[15]卢文科.实用电子测量技术及其电路精解[M].北京:国防工业出版社,2006.

[16]林占江.电子测量技术[M].北京:电子工业出版社,2007.

[17]Robert A White.电子测量仪器原理与应用[M].北京:清华大学出版社,1995.

[18]曹晓雯.电子测量技术的发展及应用[J].电子世界(期刊),2013(15):19.

[19]戴维军.用频谱仪测量相位噪声的方法[J].国外电子测量技术,2001(3):11-12.

[20]王琦频.谱分析仪的原理[M].中国无线电管理,2000.

[21]史建杰.频谱仪在调制度测量上的应用[J].制导与引信,2003,24(1):57-60.

[22]李仪.精确测量时间的方法和仪器[M].国外电子测量技术,2005,24(1):35-37.

[23]席丽霞,王少康,张晓光.光相位调制传输系统中的相位噪声的概率分布特性[J].光学
    学报,2010,30(12):3408-3412.

[24]张向锋.相位噪声系统中的数字信号处理方法研究[M].西安:西安电子科技大
    学,2013.

[25]张丹,赵军.时频测量中相关性的应用及分析[J].自动化与仪表,2011,26(10):51-53.

[26]陈辰.新型频率控制与测量方法的研究.西安:西安电子科技大学,2002.

[27]Shaw J D,钱熙光,薛寿清.数字电压表中精密电压测量技术的最佳化[J].国外计量,1980(1):46-49.

[28]杨俊岭,李纲.DDS芯片及其在雷达回波生成系统中的应用[J].现代雷达,2003,25(8):47.

[29]沈跃,马君,黄延军.线性网络幅频特性的自动测量[J].实验室研究与探索,2004,23(10):24-27.

[30]秦树人.虚拟仪器[M].北京:中国计量出版社,2000.